起源がわかる

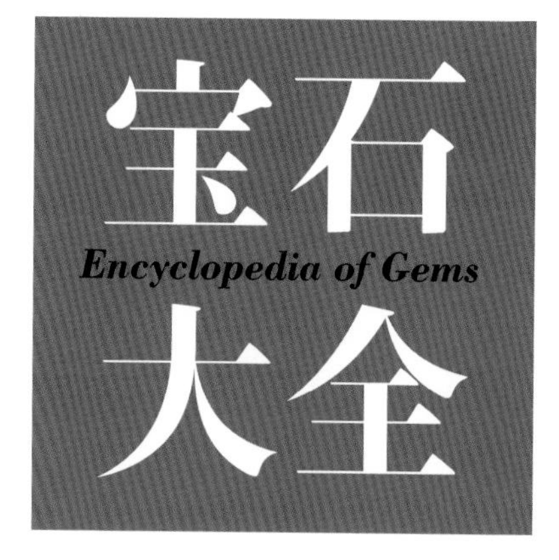

諏訪恭一 Suwa Yasukazu　門馬綱一 Monma Koichi　西本昌司 Nishimoto Shoji　宮脇律郎 Miyawaki Ritsuro

ナツメ社

はじめに

宝石は、地球という大きな星の小さな「かけら」から見いだされます。46億年を超える地球の生い立ちでは、悠久の自然の創作が繰り返されています。その自然造形物に秘められた、彩り、輝き、煌めきが、古より人々の英知により磨き出され、今日まで伝承されています。宝石は、美しさの「理由」を光にこめて語っています。

本書では、ダイヤモンドやルビー、サファイア、エメラルドなど、広く知られているものから、コレクターズアイテムとよばれる「レアストーン」、フォスフォフィライトのように意外な分野からも知名度が上がったものまで、宝石として知っていただきたいものを取り上げました。写真も、国内の宝石コレクション、鉱物コレクションから選りすぐったルースとラフ、セットの撮り下ろしを多数揃え、宝石の魅力の一端をお伝えします。また、科学的に理解を深められるよう、それぞれの宝石の特徴についてデータと解説を添えました。

本書が、宝石に親しむきっかけとなり、宝石をより深く知り愉しむことに役立てば幸いです。

著者一同

目次

硬度について
第２章の宝石は原則的に硬度が高い順に掲載していますが、分類上、一部硬度順が前後している場合があります。

（クオリティスケール）の記載のある宝石には、クオリティスケール（P.42）が掲載されています。

モゴック産ルビー（ピジョン・ブラッド）
P.71

バイカラー・サファイア
P.84

アレキサンドライト P.92

エメラルド P.106

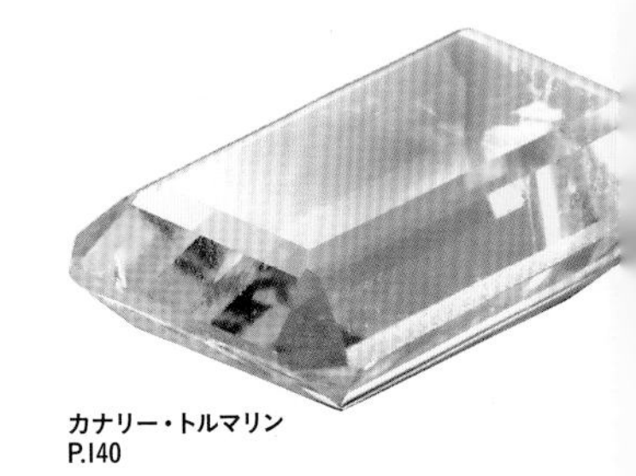
カナリー・トルマリン P.140

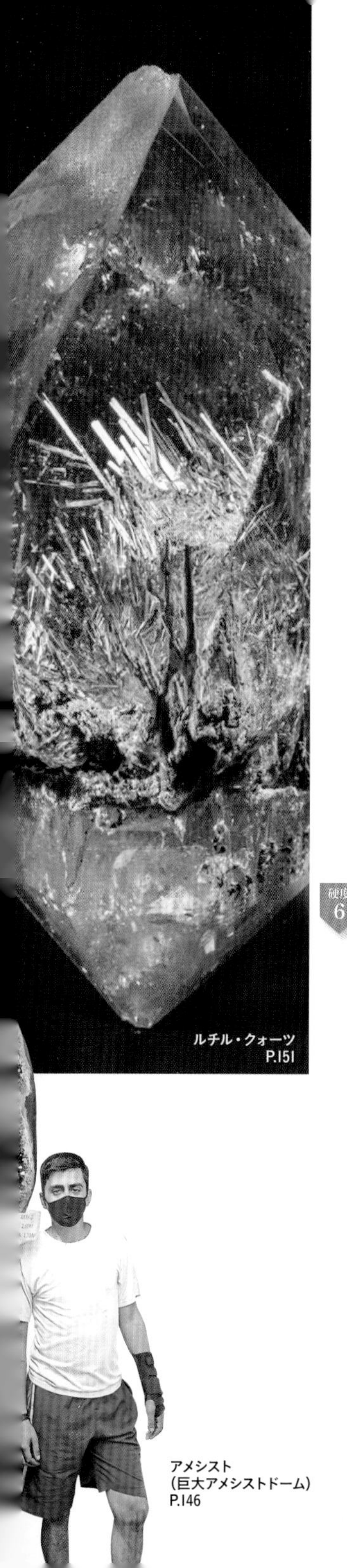
ルチル・クォーツ
P.151

アメシスト
（巨大アメシストドーム）
P.146

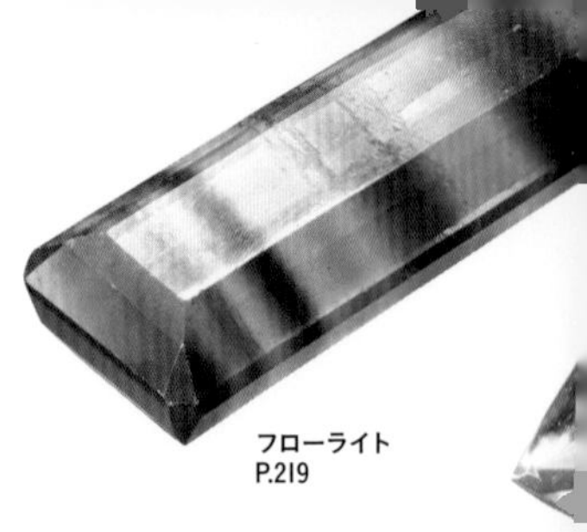
フローライト
P.219

ロードナイト
P.220

フォスフォフィライト
P.225

アンモライト
P.243

column

マシーシェ・ベリル
P.115

宝石の世界

モゴック産ルビー ペア スター/ステップ 3.09ct および オーバル スター/ステップ2.06ct。個人蔵、協力：モリス
どちらもピジョン・ブラッドと呼ばれる品質のものである。

ブラジル産パライバ・トルマリン ペア ステップ 0.54ct。諏訪貿易 所蔵
伝統的な宝石には存在しえなかった独特のネオン・ブルー。

アズライト（藍銅鉱）米国 アリゾナ州産 国立科学博物館 所蔵
古来より岩絵具の原料とされ、青を表現するものとして珍重された。

ペグマタイトに抱かれたパキスタン産
アクアマリンの柱状結晶。
ミュージアムパーク茨城県自然博物館 所蔵
面に鋭い溝を生み出した自然の力を感じる。

「カロリーヌ・ボナパルト（ナポレオン1世の妹）旧蔵　モレッリ作　バッカスのカメオ」
1810年頃 イタリア積層アゲート　個人蔵、協力：アルビオン アート・ジュエリー・インスティテュート

第1章
宝石の基礎知識

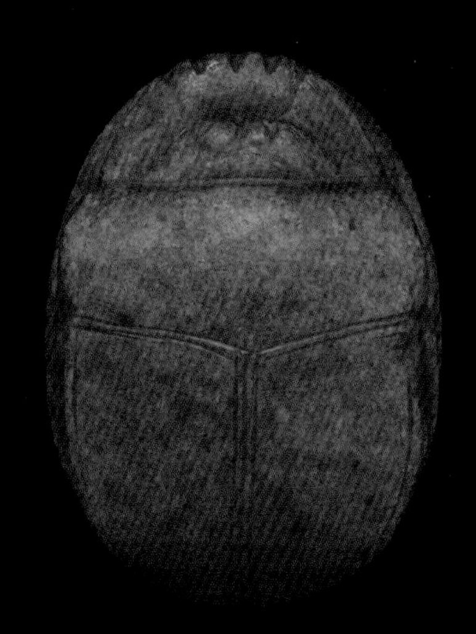

古代エジプトのスカラベ 紀元前1550-1069年頃　エジプト サーペンティン
アルビオン アート・コレクション

宝石とは

人を魅了し続けてきた「宝石」。宝石の学術的な定義はなされていないが、重要な要件として、「美しいこと」「耐久性があること」「適度の大きさがあること」が挙げられる。

「宝」の「石」が価値を持つ理由

人と石の関わりは、石器時代に道具の素材として始まり、青銅器時代以降、鉄器から半導体に至るまで、機器やその部品の原料として現代まで続いている。一方で、身を飾る、誰かに捧げるなど、実用的な道具とは別な用い方も伝承されてきた。その象徴的な石が「宝石」であり、美しく輝き、しかも朽ちることがない力強さを備え、時の移ろいを超えて人々を魅了してきた。

日本語の「宝石」には、意味の幅（曖昧さ）があり、英語のgemに相当するものからjewelry=jewellery（宝飾品）までを含むことが多い。ただし、石を伴わない貴金属だけのジュエリーもあり、さりとてオーナメント（装飾品）やアクセサリー（装身具）との区分も明瞭ではない。

「玉」は「宝石」に近い意味を持つ。そもそも、貴重な物品、大切な財物を表す「宝」という文字は、屋根の下の玉、すなわち屋内に収納された玉を象形している。ことわざ「玉磨かざれば光なし」、「玉石混淆」のように、玉（宝石）は石と区別されるが、石の中でも「原石」は、素材として宝石と深い関係にある。原石（gemstone）はジュエリーや芸術作品に使用される天然素材と規定され（国際貴金属宝飾品連盟、CIBJOによる規定）、カット（切削、整形、研磨など）やその他の「処理」により「宝石」として完成し、ジュエリーに仕立てられる。

「宝石」の学術的な定義はなされていないが、次の3つの要件全てが「宝石」に求められる。

1. 美しいこと
2. 耐久性があること
3. 適度の大きさがあること

最初の「美しいこと」は当然の要件であるが、どんなに美しくとも儚い美しさでは「宝石」とは呼べない。さらに、たとえ末永く続く美しさがあっても、目にとまらないほど小さすぎたり、飾るに大きすぎたりすれば、「宝石」としては使いものにならない。

これらの3要件の尺度や基準には曖昧な部分があるが、それぞれに、基盤となる科学的な要素があり、その知識を身につけることにより宝石の真価が理解できる。

耐久性のある物質のほとんどは固体で、自

「国宝勾玉」東京国立博物館 所蔵。人々は、神秘的な輝きを持つ宝石に「願い」や「祈り」のような宗教的な意味合いを持たせ、宝石を魔除けや御守りとして身近に置いたり身につけていたと考えられる。

インペリアル・トパーズの原石。国立科学博物館 所蔵。「石」の中でも美しく、耐久性があり、適度な大きさをもったものだけが、「宝石」として最大限の魅力が引き出されるよう、磨き抜かれていく。

3

「スカラベ」 スカラベの彫刻の裏にはヒエログリフが刻まれている。紀元前1539-紀元前1069年頃、エジプト新王国時代
国立西洋美術館 橋本コレクション（OA.2012-0005）

然物の固体は、地質作用により生じた鉱物やその集合体の岩石、骨や貝殻に代表される生物の硬組織が主体である。

これらの固体（岩石・鉱物、生物起源の骨や貝殻など）は地球上に膨大な量があるが、全ての石が宝石の要件を満たしているわけではない。むしろ、宝石の要件を全て満たすように自然現象が重なることは極めて稀少と言わざるを得ない。

「宝石」は、私たちの惑星、地球を形づくるあまたの小片「鉱物」から奇跡的に見いだされるものである。さらに、知識と技能を駆使した挑戦と幾多の失敗の上に、石の魅力が最大限に引き出される。そして宝石を欲する人が多ければ多いほどその価値は高まる。こうして、自然と人知の協奏により

1. 稀少である（貴重な物品）
2. 値打ちがある（大切な財物）

という「宝」の「石」、「宝石」の大きな特徴が顕れる。

9

「ネメアの獅子と闘うヘラクレス」 オーバル カボションのガーネットにライオンと戦うヘラクレスが彫られている。
紀元前2-紀元前1世紀
国立西洋美術館 橋本コレクション（OA.2012-0035）

宝石の生成

宝石となる天然素材には、鉱物や岩石に加え、生物起源のものもある。地球の営みによって作られた原石は、さまざまな作用によって生成し、地表近くにもたらされ、人間の手に渡る。

■ 天然の固体

美しさを持続する「宝石」の天然素材のほとんどは文字通り「石」の類いである。地質作用により天然に生じた固体のことを、学術的には「鉱物（mineral）」と呼ぶ。

鉱物は、その構成成分（元素）と原子配列（結晶構造）により鉱物種に分類されており、現在、学術的に認証されている鉱物種は5700種余りである。鉱物のほとんどは規則的な原子配列を持った「結晶」であり、鉱物種ごとに特徴的な大きさや形の固体の「粒」として存在する。そして、鉱物の粒が集まったものを「岩石」と呼び、地球をはじめとする固体の天体を構成している。

一般には、鉱物と岩石を総称して「石」と呼ばれることが多いが、結石のように地質作用を受けずに生物の体内で生じる固体もしばしば「石」と呼ばれる。生物を起源とする「石」には、骨、歯、貝殻、殻、甲羅、爪、蹄（ひずめ）などの硬組織と、樹脂や種子などがある。これらは、生物の死後、その遺骸が地質作用を受けて化石となることもあるが、地質作用を受けなくても鉱物と同質のもの、たとえば、燐灰石（りんかいせき）（アパタイト）でできた骨や、霰石（あられいし）（アラゴナイト）でできた貝殻もある。

つまり、宝石の素材（原石:rough）となる石には、①地質作用による大粒の結晶（鉱物）、②地質作用で細かい結晶粒が緻密に固まった（集まった）もの（岩石）、③生物起源の石、がある。

そのうち、宝石の主体となっているのは大粒の結晶（鉱物）で、**ダイヤモンド**、ルビー、サファイア、エメラルドなど、透明な結晶の内部からの光彩で美しさが醸し出される。

宝石の素材の例

大粒の鉱物結晶（ダイヤモンド）

岩石（トルコ石）

生物起源の石（アンバー）

鉱物の集合体（岩石）が宝石となっているのは、**トルコ石**やひすいなど、半透明から不透明のものが多く、表面の色彩が際立つことが特徴である。

生物起源の宝石は、**琥珀**（こはく）（アンバー）のように透明性があるもの、鼈甲（べっこう）や珊瑚（さんご）のように半透明や不透明のものがあるほか、パール（真珠）やアンモライトのように生物の組織構造がもたらす光の干渉により独特の輝きをつくっている場合もある。

原石の誕生

宝石の原石の多くは、地下深くにおいて生成した鉱物である。そこは、地表より高温高圧の環境であるうえに、プレートの運動などにより長い年月をかけてゆっくり動いているため、さまざまな化学反応や融解そして結晶化が繰り返され、多様な化学組成を持った鉱物が生成される。

宝石とされる鉱物がどのようにして形成されるのか、それを知る手がかりは、宝石の原石が含まれている岩石（母岩）にある。母岩を調べると、宝石ができる大まかな形成プロセス（起源）を推定することができる。ここでは、母岩を4つのタイプ（火成岩、熱水脈、ペグマタイト、変成岩）に分けることにする。

火成岩

マグマが冷えて固まった岩石。マグマが急激に冷えたものが「火山岩」。ゆっくり冷えたものが「深成岩」となる。

ダイヤモンド

ペリドット

①火成岩から見つかる宝石

火成岩は、マグマが冷えて固まってできた岩石である。つまり、火成岩から見つかる宝石は、地下にできた高温（800～1200℃）のマグマが固まる過程で結晶化した鉱物ということである。マグマの成分や結晶化する深さ（での温度や圧力）などによって、多種多様な宝石がうまれる。**ダイヤモンド**や**ペリドット**などは、マグマに由来する代表的な宝石である。

②熱水脈から見つかる宝石

熱水脈（または熱水鉱脈）は、地下深くに存在する100℃を超える高温の水（熱水）が、岩盤の割れ目などを通って上昇した跡である。熱水に溶け込んでいた物質が、温度と圧力の低下とともに溶けきれなくなり、割れ目などの隙間にさまざまな鉱物となって沈殿・充填する。**アメシスト**や**ロッククリスタル**（水晶）などは、熱水脈から見つかる代表的な宝石である。

アメシスト

ロッククリスタル

熱水脈（石英脈）のモデル　名古屋市科学館展示（母岩は造作）

③ペグマタイトから見つかる宝石

ペグマタイトは、多くの揮発性成分（水やガス）を伴ったマグマが固まった特殊な火成岩（ほとんどの場合、花崗岩質）である。地下深部にあるマグマだまりの冷却が進んでも、最後まで固まらずに残った“マグマの残りかす”（500～800℃）には、揮発性成分が濃集している。このためにマグマの粘性が低下していたり、マグマから分離して気泡になったりして、元素が移動（拡散）しやすくなり、大きな結晶に成長する機会が増える。例えば、揮発性成分としてフッ素やホウ素が多く含まれていると、それらを必須成分とする**トパーズ**や**トルマリン**などの宝石が生成する。

ペグマタイト

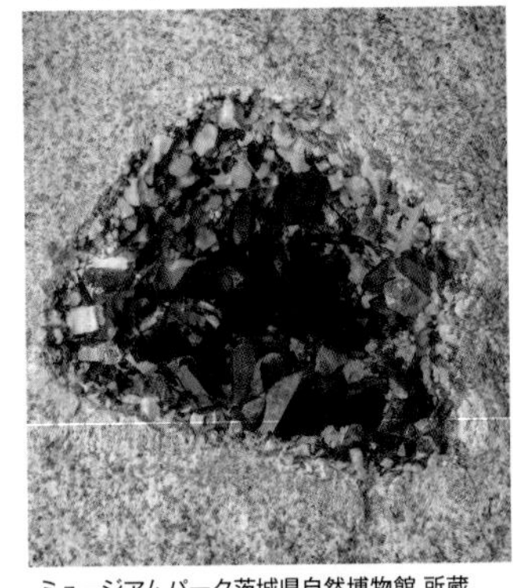

ミュージアムパーク茨城県自然博物館 所蔵

インペリアル・トパーズ

グリーン・トルマリン

④変成岩から見つかる宝石

変成岩は、既存の岩石が熱や圧力を受けても融けることなく、再結晶してできた岩石である。プレート運動により地下深くに運ばれたり、高温のマグマに接触したりして生じる。地下深部の岩石中で極めてゆっくりと結晶化が起こるが、圧力を受け隙間がなく、元素が移動（拡散）しにくいため、大きな結晶ができることは滅多にない。鮮やかな色の要因となる成分は、熱や圧力と共にもたらされ、**ルビー**や**エメラルド**のような濃い色の宝石は、変成岩から見つかる宝石の代表である。

変成岩

変成岩の例。ガーネットを含む片麻岩（ネパール産）。

ルビー

エメラルド

column

アメシストドーム

アメシスト（紫水晶）は、熱水に溶け込んでいたシリカ（酸化ケイ素）が地下で析出した結晶。このように、鉱物の結晶が岩盤内部の空隙の内側表面を覆っているものを「ジオード（晶洞）」という。アメシストのジオードのまわりを囲む岩石は、鉄を相当含む玄武岩で、本来無色である水晶の結晶構造にその鉄がわずかに取り込まれ、アメシストを紫色に発色させる一因となっている。

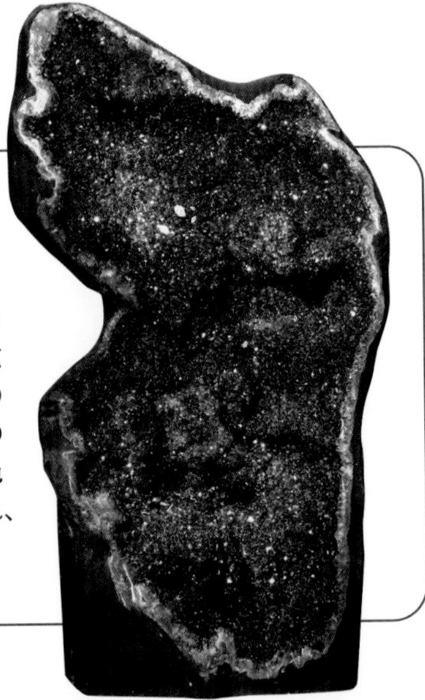

地球というるつぼ

宝石学に関わる鉱物学、結晶学など地球惑星科学の進展により、地球外の天体や地球そのものの理解が深まってきた。それらから得られた知識からすると、将来、地球外から宝石が見つかる可能性は否定されないが、それほどの期待はない。その理由は、前述のとおり、鉱物が生成するプロセスには水（分子）が関わっていることが多いからである。

地球はおよそ46億年前に太陽系の微惑星の集合と衝突によってでき、最初は融けた状態であったものが、冷却とともに自らの重力によって、鉄とニッケルの重い核、マグネシウムのケイ酸塩を主体としたマントル、そのほかの成分で比較的軽い地殻に分化したと考えられている。

冷却が進み、地表に大気と海水を持つようになる一方、地球の内部は、完全に固まるのではなく、ある程度の流動性があって、熱と圧力の偏りによってマントル対流のような動き（ダイナミズム）ができた。

この物質の移動は、水の影響を受けており、地球内部を均質化するのではなく、むしろ、不均質化を招いた。このような地球内部の変動は、極めて緩やかで、人間の時間感覚では固体として静止しているように感じるが、地球を多様な鉱物であふれさせることになった。

特に、地殻は多様な岩石から成り、物質循環も複雑である。大気や地表とともに水分子が地殻内部にまで行き渡っていることや、大気中に遊離(ゆうり)酸素があることにより、他の天体にはない地球特有の現象が起こっている。

たとえば、熱水作用による鉱物の沈澱や、生命の働きによる海底での炭酸塩の沈澱は、地球ならではといえる。プレートの潜り込みにより、水分子が地下深くに運ばれると、岩石の融点を下げてマグマがつくられる。できたマグマが集まって上昇すれば、周囲の岩石を加熱したり、マグマ自体が固化（結晶化）したりして、地殻内部の物質の多様化が進む。

地球の内部構造

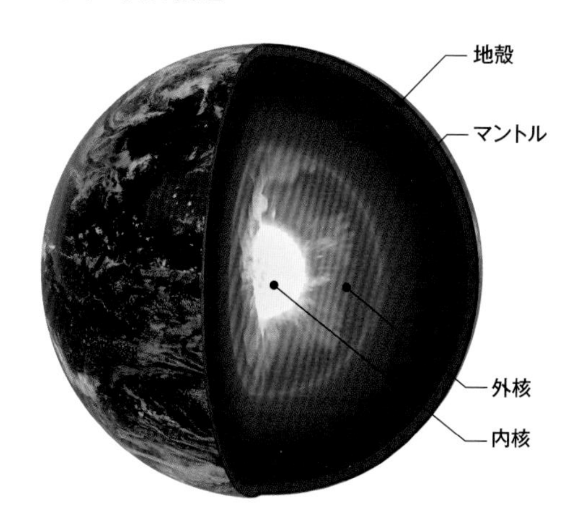

column

宇宙に宝石はあるか？

地球以外の天体に宝石といえる石はあるのだろうか。隕石(いんせき)の中には、美しいペリドット（橄欖石(かんらんせき)）を含んでいるものが見つかっており、パラサイト隕石と呼ばれている。この隕石は太陽系ができた頃、ドロドロに融けた小惑星の内部でできたと考えられている。つまり、隕石に含まれているペリドットは、一度融けた小惑星が砕けたカケラなのだ。同様に、地球や火星や金星の内部にあるマントルも、主にペリドットでできていると考えられている。

なお、隕石からはダイヤモンドも見つかっているが、0.1㎜もないような微細な結晶なので、宝石として利用することはできないだろう。

そして、岩石が地表に露出すれば、水や大気に触れて風化し、水（雨や河川）によって侵食・運搬され、水の底に堆積する。堆積物がプレート運動によって地下深部に運ばれると高温高圧にさらされ再結晶したり、再び融けてマグマを生じたりする。

このように、地殻内部では、「水」を介して古い石が新しい石へと変化するという現象が繰り返し起こっており、おかげで多様な石がうまれる。たとえば、アルミニウムだけがケイ素など他の元素と分離されればコランダム（鋼玉）が生成する。そこに偶然にも、少量のクロムが紛れ込めば赤いコランダムが生成し、鉄とチタンだけが都合良く合流すれば青いコランダムが生成する。これらの色に着色したコランダムが、透明で大粒の結晶に成長するという奇跡的な偶然が重なれば、良質な**ルビー**か**サファイア**が生成することになる。

原石のコランダム。良質で、赤いものがルビーに、青いものがブルー・サファイアになる。

エメラルドや**アクアマリン**の原石となるベリル（緑柱石）は、ベリリウムとアルミニウムのケイ酸塩である。地殻ではアルミニウムとケイ素の組み合わせが普遍的であるため、長石や雲母など、多くのアルミニウムのケイ酸塩鉱物種が卓越している。このため、前述のルビーやサファイアのようにケイ素が関わらない鉱物生成のほうがむしろ珍しい。エメラルドやアクアマリンの生成にはベリリウムが必須となるが、ベリリウムは地殻での濃度はとても低いため、それらの宝石が生成する条件が整うことは、極めて稀である。緑のエメラルドが水色のアクアマリンよりもわずかしか産出しない理由は、緑の発色因であるクロムが、水色の発色因である鉄よりも希薄なためである。さらにエメラルドやアクアマリンが透明な大粒の結晶に成長する確率は極めて低いと言わざるを得ない。

こうして、多様な石ができれば、その中に人々の心をつかむような美しい石も見いだされ、それらが宝石として使われたのである。

アクアマリン

エメラルド

原石であるベリル。良質で、緑色のものはエメラルドに、水色のものはアクアマリンになる。

◘ 結晶の形態

宝石の要件に「大きさ」があるが、最も重視されるのは面積である。宝石のカットにあたって、原石の形状は大きな制約となる。また、多色性（P.26）やスター効果（P.29）のある宝石では、カットの方位も重要であり、その方位（結晶の並びの方向）と、原石の形状の関係も無視できない。

結晶は、空間的な制限がなければ（型枠にはめられなければ）、結晶構造（原子配列）の規則性を反映して成長する。原子配列に、正方形や正三角形の規則性があれば、結晶の形（形態）も正方形や正三角形の平面（結晶面）で囲われた形となるのだ。

このような原子配列に従っている結晶の形を自形という。一方、制限された空間（型枠の中）では、その空間を満たすようにしか成長できずその空間を満たすだけで、原子配列に従った本来の形にはなれない。このような場合は他形という。部分的に自形である場合には、半自形と表現することもある。

結晶の形態は、細長いものから、平たいものまでさまざまで、繊維状、針状、柱状、粒状、板状や両錘状などと表記される。いずれの結晶形態でも、小さい、細い、薄い結晶は宝石としてカットするのに適した原石にはならない。

結晶の形態は、結晶の並び方（方位）で決まってくるので、劈開、屈折率や多色性など、結晶の方位により異なる特性を持つ結晶では、取り扱い（特にカット）の重要な指針となる。

同じ宝石なら同種の鉱物でもあり、同じ原子配列であるはずだが、自形結晶の形態は必ずしも同じ（相似形）とは限らない。結晶の成長環境などによって現れる結晶面に違いが生じるためである。柱状結晶として知られる鉱物であっても、異なる環境で生成すれば、細長い針状や、極端に短い柱状を通り越して薄い板状と表現すべきこともある。

また、結晶面の組み合わせ（晶相）の違いによる形態の違いが生じることもある。例えば、

フローライトの結晶。立方体や正八面体晶が組み合わさっている。

フローライト（蛍石）は、6つの正方形の結晶面に囲まれた立方体や、8つの正三角形の結晶面に囲まれた正八面体晶が、立方晶系の典型として知られるが、これらの組み合せ（合いの子）もしばしば見られる。

アメシストや水晶の原石（**石英**）の自形結晶の結晶形態としてよく知られているのが，太い鉛筆のような六角柱と六角錐を組み合わせたもの。しかし正確には断面は正六角形ではなく、正三角形の角を大胆に切り落とした形状となっている。六角柱の部分は6枚の側面で構成され、六角錐の部分では2種類の錐面が3枚ずつ交互に配されている。石英の自形結晶は、6枚の側面のうち平行に相対する2枚が突出して大きくなった板状晶や、錐面の一方だけが発達した柱状晶など、特異な形態を見せることもある。このように同じ晶相でも、それぞれの面の発達に違いが見られることを、晶癖と呼ぶ。晶相と晶癖のような結晶形態の特徴は、原石の成長条件を示す貴重な学術情報であると同時に、冒頭に述べたように、宝石のカットの方針を左右する注目点でもある。

石英の結晶。六角柱や六角錐が組み合わさっている。

原石の移動

人類が地下に掘った穴の最深記録は10km程度である。つまり、それよりも深いところからは、鉱産資源も鉱物標本も得ていない。鉱業は、**露天掘り**あるいは坑道掘りによる、地表か地表近くでの採掘に限られている。

ほとんどの宝石の原石は、地下数kmよりも深くで生成したものだが、それらが"浅い"ところまで運ばれた場合のみ、原石が採掘可能となる。この"運び屋"となったのも、地球の内部で起こった地質作用である。マントル対流、マグマの上昇など、地球深部から地球表層に向けた"動き"があり、これらにより、地球深部の物質が地球表層にもたらされる。

マントルはマグネシウムのケイ酸塩を主体としているが、地下400km深くまでの上部マントルはほとんど**橄欖岩**(かんらんがん)(peridotite) からなる。その英名が示すように橄欖岩の主たる造岩鉱物はマグネシウムを主成分とするオリビン(苦土橄欖石(くどかんらんせき)、**ペリドット**の原石) である。

上部マントルで生成した橄欖石を含む橄欖岩は、地殻を押しのけてマントル物質が地表に現れたものや、マグマなどが上昇する際に、捕獲岩(ゼノリス) として運ばれてきたもの。橄欖石は上部マントルでは豊富にある鉱物だが、水と反応して蛇紋石になりやすい傾向があるため、橄欖石のまま地表付近に運ばれてくることは難しい。

ペリドット

橄欖石を含む橄欖岩

大規模な露天堀りにより掘り尽くされたキンバーライトパイプ。付近には鉱業による街がある。

宝石となる**ダイヤモンド**も地下150kmより深い上部マントル由来と考えられている。**キンバーライト**と呼ばれる特殊な火山岩が、さらに深いところから猛烈な速度で地表に向け上昇し、その途中で、ダイヤモンドを巻き込んで地表やその近くまで運ぶ役割を果たした。キンバーライトの上昇と噴出は、キンバーライトパイプと呼ばれる形跡で地表近くに遺っており、そこにダイヤモンド鉱山が開かれる。地質年代の測定結果は、ダイヤモンドの生成は30億から16億年前、キンバーライトの噴出は20億から2000万年前。ダイヤモンドが生成してからキンバーライトの噴出で地上にもたらされたという時系列に整合する。キンバーライトの多くは、恐竜が絶滅したとされる6600万年よりも前に噴出しているということは、恐竜はダイヤモンドが地表に運ばれた様子を見ていたのかもしれない。

ひすいが生成するのは、地下20km程度。大陸プレートの周辺部で、海洋プレートが潜り込んだ先である。ひすいは、蛇紋岩が、断層などの割れ目に沿って地表に向かって押し出

キンバーライトに担持されたダイヤモンド。ダイヤモンド工業協会 所蔵

される途中に巻き込まれ、地表や地表近くにもたらされる。このように、地下深くで生成した宝石の原石は、地表に向かって上昇する岩石によって運ばれて初めて、人間の手の届く地表まで届けられるのだ。

宝石だけの鉱床は、めったに無い。宝石の原石は、生成の時に共にあった岩石に付着した状態か、原石を地表に運んだ岩石に包まれている。このように原石に関わって周りにある岩石を母岩と呼ぶ。

母岩は、原石ほど堅牢ではないことがほとんどで、風化により変質し、破砕され、原石とは分離される。密度の低い母岩は、空気の流れ（風）や水の流れ（河川や海流）により流され、密度の高い原石だけが川底などに溜まる。このような濃集を**漂砂鉱床**（ひょうさこうしょう）（二次鉱床）と呼ぶ。漂砂鉱床は自然による原石の選別（選鉱）であり、漂砂鉱床からの採掘は効率が良いが、鉱床の規模が限られることも多い。

地球は、美しく、堅牢で、大粒の宝石の原石を産み出し育んでくれるが、その機会は多くなく、むしろ稀である。さらに、それを地表にもたらす作用も自ら果たすが、これらが結びつくことは奇跡的と言えるほど少ない。

漂砂鉱床でのコランダムの選鉱作業。ざるの中に砂礫を入れて、水面で揺らしてコランダムを集める。画像：日本彩珠宝石研究所

オリーブグリーンの正八面体ダイヤモンド。美しいダイヤモンドが人間の手に届くのは、まさに地球による奇跡の積み重ね。

宝石の彩り輝き煌めき

宝石の特徴的な彩りや輝きが発生する仕組みは科学的な分析が可能だ。
ここでは、光の反射や屈折、原石と元素の関係などを見ていく。

美しさを生み出す要素

宝石の最も重要な要件は、視覚的な美しさであり、その要素は、彩り、輝き、煌めきである。それらは、光の透過、反射、発光など、宝石と光の相互作用による。

光が透過する宝石は透明だ。すべての波長の可視光を透過する宝石を通して白色光源を見れば、無色に見えるが、赤い光のみを透過する宝石を通すと赤色のフィルターになって赤色に見える。透明な宝石の彩りは、透過できる光の色でほぼ決まる。

透明でない宝石の色は、反射する光で決まる。白色光の下で、すべての波長の可視光を反射すれば白く見えるが、全く反射しない物体は漆黒となり、赤色の光だけを反射するものは赤く見える。

最高級品質のルビー「ピジョン・ブラッド」(P.71)。透明な宝石であるルビーだが、濃く深みのある赤が特徴。

研磨されていない状態の正八面体のダイヤモンド。光の分散が際立つダイヤモンドでは、カットされていない状態でもプリズム効果によるファイアが確認できる。

紫外線などを照射すると光る宝石もある。紫外線を伴う太陽光の下ではこの影響により光の色調も異なってくる。どんな色（波長）の可視光を透過させるか、反射させるか、発光するかは、宝石を構成する原子の電子の振る舞いに依存する。電子の振る舞いは、原子の種類（元素）と化学結合の様式が司る。

色の濃淡は、透過や内部反射の要素が大きい**透明な宝石**の場合、色に関わる成分の含有濃度のみならず、宝石の大きさ（特に正面からの奥行きの深さ）、つまり、光が宝石の中を通過する長さに大きく影響を受ける。色が重要な透明な宝石の場合、厚みのある石に仕立てれば、色は深く濃くなるのに対し、薄い石に仕立てれば色は淡くなる。

不透明な宝石の場合、色の源は石の表面での反射光にあるので、色の濃淡は石の厚みの影響はほとんど受けない。ただし、表面での反射といっても、ファセットのような平面から

透明な宝石　透明な宝石の代表格はダイヤモンド、ルビー、サファイア、エメラルドなど。透過光の吸収による色を活かすため、面（ファセット）をつけたカットが主流。

ミャンマー・モンスー産 加熱ルビー

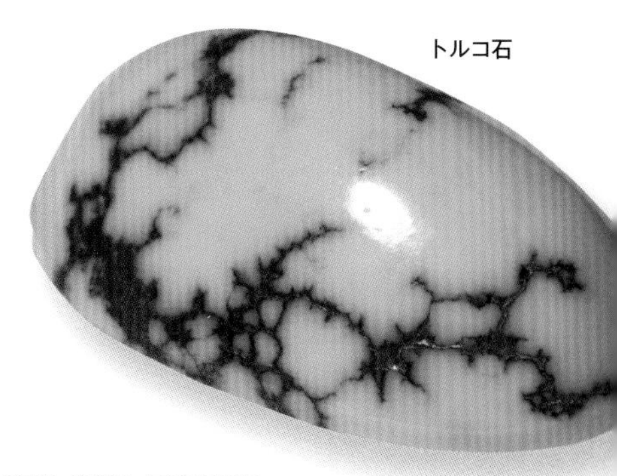

トルコ石

トルコ石、ひすい、ラピスラズリなど不透明な石は乱反射の色を活かすカボションやスラブなどにカットされる。

不透明な宝石

マラカイト

の鏡面反射ではなく、降り積もった雪のような乱反射による色となる。非常に細かい結晶群でできている**トルコ石**などが代表例である。緑の濃淡の縞模様が美しい**マラカイト**（孔雀石）は不透明の範疇に入れられるが、緑の濃淡は、緑の発色因の銅の含有量の違いでは無く、微細な結晶粒の大きさの違いによる。粗粒ほど緑は深く、細粒ほど淡い。つまり、透明の宝石と同様な理由である。

光の進行速度（光速）は真空中で毎秒約30万kmだが、物質により差がある（水中は約23万km、水晶の中は約19万km、ダイヤモンドの中は約12万km）。また、光の波長によっても若干の差が生じる。

この光速の違いは、物質の境界で光速の変化となり、それが光の屈折として観察される。光の屈折の度合い（屈折率）は、物質の境界での光の反射にも影響するため、特に透明な宝石では、宝石の内部に入った光の光路を左右し、宝石の見え方（色の深さ、輝きなど）に大きく影響する。

また、光の波長による屈折率の違いは、光の分散の度合い、すなわちプリズム効果に直結するので、**ダイヤモンド**のような分散が際立つ宝石に見られる「**ファイア**」への影響も著しい。

■ 彩り

宝石の彩りの魅力は、その鮮烈な色である。宝石の本質の色を「自色（じしょく）」という。たとえば、マラカイト（孔雀石（くじゃくいし））の自色は緑色で、必須成分の銅原子の電子の振る舞いがつくり出している。微細な結晶の集合体である宝石では、結晶粒の隙間のわずかな介在物が発色因となることがあり、それを「擬色（ぎしょく）」という。たとえば、**ジャスパー**の赤レンガ色は、主体となる微細な石英結晶ではなく、介在物の酸化鉄（ヘマタイト）による発色である。

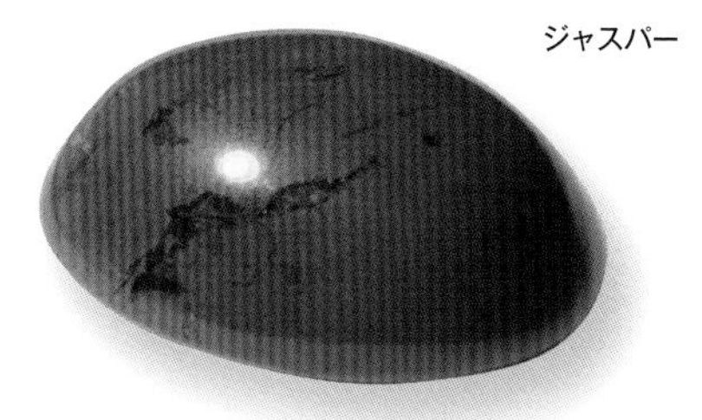

ジャスパー

微量成分や結晶構造の欠陥によって発色することがあり、「**他色**」という。

微量成分によって発色した宝石は多い。たとえば、純粋な**コランダム**（酸化アルミニウム）は無色で、**カラーレス・サファイア**がこれに相当する宝石だ。ところが、アルミニウム原子の一部が特定の遷移金属元素に置き換わると、その種類によってさまざまに発色し、クロムでは赤、鉄とチタンの組み合わせでは青、鉄だけであれば黄となる。そして、**ルビー**、**サファイア**などと異なる宝石名で呼ばれることになる。

同様に、純粋な**ベリル**も無色だが、アルミニウム原子の一部がクロムで置き換わると緑に発色し**エメラルド**と呼ばれる。クロムに代わり鉄ならば水色の**アクアマリン**、マンガンならば赤色の**レッド・ベリル**となる。宝石の発色に重要な遷移金属元素には、クロム、鉄、チタンの他、マンガン、銅、バナジウムなどが挙げられる。

クロムは、ルビーでは赤の、エメラルドでは緑の発色因となっていることから分かるように、同じ元素が異なる色の原因になり得る。

カラーセンターの例

アメシスト

カラーチェンジの例

アレキサンドライト

他色の例

ルビー　サファイア　カラーレス・サファイア

エメラルド　レッド・ベリル　アクアマリン

一方、結晶構造の欠陥（原子の規則的な並びの歪み）による発色の典型はアメシストである。**アメシスト**を加熱処理して結晶構造の乱れを緩和すると、紫から黄色に変わる。このような発色の原因となる結晶構造の欠陥は「**カラーセンター**（色中心）」と呼ばれる。

これら発色は、1粒の結晶の全体で均一に生じるとは限らない。部位によって色が異なる結晶からカットされる**バイカラー**（2色）、**トライカラー**（3色）の宝石もある（ウォーターメロン・トルマリン、P.136）。

彩りに影響する現象はほかにもある。例えば、**アレキサンドライト**のように、光源の違い（太陽光と電球）により異なる色にみえる**カラーチェンジ**（色変化）。サファイア、ルビー、クンツァイト、**トルマリン**、**アンダリュサイト**など、見る向きによって色が変化する「**多色性**」。ルビーのように紫外線を当てると発光する「**蛍光性**」。こうした宝石の色に関わる光学的特性を活かしてこそ、宝石の彩りが際立つのである。

多色性の例

アンダリュサイト

多色性の王様とも呼ばれるアンダリュサイト。見る角度によって赤や緑などさまざまな色に変化する。

アイオライト

アイオライトも多色性が顕著。右の画像はオクタゴン ステップに研磨されたアイオライトを多方向から撮影したもの。色が均一でないのが分かる。

バイカラー、トライカラーの例

トルマリン

多様な色が産出するトルマリンはバイカラーやトライカラーが珍しくない。結晶が作られるときに色因となるクロムや鉄、バナジウムなどが時間差で取り込まれたと考えられる。

蛍光性の例

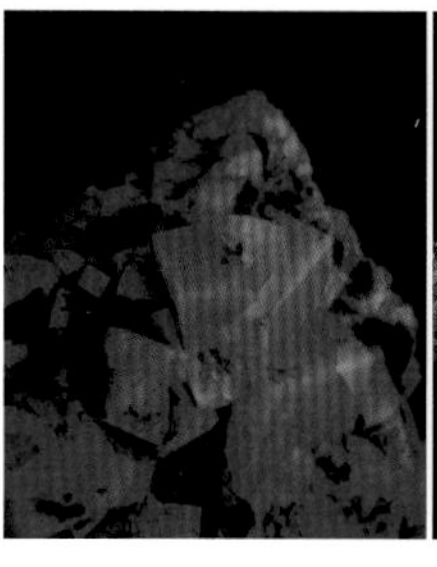

蛍光性（フローレッセンス）の語源の石ともなったフローライト。紫外線を当てるとブルーやパープルなどのネオンカラーを発する。

ダイヤモンド

ダイヤモンド内部に入り込んだ光は、屈折と反射を繰り返して強烈な輝き（シンチレーション）を放っている。

スフェーン

ダイヤモンドよりも強い分散光を発する。

光の分散（ディスパージョン）

白色光がプリズムを通過するときに虹色に分かれる現象を分散という。光の屈折率は、同じ物質でも光の波長によってわずかに異なる。そのため、さまざまな光の波長を持った白色光は、物質の界面において屈折する角度が色ごとに違うために，分散が生じる。この分散の度合いは宝石によってさまざまだ。たとえば、分散が大きい**ダイヤモンド**には鮮明な虹色が見られる（P.24、P.57の写真参照）が、水晶ではそれほど顕著ではない。ダイヤモンドに見られる鮮明な分散を「ファイア」と呼び、無色透明の宝石に彩りと煌めきをもたらす重要な特性である。濃い色の宝石では、石自体の色が際立ち、「ファイア」は目立たない。

輝き

宝石の輝きをうみだしているのは、光の反射と屈折である。反射率は、反射面を境界とする物質（水面なら水と空気）の屈折率の差に関わるので、屈折率の大小は、光の反射に大きく影響する。また反射面の性質も重要である。光は平滑な面では鋭く反射されるが、粗い面では乱反射して鋭さを失う。

透明な物質では、光沢（輝き）が鋭敏から鈍くなるに従い、ダイヤモンド光沢、ガラス光沢、樹脂光沢、脂肪光沢、土状、無艶（むえん）、と表現する。不透明な物質では、金属光沢、真珠光沢、絹糸（けんし）光沢などと表記する。輝きのある光沢には、滑らかな表面と高い反射率の両方が必要で、宝石の研磨は極めて重要となる。

ファセット（研磨で面を付けること）された宝石の輝きは、表面での反射のみならず、宝石内部での光の反射も重要である。反射率は屈折率と正の相関があり、どちらも物質の密度とともに増加する。つまり、透明で密度が高いダイヤモンドやサファイアなどが鋭い輝きを放つことは偶然ではない。透明な宝石では、反射と屈折を勘案して、最良の輝きをもたらすように、ファセットの配置が決められ、それを忠実に仕上げることが求められる。

どの方位の屈折率も変わらない（光学等方性）ダイヤモンドやガラスなどとは異なり、結晶の方位により屈折率が異なる（光学異方性）宝石もある。また同じ方位でも複数の屈折率を併せ持つ場合（複屈折）には、結晶を透か

宝石の屈折率

ダイヤモンド	2.42
ジルコン	1.92 - 2.02
ルビー／サファイア	1.76 - 1.78
パイロープ・ガーネット	1.72 - 1.76
スピネル	1.71 - 1.74
トパーズ	1.61 - 1.64
トルマリン	1.61 - 1.67
エメラルド	1.57 - 1.61
アメシスト	1.54 - 1.55

プリンセスカットのダイヤモンド。最良の効果を得られるよう計算されたファセットにより、鋭い輝きを放つ。

した像が二重に分かれて見える。

このような光学特性に特徴のある結晶を仕立てる場合には、結晶の方位に注意しなければ最良の輝きは得られない。

煌（きら）めき

透明結晶とその内包物（インクルージョン）の屈折率の差が著しいと、内包物の表面で顕著な反射が起こり、結晶の透明度が妨げられる。これは透明な宝石では負の要素となることが多い。しかし、内包物が独特の美しさを付加することもある。無色の宝石から、虹のスペクトルのように七色の煌めきや、カボションカットされた宝石から1条あるいは3条の煌めきが見られる。これらは、宝石の内部で光が反射、分散、回折、干渉、散乱などの現象を起こした結果である。

内包物による特殊効果：シャトヤンシー／アステリズム

クリソベリル、ルビー、サファイアなど、その結晶内部に針状の内包物（インクルージョン）が平行に整列している宝石では、その整列方向に対して特定の方位でカボションのような曲面に仕上げると光の帯が現れる。光の帯が一

筋だけ現れる場合は、猫の眼に例えて**キャッツアイ効果**（シャトヤンシー）と呼ばれる。光の帯が3本の現れる場合は、**スター効果**（アステリズム）と呼ばれる。

アベンチュリン・クォーツ（P.151）は、水晶の結晶内部にあるヘマタイトなどの微細な薬片（ようへん）状の内包物がランダムな向きで含まれていると、その内包物からの反射でキラキラと煌めく。このような煌めきはアベンチュレッセンスと呼ばれる。

キャッツアイ

内部に平行に存在する内包物が光を反射させることからキャッツアイ効果が生まれる。

スター・サファイア

スター効果がはっきりと強く出る無処理の宝石は限られている。

イリデッセンス

結晶内部に屈折率の異なる透明鉱物の薄い膜が交互に積層していると、膜の上下で反射する光が干渉し、シャボン玉や油膜で見られるような虹色が見られることがある。この現象をイリデッセンスという。**ムーンストーン**に見られる青みがかったミルキーなイリデッセンスは**シーン**（あるいはムーンストーン効果）という。また、ラブラドライトに見られる鮮やかなイリデッセンスはラブラドレッセンス（P.188）という。イリデッセンスが見られる宝石は色と輝きの変化が際立つよう、カボションのような曲面の仕立てが多用されるが、ラブラドライトでは平面に研磨されることも多い。どちらのカットに仕上げるにしても、イリデッセンスを際立たせる方位を考慮しなければならない。

パール（真珠）に見られる独特の色とやわらかな光沢（真珠光沢）もイリデッセンスによるもので、オリエント効果（真珠効果・P.234）とも呼ばれる。

No.7399

ムーンストーン

独特のやわらかさを持つミルキーなシーンが美しいムーンストーン。

ブラック・オパール

遊色効果はオパール以外の宝石ではなかなか見られない。

オパールを超拡大した画像。シリカの球状微粒子が規則正しく積み重なっている（アメリカ鉱物学会提供）。

遊色（ゆうしょく）効果（プレイオブカラー）

虹色に変化しながら輝く音楽CD、クジャクの羽根やモルフォチョウの羽のように、光の回折によってさまざまな色を見せる宝石がある。**オパール**は、シリカの球状微粒子が規則的に積み重なったもので、この微粒子の表面で回折する光が干渉し、波長ごとに異なる方向に進むため、石の方位（観る方位）により異なる色合いに移ろう現象、**遊色効果**（プレイオブカラー）をもたらす。

美しさを引き出す技、カット

鉱物蒐集家（しゅうしゅうか）が愛する鉱物標本には、宝石に優るとも劣らない美晶が数多く知られている。この自然の美しさが、宝石の原点である。宝石のカットは、鉱物結晶の美しさの原理を理解し、原石を切り出し、形を整え、磨き、潜在的な美を最大限に引き出すために開発、集積された技術である（P.34）。

宝石の耐久性

ダイヤモンドの硬さはいうまでもなく、身に着けて使用する宝石ならではの重要な要素が耐久性。硬度、靭性、安定性の3面から見ていこう。

宝石の硬度

宝石の重要な要件である耐久性には、硬度、靭性、安定性の3つの要素がある。「かたさ」は化学結合の強さに関係するが、引っかき（摩耗）に対する堅牢性である「硬さ」、変形し難さの「堅さ」、打撃などの衝撃に対する堅牢性の「固さ」など、物理的な意味合いの異なる「かたさ」がある。

モース硬度は、硬さの違う10種の鉱物を指標として、これら指標鉱物との比較で、「硬さ」の尺度とする。ドイツの鉱物学者フリードリッヒ・モースが提案して以来、指標鉱物の改訂がなされ、現在は10段階のモース硬度の指標として下の鉱物種（宝石）が指定され、鉱物学のみならず、宝石学でも使われている。

たとえばクリソベリル（キャッツアイ）はトパーズに傷をつけることができるが、コランダム（サファイア）には敵わず傷をつけられてしまう。そのため、8と9の中間としてモース硬度8½があたえられる。主要な宝石のモース硬度は概ね7以上である。

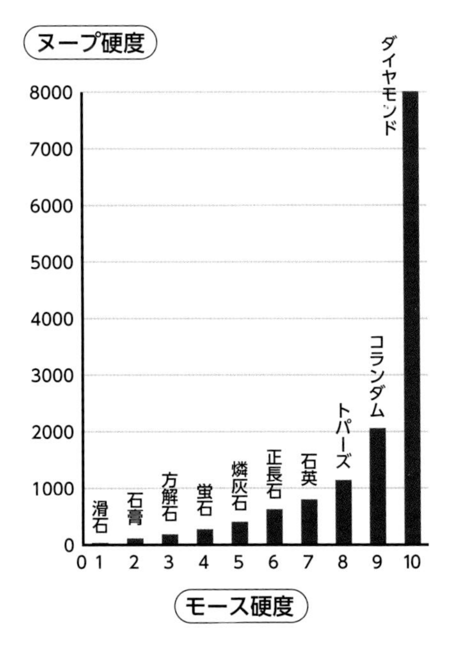

上はモース硬度とヌープ硬度を組み合わせた表。ヌープ硬度は、検査物に過重を与えて、できたくぼみと荷重から絶対的な値を表すもの。モース硬度9と10の間で他と比較すると格段に大きいのがわかる。

［モース硬度］　基準となる10種の鉱物（宝石）

硬度	1	2	3	4	5	6	7	8	9	10
	タルク（滑石）	ジプサム（石膏）	カルサイト（方解石）	フローライト（蛍石）	アパタイト（燐灰石）	オーソクレース（正長石）	クォーツ（石英）	トパーズ（黄玉）	コランダム（鋼玉）	ダイヤモンド（金剛石）

宝石の靭性

靭性は、割れにくさ、欠けにくさ、といった破損に対する耐性。規則的に化学結合が繰り返されている結晶ならではの弱点である「劈開」という性質が深く関わる。劈開がある結晶は、あらかじめ切れ目を入れたかのように見事な平面で割れる、あるいは剥がれることがある。劈開の方向は、化学結合の弱い、あるいは化学結合が少ない方向に対応する。モース硬度10のダイヤモンドにも劈開がある一方、アメシスト（モース硬度7）やモルダバイト（モース硬度$5\frac{1}{2}$）には劈開は見られないため、硬いダイヤモンドの方が割れにくいとは言い切れない。劈開は宝石を仕立てる時も、身につけている間も気をつけなければならない重要な性質である。

ひすいはひすい輝石の細長い結晶が絡み合った岩石（ひすい輝石岩）の宝石。ひすい輝石のモース硬度は6〜7と水晶と同程度以下の摩耗への耐性に留まる。しかし細長い結晶が強化繊維と同様な働きをして、ひすいは靭性に長けた宝石となっている。パールのモース硬度は$2\frac{1}{2}$〜$4\frac{1}{2}$程度だが、意外と優れた靭性を示す。これは、真珠層のような生体組織構造が生き抜くために進化した結果であろう。

カルサイト（方解石）は三方向に完全な劈開があり、菱形の面を持つ六面体状に割れる。

ひすいは靭性に長けているため耐久性があり、カボションにカットすることで、よりその効果が高まる。

宝石の安定性

安定性、つまり劣化に対する耐性も重要な要素である。水分を含んで安定している**オパール**は、乾燥により水分を失い、収縮してひび割れを生じることがある。また、**パール**のように、炭酸カルシウムやタンパク質の材質そのものが酸やアルコールなどに侵されることがあるので飲食物や香水などが付着したまま放置しないような手入れが必要である。**トルコ石**などのような多孔質の宝石は、皮脂や汗が浸透し、変色する危険性がある。クンツァイトやアメシストなど、日光など強い光で退色する宝石もある。急激な温度変化は熱衝撃をもたらす。オパールやオブシディアンなどの非晶質のみならず、多くの宝石についても熱衝撃による破損への注意を要する。こうした宝石の特性を理解しておくことで、長く使うことができるのである。

オパールは乾燥に弱いので紫外線に当てないように保管したい。熱や衝撃にも注意が必要。

直接肌に接触させないのが望ましいトルコ石。

パールのジュエリーは使用後に乾いた布などで汗などを拭き取る必要がある。一度黄ばむと元に戻ることはない。

宝石のサイズ

宝石のサイズ

宝石にとってサイズは重要である。長年にわたって宝石のサイズ表示と取引は重量（カラット 1ct=0.2g）で行われてきた。宝石はその特性ゆえに正確に寸法を測るのが難しかったため、同一性の確認に「カラット」が使われてきたと考えられる。

カラットはサイズと同一ではないが、一般的にカラットをサイズと見なしている面もある（カラットサイズ：P.33）。そこで注意しなければならないのが形状の個体差。個体によって石の厚みが大きく異なるので、仮に正面から見た大きさ（カラットサイズ）が同じカラーストーンがいくつかあったとして、厚い石は8ct、薄い石は4ctというケースもありえる。

下はさまざまな形に研磨された実物大の写真である。どれくらいのサイズが指輪の主石として似合うかどうか、指を近づけてみると理解しやすい表となっている。

宝石種によって小粒しか産出しないもの、大粒が採れるものなどさまざまだが、美しさのポイントは、ルビーやサファイアなどのカラー

[ナチュラルサイズ（実寸）]

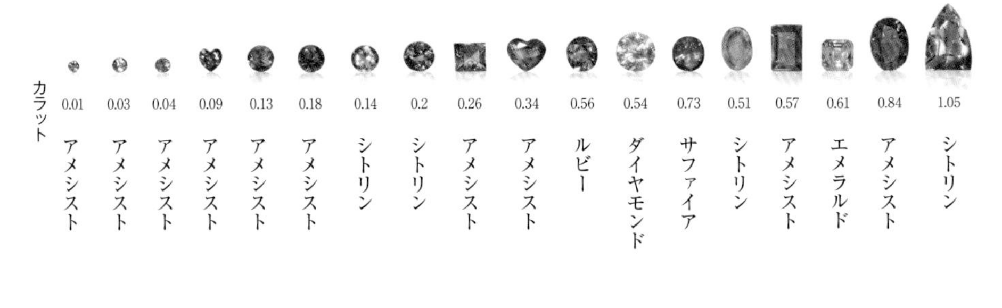

ストーン（色石）とカラーレス・ダイヤモンドとでは異なる。

カラーストーンは色と透明度の高さがポイントとなるが、ダイヤモンドは強い輝きや分散光が重要。興味深いことに常に産出する大きさは宝石種やその産地ごとに特定の範囲に納まる。

宝石のサイズは、宝石の品質を判定する際に大切となる。たとえば、カラーストーンは3、5、10ct、ラウンドブリリアントダイヤモンドは1～2ctのサイズが指輪には適し、最も美しく輝く。小粒のルビー、サファイアは若干淡め（明度4程度）の方が美しい色を発揮する（大粒では明度5～7）など、必ずしも大きいことだけが良否の基準になるわけではない。とはいえ、品質判定においてサイズが重要であることは間違いない。

[カラットサイズ]

カラットサイズは、宝石のフェイスアップの大きさである。パビリオンをもつカットの標準的なプロポーションのカラット（重さ）を指標とする。直径や横幅に対する深さの比率が高いものはフェイスアップが小さくなる。

＊明度はクオリティスケールによる濃淡 （P.42）。

ルビー
（比重：4.00）
カラットサイズ実寸

16×12
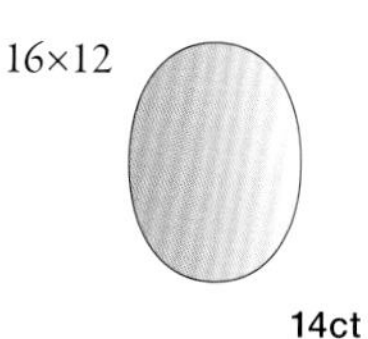
14ct

14×11
10ct

12.5×9.5
7ct

11×8
5ct

9.5×7.5
3ct

8.5×6.5
2ct

7.5×5.5
1.5ct

6.2×4.8
1.0ct

5.0×4.0
0.5ct

4.0×3.0
0.2ct

ダイヤモンドのサイズについてはP.68も参照。

宝石のカット&ポリッシュ

宝石をどうカットするかは、宝石の硬度や耐久性、透明度、価値の有無・優劣、デザインなどが勘案される。カッターは本来、希少性や原石のサイズ、形状からカッティングスタイルを決定し、最終的にシェイプ（輪郭・外形）を選ぶ。一般的に宝石のカットは「シェイプ、カッティングスタイル、面の取り方」の順に表記する。

たとえば、丸い輪郭でクラウンとパビリオンを持ち、面が58個取られたダイヤモンドの場合、「（シェイプ）ラウンド、（カッティングスタイル）パビリオンカット、（面の取り方）ブリリアントカット」となる（ただしカットされた宝石ではパビリオンカットが多いため、「パビリオンカット」の表記は、通常は省略される）。本書では「ラウンド ブリリアントカット」と示している。

シェイプ（輪郭）

シェイプ（輪郭）	
ストレートエッジ	オクタゴン
	レクタングル
	スクエア
	トライアングル
ラウンドエッジ	ラウンド
	オーバル
	ペア
	マーキス
	トリリアント
	ハート
	クッション
イレギュラー	

カッティングスタイル	面の取り方 【クラウン】【パビリオン】
パビリオンカット（クラウンとパビリオンがある）※表記では省略	ブリリアントカット　（スター／スター）
	スターカット　（スター／スター）（スター／ステップ）
	ステップカット　（ステップ／ステップ）（ステップ／スター）
	プリンセス
	シール インタリオ
	その他（バフトップ・チェッカーボードなど）
カボション	カメオ インタリオ
スラブ	カメオ インタリオ
ビーズ	※面（ファセット）をつけたものもある
ブリオレット	
タンブル	
ローズカット	
彫刻	
ポイントカット テーブルカット	※歴史上、見られたが現在ではほとんどない
レーザーホール	ダイヤモンドなどにレーザーで穴をあける ※ダイヤモンドはレーザー、カラーストーンは超音波が一般的

アンカット	自然のままの宝石（無加工）

1. シェイプ（輪郭）

シェイプは宝石を上面（フェイスアップ）から見たときの形。

丸みを帯びたラウンドエッジと直線的なストレートエッジに分類できるが、どちらにも属さないイレギュラーも存在する。ラウンドエッジの代表は円形のラウンドや楕円形のオーバル、舟形のマーキスなどが挙げられる。シャープな印象のストレートエッジはオクタゴン（八角形）やトライアングル（三角形）などがあるが、角が欠けやすい欠点も持ち合わせている。

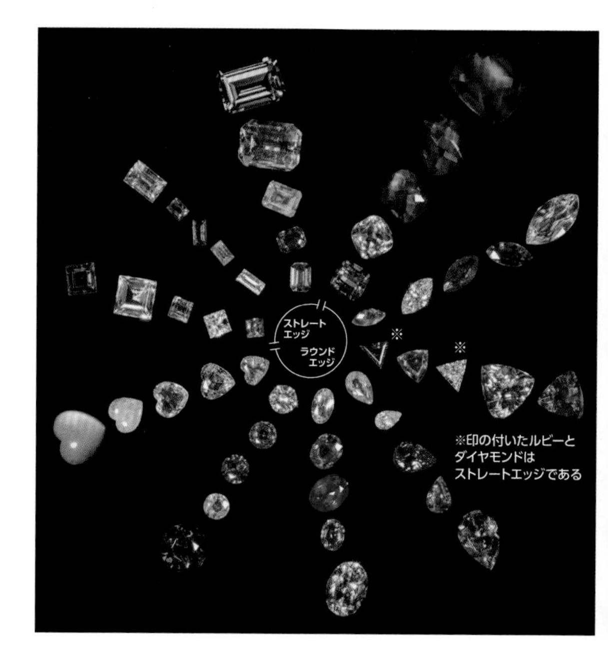

2. カッティングスタイル

種類や透明度、内包物の有無などを総合的に判断して決める。現代ではダイヤモンドなど硬度と透明度が高い宝石は、内部反射や分散光を活かすことができる面を取るカット「ファセットカット」が主流である。宝石の裏側（下部）にあたるパビリオンを設けるのは、このような理由がある。一方、宝石の研磨の歴史を見ると、原石の形状を活かした自然なタンブルや、多数の正確な平面を必要としない曲面で磨きあげるカボション、加えて、スラブ、ビーズといったスタイルが大半であった。

A タンブル

tumbleとは、転がるの意。河原の小石に見られるように角がとれ、丸みを帯びたスタイル。元々は人が唯一手を加えない、自然のままのカット。現在は研磨材と原石を一緒に振動させて角を取りツヤを出している。

B カボション

丸い山形に整えたスタイルで、硬度が低い半透明や不透明の石に施すことが多い。浮き彫り（カメオ）が施されることもある。

C スラブ（厚板）

平面に磨いて整えたスタイル。伝統があり、沈み彫り（インタリオ）が施されることが多い。

D ビーズ

立体に荒削りした後、機械や手作業で丸くしたカット。穴を開けてネックレスなど、連にするのが一般的。

E ローズカット

バラの花弁が折り重なったようなドームに三角の面を取ったカット。裏側が平面で中世ヨーロッパで流行した。

F ブリオレット

涙形の原石を小さな面で囲むカット。他のカットに比べ手間がかかる。

G パビリオンカット

クラウンとパビリオンを持つカッティングスタイル。ブリリアントカットともいう。パビリオンを持つことで、透明度が高い宝石の内部反射や分散光を大きく引き出すことができる。

3. 面（ファセット）の取り方

「パビリオンカット」では、クラウンとパビリオンの面の取り方にさまざまな種類がある。どう面を取っていくかは、宝石の特性によって決まる。原石の形や色を勘案し、たとえばテーブル面を大きくとり、最高の色合いになる厚みと、内部反射による輝きを最高にするパビリオンとクラウンの配置を考慮しつつ、石を大きく見せながら、美しさを最大限に引き出すように設計される。

ブリリアント

クラウン32面、パビリオン24面にテーブルとキュレットを合わせた計58面、研磨された面を持つ画期的なカット。

スター（ブリリアント）

テーブル面に添って三角の面を8面持つ。

ステップ

ステップは階段の意。四角形のテーブル面を持ち、切子面が正方形または長方形。ガードルに対して平行に面を持つ。

シール（シーゲル）

上部がフラットでパビリオンに面を取るカット。古くは上部に彫刻が施されてきた。

バフトップ

上部がドーム形のカボションで膨らみがあり、下部に面を取る。

チェッカーボード

名称の由来はチェスボードから。カット面が正方形の市松模様のカット。

プリンセス

20世紀後半に発明されたカット。四角形のフォルムを持ち、ブリリアントに近い面の取り方。

国立西洋美術館
橋本コレクションについて

指輪が語る4000年の宝石史

古美術収集家の橋本貫志氏（1924～2018）による「橋本コレクション」は、氏が1989年から2004年にかけて世界のオークションで集め、国立西洋美術館に寄贈した指輪を中心とした約870点で構成される。コレクターとしての長い経験と知識を生かして、年代、地域を限らずに網羅的に集められたコレクションは、世界に類を見ないものである。

2022年開催の国立科学博物館特別展「宝石」で展示するため、宝石をテーマに選んだ201点について撮影し、古い順に並べてみたところ、1500年頃まではカボションやスラブ（厚板）に彫刻が施されたものが多いこと、またダイヤモンドやルビーなどのブリリアントカットは1700年代になって初めて見られることが確認できた。

宝石がルース（裸石）のままでは通常使用されていた年代はわからないが、セットされていた指輪の発掘場所、材質やデザインによって、時代やその背景を推定することができる。まさに宝石の歴史を語る指輪コレクションと言える。

「橋本コレクション」に見るカッティングスタイルの変遷

1500

1

「スカラベ」中王国時代、12-13王朝、紀元前1991-紀元前1650年頃　国立西洋美術館 橋本コレクション（OA.2012-0002）

15

「金製指輪」1-2世紀
国立西洋美術館 橋本コレクション（OA.2012-0062）

53

「パパル・リング」15世紀
国立西洋美術館 橋本コレクション（OA.2012-0141）

70

「海の精ネレイス」1660年頃
国立西洋美術館 橋本コレクション（OA.2012-0201）

1700　1800　1900　1950

89

「ポーランド国王アウグスト3世」18世紀中期
国立西洋美術館 橋本コレクション（OA.2012-0260）

102

「リガード・リング」1830年頃
国立西洋美術館 橋本コレクション（OA.2012-0400）

158

「六角形ダイヤモンドのアール・デコ・リング」1925年頃
国立西洋美術館 橋本コレクション（OA.2012-0491）

173

「シュランバーゼーのデザインによるティファニー製リング」1960年代
国立西洋美術館 橋本コレクション（OA.2012-0512）

宝石は受け継がれていくもの

宝石を欲する人はあとを絶たない。時代を超えて魅力を持ち続ける理由と、
人から人へ受け継がれる宝石の「条件」を考えたい。

還流 ――宝石は地球からの預かりもの

2019年にオークションで落札されたプラチナ、エメラルドのダイヤモンドリング。エメラルドはコロンビア産無処理で、リングは内側（サイジングエリア）を見ると、刻印が途切れていることを確認できる。これはリングサイズを変更したことを示唆している。

宝石には、動産としての確かな「価値」がある。価値が目減りすることもなく、持ち運びがいたって容易で、土地のように登記する煩わしさもない。身に着けて楽しみつつも、使わなくなった時や、いざという時は譲り渡すことができる。そうやって宝石は、時代を超えて人から人に受け継がれる――。これが宝石の「還流」だ。

還流に値する宝石の条件として、次の3つを挙げたい。

①透明度が高くて美しいもの。無処理の状態で、透き通るようなクリアな石は、それだけで美しさが漂う。

②モース硬度7以上の硬さのもの。砂埃にしばしば含まれる石英（モース硬度7）よりも硬度が劣る石は、劣化が激しい。

③適度なサイズであること。宝石は身に着けて楽しむものなので、大きすぎず、小さすぎないこと。

この3つの条件を満たした宝石は、価値が保たれる。ゆえに、人の手から手へと渡り、還流し続ける。

その一方、新たに採掘されたものがカットされ宝石として市場に出回るため、宝石の総量は年々増えていく。20世紀に行われたような大規模な鉱山開発を続けていれば、いずれ供給過多になるかもしれない。乱開発をやめ、紛争の種とせず、本当に価値のある宝石を適正に評価し、それを還流させていく。「シェアリング」や「リサイクル」、「環境保全」に注目が集まる現在、宝石市場が「還流」に軸足を移していくことは、重要な方向性となりえる。

宝石は地球からの預かりものであり、そこにかけがえのない価値と美しさがある。だからこそ、受け継ぐことに喜びを感じるといえるだろう。

宝石が還流する場としてポピュラーなオークション。高額なものだけでなく、10万～30万円のものも数多く出品されて、一般の人でも気軽に見学・参加できる。オークションの長所は、競り合いながらも、ほぼ価値に見合った水準で取引される点。仲介料は発生するが、悪意ある業者に高値を吹っかけられることもなければ、宝石とは呼べないものを買ってしまう心配もない。

画像：毎日オークション

第2章

鉱物質の宝石

「ベル・エポック　カルロ・ラッジオ伯爵旧蔵 ガーランド・スタイル　ダイヤモンド・ティアラ」
1909年頃　イタリア　ダイヤモンド、プラチナ　個人蔵、協力：アルビオン アート・ジュエリー・インスティテュート

本書の見方

本書の第2章では「鉱物質の宝石」、第3章では「生物起源の宝石」を掲載している。主要な宝石は基本の解説に加えて品質、価値について紹介する。

宝石のページ

「鉱物質の宝石」のページでは、その宝石の鉱物学的性質や、磨く前の美麗な鉱物（結晶）、研磨石などを掲載。歴史的なジュエリーもあわせて紹介。

[鉱物質の宝石] 第2章

❶鉱物名	jadeite（ひすい輝石）		
❷主要化学成分	ケイ酸ナトリウムアルミニウム		
❸化学式	$Na(Al,Cr,Fe,Ti)Si_2O_6$		
❹光沢	ガラス光沢～脂肪光沢		
❺晶系	単斜晶系	❽へき開	良好（2方向）
❻比重	3.2–3.4	❾硬度	6–7
❼屈折率	1.64–1.69	❿分散	なし

宝石名

磨く前の原石（鉱物）

宝石名の由来や産状などの解説

コレクション番号 No.0000

1000番台/2000番台 国立科学博物館
3000番台/4000番台 瑞浪鉱物展示館
7000番台/8000番台 日本彩珠宝石研究所
9000番台/0000 その他

※記載のないものは諏訪貿易およびShutterstock

ひすい（硬玉） Jadeite

鉱物名（和名）	jadeite（ひすい輝石）		
主要化学成分	ケイ酸ナトリウムアルミニウム		
化学式	$Na(Al,Cr,Fe,Ti)Si_2O_6$		
光沢	ガラス光沢～脂肪光沢		
晶系	単斜晶系	へき開	良好（2方向）
比重	3.2–3.4	硬度	6–7
屈折率	1.64–1.69	分散	なし

ジェードと呼ばれる石はさまざま

ひすい（硬玉）は、ひとつの鉱物結晶ではなく、主にひすい輝石の微細結晶が密に絡み合った塊（「ひすい輝石岩」という岩石）である。ひすい輝石は、ナトリウムとアルミニウムを主成分とする輝石の一種で、その生成には高い圧力とほどほどの温度が必要なため、海洋プレートの沈み込みが関係している。緑色の印象が強いが、ひすい輝石は、本来、無色（白色）であり、クロム、マンガン、鉄、チタンなどの微量成分が含まれることにより、緑、紫、青などに発色する。また、ひすい輝石の微細結晶の隙間に有色の鉱物が介在することで発色し、茶、黒はそれぞれ赤鉄鉱や褐鉄鉱、石墨が発色因である。

日本で「ひすい」といえば、ひすい輝石岩（硬玉）を指すのが一般的であるが、「ひすい」の語の発祥地であり、翡翠文化の歴史も長い中国では、翡（赤／茶）と翠（緑）の2色の硬玉だけを、「翡翠」と呼んでいる。

「ジェード」と呼ばれる石には、ひすい（硬玉）だけでなくネフライト（軟玉、P.168）、クリソプレーズ（P.153）、アベンチュリン・クォーツ（P.151）、フクサイト（バーダイト）、サーペンティン（P.217）、トランスバール・ジェード（グロッシュラー・ガーネット、P.130）など、不透明から半透明かつ塊状で、緑色の石（翠玉）を総称している場合が一般的である。緑色の石に限ることなく、より広義にジェードと呼んでいることもある。ちなみにジェードの語源はスペイン語で「脇腹の石」を意味する言葉で、緑色の石を赤子のお腹に添えると腹痛を癒す効果があると信じられていたことに由来する。また、ネフライトの語源もギリシャ語で「腎臓の石」つまり腎臓結石のことであり、やはりネフライトが結石を癒す効果があると信じられていたらしい。

162

ジェダイト ミャンマー カチン州産 No.8356

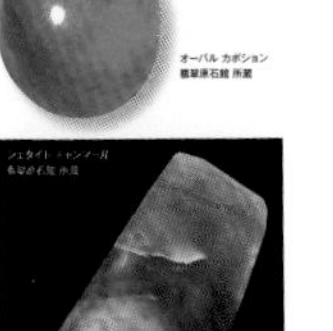

オーパル カボション 翡翠原石館 所蔵

❶鉱物名

その宝石が属する鉱物名とその和名を掲載。鉱物名と宝石名が同一のものもあれば、異なるものもある。

❷主要化学成分

鉱物の主成分を化合物の名称で記載。

❸化学式

成分の種類を元素記号で、その比率を数字で示したもの。ダイヤモンドはC、ルビーやサファイアの鉱物であるコランダムはAl_2O_3となる。

{ 主な元素記号 }

Ag	銀	N	窒素
Al	アルミニウム	Na	ナトリウム
Au	金	Ni	ニッケル
B	ホウ素	O	酸素
Ba	バリウム	Os	オスミウム
Be	ベリリウム	P	リン
C	炭素	Pb	鉛
Ca	カルシウム	Pd	パラジウム
Cl	塩素	Pt	プラチナ
Co	コバルト	Rh	ロジウム
Cr	クロム	Ru	ルテニウム
Cu	銅	S	イオウ
F	フッ素	Si	ケイ素
Fe	鉄	Sn	スズ
H	水素	Sr	ストロンチウム
Hg	水銀	Ti	チタン
Ir	イリジウム	V	バナジウム
K	カリウム	W	タングステン
Li	リチウム	Zn	亜鉛
Mg	マグネシウム	Zr	ジルコニウム
Mn	マンガン		

❹光沢

宝石の表面での光の反射による質感。主な光沢は、ダイヤモンド光沢、ガラス光沢、樹脂光沢、脂肪光沢、土状、無艶（むえん）、金属光沢、真珠光沢、絹糸（けんし）光沢など

❺晶系

結晶軸の長さ、各軸相互間の角度によって鉱物は7つの晶系（立方、正方、六方、三方、直方、単斜、三斜）に分類される。

❻比重

基準となる物質（大気圧下4℃の純粋な水）との密度の比率。

❼屈折率

物質中を光が伝わる速度と真空中の速度の比率。速度が違う物質の境界では光の進行方向が変わり、光路が折れるように見える（屈折）。屈折率は折れ角に関係し、また反射にも関係するため、宝石の輝きに大きく影響する。

❽へき開

へき開（劈開）とは、平らな面に割れる現象。結晶の特定の方位に見られ、「完全」「明瞭」「良好」「不明瞭」「なし」と、その程度を表す。宝石の耐久性に大きく関わる。

❾硬度

傷のつきにくさ。定められた10の指標鉱物と比較するモース硬度が用いられる。（P.30参照）

❿分散

波長の違いで屈折率が異なる場合、入射した光線が波長ごとの屈折角で分離する現象。アッベ数（逆分散率）という指標で表す。この値が大きいと虹色の光が強く輝く。

※鉱物データについては、複数種の鉱物が同一の宝石として扱われる場合は代表的なもののみ掲載している。

普及した時期の目安

紀元前から1500年までに宝石として普及していた、伝統的な宝石種を紫。1950年以降に発見、普及した宝石をグレーで示した。どちらにも該当しない場合は無印とする。

紀元前～1500年

1950年～現在

宝石名

日本産ひすい Jadeite, Japan

日本の国石、ひすい

ひすい輝石が生成するのは地質学的に高圧（5000気圧程度、地下約20㎞に相当）・低温（250℃程度）の条件下で主成分のナトリウム、アルミニウム、ケイ素、酸素が適度の比率で揃う場所である。そのような場所は、海洋プレートが潜り込んだ先の大陸プレートの周縁部地下深部である。地下深部で生成したひすいは、断層のような割れ目に沿って地表に押し出される蛇紋岩に伴われ、地表付近にもたらされる。このため、ひすいの産地はプレート沈み込み帯がある古い大陸の周囲や環太平洋帯などに分布している。日本では、北海道から九州まで、蛇紋岩を伴う高圧変成帯に沿って、各地でひすい輝石が見つかるが、宝石となるような美しいひすいの産出は、ほぼ糸魚川に限られる。糸魚川では約7000年前に道具（敲石）としてひすいの利用が始まり、5000年前ごろから研磨や削孔が始まり大珠や垂飾のような「道具ではないもの」へ加工されている。勾玉と同様、多くが副葬されたことは、現代の宝飾とは異なる意味合いを示唆する。

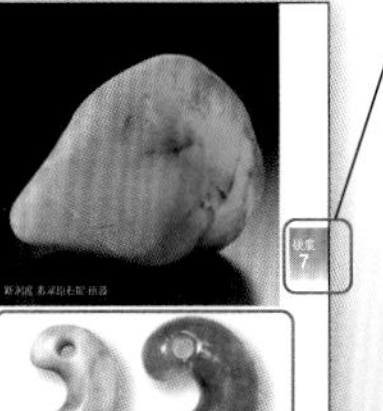

硬度の目安

各ページに掲載している宝石の硬度を示したもの。原則的にモース硬度の硬い順に掲載しているが、分類上、一部硬度順が前後している場合があるため、この目安に書かれた硬度と宝石の硬度が異なる場合がある。

勾玉 翡翠原石館 所蔵　勾玉 翡翠原石館 所蔵

磨いた宝石
カットのスタイル
輪郭、面の取り方を表示

本書では一般的なカット表記よりもより詳細に専門的に表示。諏訪が判定したカッティグスタイル、輪郭、面の取り方を掲載する。

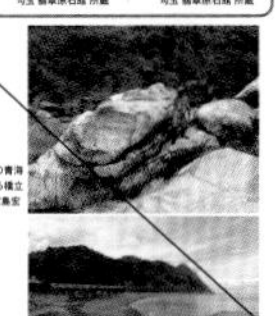

新潟県糸魚川市の青海川上流に位置する橋立ヒスイ峡。 ©宮島宏

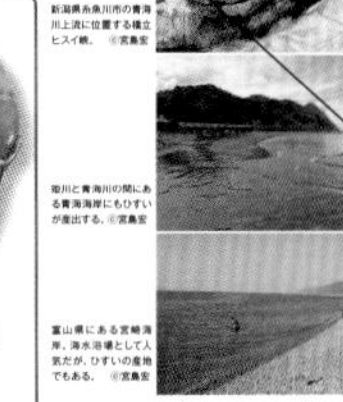

姫川と青海川の間にある青海海岸にもひすいが産出する。©宮島宏

富山県にある宮崎海岸。海水浴場として人気だが、ひすいの産地でもある。 ©宮島宏

23

「翡翠の勾玉の指輪」 九州で発掘されたと思われるひすいの勾玉を1960年頃に仕立てたゴールドリング。勾玉は3-5世紀、仕立ては現代
国立西洋美術館 橋本コレクション
(OA.2012-0811)

163

より詳細な
宝石種ごとの解説

橋本コレクション

1 ～ **201**

橋本コレクションは、古美術収集家の橋本貫志氏（1924~2018）が蒐集した指輪を中心とする800点余りの宝飾品コレクション。2012年に国立西洋美術館に寄贈された。宝石と宝石がセットされた指輪201点から、選りすぐりの約60点を掲載。番号は国立科学博物館特別展「宝石」での展示番号に拠る。

[生物起源の宝石] 第3章

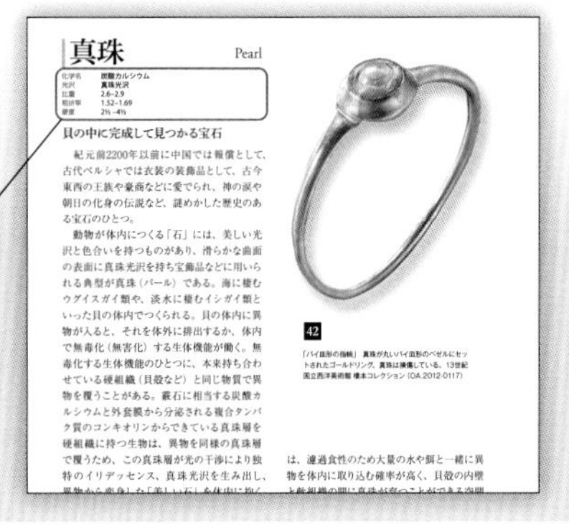

真珠 Pearl

化学名	炭酸カルシウム
光沢	真珠光沢
比重	2.6–2.9
屈折率	1.52–1.69
硬度	2½ –4½

貝の中に完成して見つかる宝石

紀元前2200年以前に中国では報償として、古代ペルシャでは衣装の装飾品として、古今東西の王族や豪商などに愛でられ、神の涙や朝日の化身の伝説など、謎めかした歴史のある宝石のひとつ。

動物が体内につくる「石」には、美しい光沢と色合いを持つものがあり、滑らかな曲面の表面に真珠光沢を持ち宝飾品などに用いられる典型が真珠（パール）である。海に棲むウグイスガイ類や、淡水に棲むイシガイ類といった貝の体内でつくられる。貝の体内に異物が入ると、それを体外に排出するか、体内で無毒化（無害化）する生体機能が働く。無毒化する生体機能のひとつに、本来持ち合わせている硬組織（貝殻など）と同じ物質で異物を覆うことがある。霰石に相当する炭酸カルシウムと外套膜から分泌される複合タンパク質のコンキオリンからできている真珠層を硬組織に持つ生物は、異物を同様の真珠層で覆うため、この真珠層が光の干渉により独特のイリデッセンス、真珠光沢を生み出し、

は、濾過食性のため大量の水や餌と一緒に異物を体内に取り込む確率が高く、貝殻の内壁

42

「バイ皿形の指輪」 真珠が丸いバイ皿形のベゼルにセットされたゴールドリング。真珠は損傷している。13世紀
国立西洋美術館 橋本コレクション (OA.2012-0117)

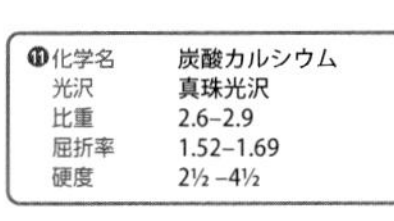

⓫化学名	炭酸カルシウム
光沢	真珠光沢
比重	2.6–2.9
屈折率	1.52–1.69
硬度	2½ –4½

⓫化学名

生物起源の宝石は、鉱物由来の宝石ではないので鉱物名は存在しない。「主要化学成分」を化学名として表示する。

品質価値のページ

主要宝石の品質判定のために「クオリティスケール」「価値比較表」「品質の見分け方」「処理の有無」などを掲載。宝石の価値の目安をつけることができる。

クオリティスケール

クオリティスケールは品質を見分ける物差しである。品質をとらえるために横軸に美しさ（姿と輝き）の5段階、縦軸に濃淡の7段階、計35マスからなる。基本的に実際の宝石を用いて作成される。美しさと濃淡の段階を宝石に当てはめて、GQ、JQ、AQの「クオリティゾーン」で判定する。特徴がある場合は産地別、処理・無処理を表示した。

クオリティゾーン

品質の3つのゾーン。GQは特に美しく希少性が高いもの。JQはジュエリーとして広く使われているもの。AQは美しさには欠けるがアクセサリーとしては使用可能なもの。宝石種ごとに異なる。

- GQ（ブルーのゾーン）
- JQ（グレーのゾーン）
- AQ（イエローのゾーン）

価値比較表

同一の宝石の中で価値比較ができるようにまとめたもの、指数はラウンド ブリリアント カット1カラットサイズのダイヤモンドの中間品質でもあるJQを「100」として作成したもので、価格表ではない。本書で掲載しているデータは2012年および2018年に調査したものを指標としている。現在、価値の変動が大きいものもあるが、伝統に裏打ちされた宝石の価値変動は長期的に考えなくてはならない。

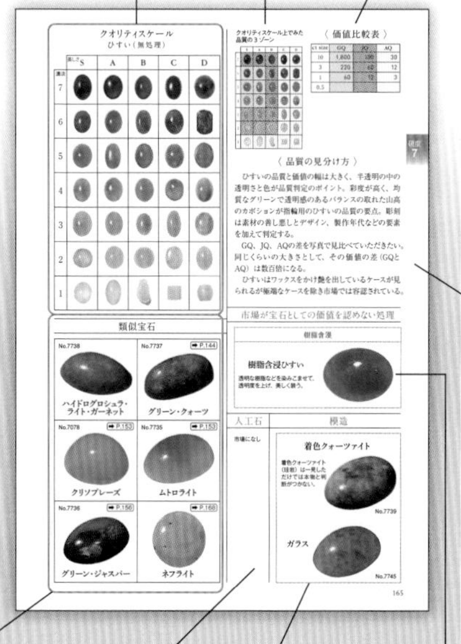
クオリティスケール
ひすい（無処理）

	S	A	B	C	D
7					
6					
5					
4					
3					
2					
1					

類似宝石

No.7738 ハイドログロシュラ・ライト・ガーネット
No.7737 ➡P.144 グリーン・クォーツ
No.7078 ➡P.153 クリソプレーズ
No.7735 ➡P.153 ムトロライト
No.7736 ➡P.156 グリーン・ジャスパー
➡P.168 ネフライト

クオリティスケール上でみた品質の3ゾーン

〈 価値比較表 〉

ct size	GQ	JQ	AQ
10	1,800	100	30
3	220	60	12
1	60	12	3
0.5			

〈 品質の見分け方 〉

ひすいの品質と価値の幅は大きく、半透明の中の透明さと色が品質判定のポイント。彩度が高く、均質なグリーンで透明感のあるバランスの取れた山高のカボションが指輪用のひすいの品質の要点。彫刻は素材の善し悪しとデザイン、製作年代などの要素を加えて判定する。

GQ、JQ、AQの差を写真で見比べていただきたい。同じくらいの大きさとして、その価値の差（GQとAQ）は数百倍になる。

ひすいはワックスをかけ艶を出しているケースが見られるが極端なケースを除き市場では容認されている。

市場が宝石としての価値を認めない処理

樹脂含浸

樹脂含浸ひすい
透明な樹脂などを染みこませて、透明度を上げ、美しく装う。

人工石
市場になし

摸造

着色クォーツァイト
着色クォーツァイト（珪岩）は一見しただけでは本物と判断がつかない。
No.7739

ガラス
No.7745

165

（ 美しさの注目点 ）

①カット石は
モザイク模様のバランス

②カボションは
姿、透明度、色の彩度

品質の見分け方

品質を見分けるポイントを紹介。特に宝石種ごとの産地及び処理の有無が品質判定の決め手となる。主要なカラーストーン3種（ルビー、サファイア、エメラルド）については、産地による価値の差が大きいため、産地別のクオリティスケールがある。

類似宝石

見た目が似ている別種の宝石。

人工石

均質に大量生産した、宝石と同質（成分と結晶構造が同じ）なもの。合成結晶や人工育成結晶などがある。

摸造

プラスチック、ガラス、張り合わせ石など宝石に似せて製造されたもの。

処理（市場が宝石としての価値を認めない処理）

本書の宝石は無処理を前提に掲載。市場がある程度の価値を認めている処理（加熱、含浸）はそれを明記し、クオリティスケール上に宝石として掲載した。市場が宝石としての価値を認めない処理は、ダイヤモンド、ルビー、サファイア、エメラルド、ひすいについてのみ紹介。市場が一定の価値を認めている以下の処理について記載している（詳細はP.43）。

①低温加熱（アクアマリン、タンザナイト、ピンク・トルマリンなどは大部分が処理される）
②高温加熱（ルビー、サファイアなど）
③軽度のオイル、樹脂含浸（エメラルドなど、程度の見極めが大切）

宝石の処理

宝石には、研磨以外に一切人の手を加えていないA.「無処理」のもののほかに、B.「市場が宝石としての価値を認める処理」のものがある。潜在的な美しさを引き出すこれらの処理では、仕上がりは一律ではなく、自然に左右される。この種の原石は数に限りがあり、市場はある程度まで宝石としての価値を認めている。

それに対して、C.「市場が宝石としての価値を認めない処理」もある。こちらの処理は大量に施すことができるので、市場は宝石としての価値をほとんど認めていない。

処理のうち、現状では加熱（低温）とカラーストーンの放射線照射の有無の判別は困難だが、その他すべての処理は、ほぼ判別が可能である。

本書では、宝石の価値にかかわる処理について表示している。放射線照射と加熱の組み合わせは単に放射線照射とするなど、主要な処理を記載している。また、どの宝石にも可能な、一過性のオイル、ワックス、コーティング等の処理には触れていない。

A. 無処理

研磨以外に一切人の手を加えていない

B. 市場が宝石としての価値を認める処理

目的	種類	方法と内容	例
宝石の色や透明度など光学特性の改善	軽度のオイルまたは樹脂含浸	無色のオイル等を染み込ませ、キズを見えにくくし、色、透明度、輝きを引き出す（石自体の割れ目は少ない）	エメラルド
	加熱	300～1800℃に加熱し、色を改善する。低温加熱は内包物が変化しないため、加熱の有無の判断は難しい。高温加熱は内包物が変化するため、無処理との判別が可能［加熱過程において、触媒として使用した物質（ボラックス）が隙間に残る場合がある。軽度の残留物質（residue）は、市場が価値を認める］	［低温加熱］アクアマリン、タンザナイト ［高温加熱］ルビー、サファイア

C. 市場が宝石としての価値を認めない処理

目的	種類	方法と内容	例
宝石の人為的加工による着色、変色と不透明要因の隠蔽	重度のオイルまたは樹脂含浸	真空や高圧下でオイル等を石内部の割れ目に含浸し、割れ目での乱反射を目立たなくする	エメラルド
	着色含浸	色つきオイルを含浸させて透明度を上げ、色をつける	エメラルド
	鉛ガラス充填	鉛ガラスを溶かして充填し、透明度をよくする	ルビー
	極端なワックス処理	ワックスを染み込ませて艶を出す	オレンジ・ジェード
	全体の樹脂含浸	樹脂を染み込ませて透明度を上げる、耐久性を向上させる	ひすい（Bジェードと呼ぶ） 赤珊瑚、トルコ石
	拡散加熱	微量元素を加え、加熱して色をつける	サファイア
	放射線照射	放射線照射して色をつける	ブルー・トパーズ
	染色	合成染料を使って色をつける	アゲート
	コーティング	表面に色素を蒸着する	ダイヤモンド
	レーザードリリング	レーザーで穴をあけ、内部のダークインクルージョンを除く（穴が残るので鉛ガラス充填などを併用）	ダイヤモンド
	高温高圧（HPHT）	高温高圧で色を変える	ダイヤモンド
	張り合わせ（コンポジット）	樹脂やガラスを張り合わせる	ダブレット・オパール、マベパール

注1:すべての製品に製造コスト、流通コストに見合う価値がある。注2:養殖真珠は前処理、漂白、加熱、染色、放射線照射されているものがある。

大色相環（だいしきそうかん）

～ Gem Color Circle 365 ～

2022年に国立科学博物館で開催された特別展「宝石」のために作成された「大色相環」。計365個の宝石が色相と濃淡順に並べられ、宝石の多様性、類似性を一覧できる。全体像は右のような直径約48㎝の円環である。4ページに分けて紹介する。

1～24のそれぞれの色相に含まれている宝石名は各ページの下部に掲載。

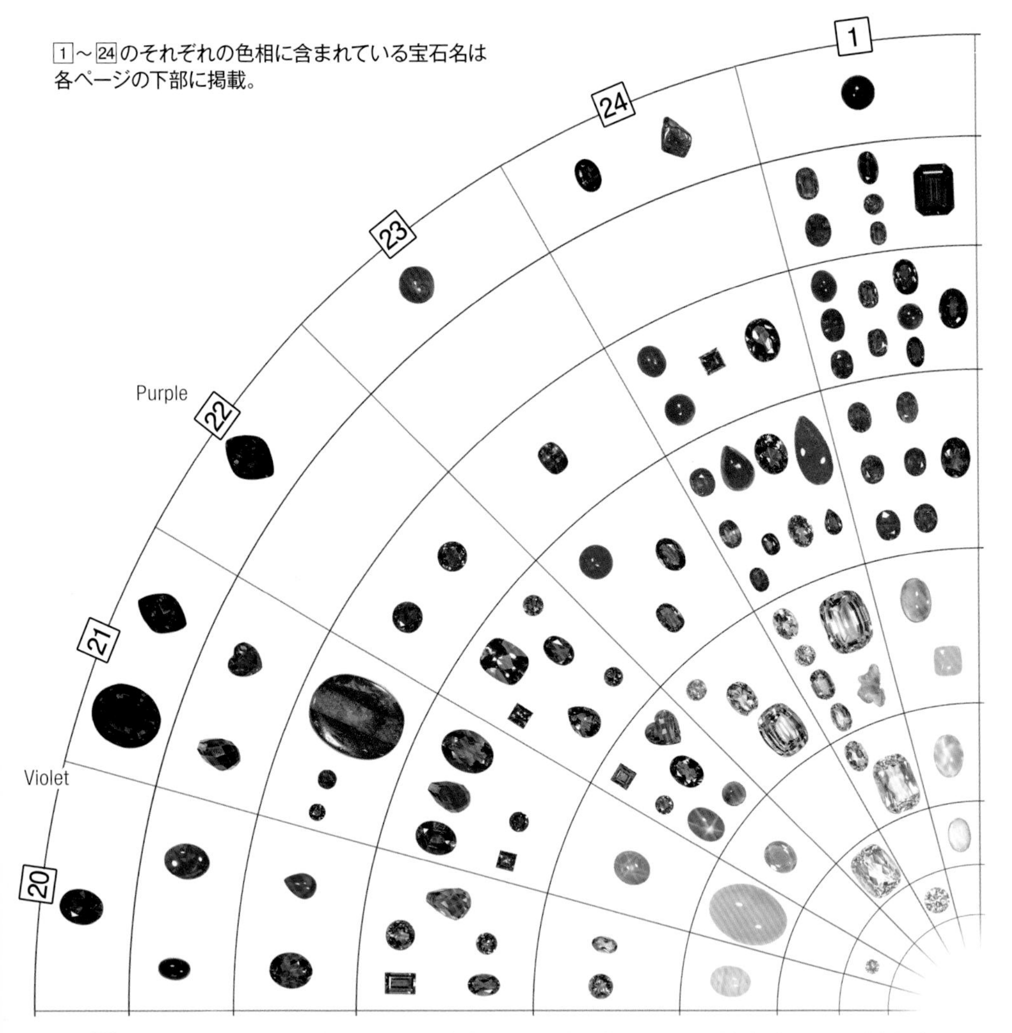

1 アルマンディン・ガーネット、ルビー、ロードライト・ガーネット、ルベライト、ピンク・トルマリン、ピンク・オパール、ロッククリスタル

24 ルビー、アルマンディン・ガーネット、スター・ルビー、ロードライト・ガーネット、ピンク・トルマリン、ピンク・サファイア、ファンシーピンク・ダイヤモンド、ピンク・トパーズ、クンツァイト、ウォーターメロン・トルマリン、ジルコン

23 インドスター・ルビー、パープル・サファイア、ルビー、ロードライト・ガーネット、ピンク・サファイア、ピンク・トパーズ、クンツァイト

22 アメシスト、バイオレット・サファイア、バイオレット・スター・サファイア、バイオレット・トルマリン、バイオレット・スピネル

21 アメシスト、バイオレット・サファイア、ボルダー・オパール、バイオレット・フローライト、バイオレット・スター・サファイア、ラベンダー・ジェード、ロッククリスタル

20 アイオライト、ブラック・オパール、タンザナイト、ブルーレース・アゲート

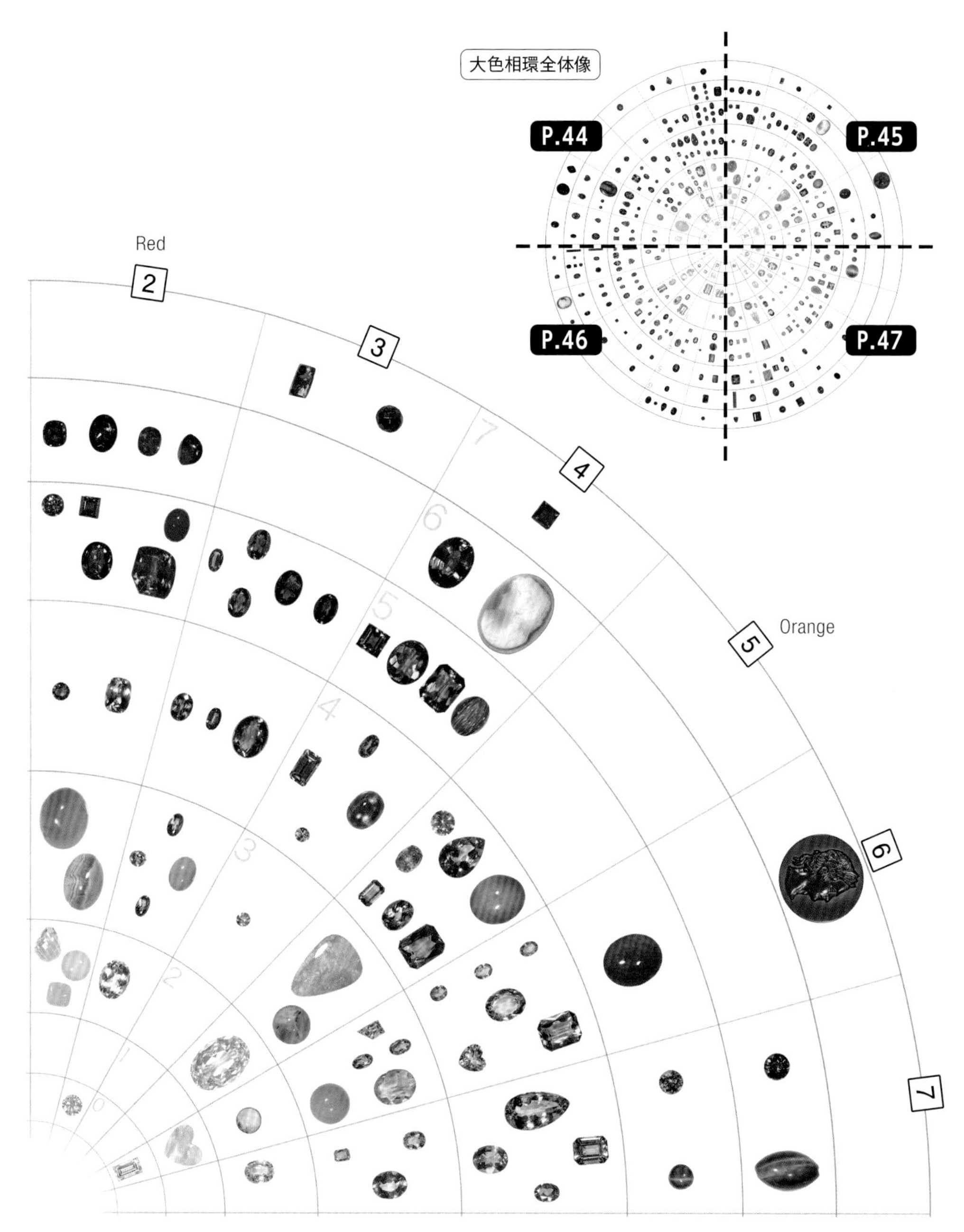

2	レッド・スピネル、ルベライト、ファイヤー・オパール、ルビー、ロードライト・ガーネット、アンデシン、ロードクロサイト、コーラル、インカローズ、ローズ・クォーツ、ピンク・オパール
3	ボルダー・オパール、アンバー、ガーネット、ロードライト・ガーネット、ルベライト、シトリン、ピンク・サファイア、ロードクロサイト、コーラル、インペリアル・トパーズ、ダイヤモンド
4	シトリン、アゲート、ガーネット、アンバー、オレンジ・サファイア、スペサルティン・ガーネット、サンストーン、ラブラドライト
5	オレンジ・サファイア、グロッシュラー・ガーネット、オレンジ・トルマリン、トルマリン、シトリン、オレンジ・ジェード、ボルダー・オパール、アンバー、トパーズ
6	カルセドニー、オレンジ・ジェード、イエロー・サファイア、インペリアル・トパーズ、シトリン、グロッシュラー・ガーネット、アンバー、メキシコ・オパール、マザーオブパール、ダイヤモンド
7	クリソベリル、タイガーズアイ、クリソベリル・キャッツアイ、イエロー・ベリル、トルマリン、シトリン、ジルコン、イエロー・サファイア

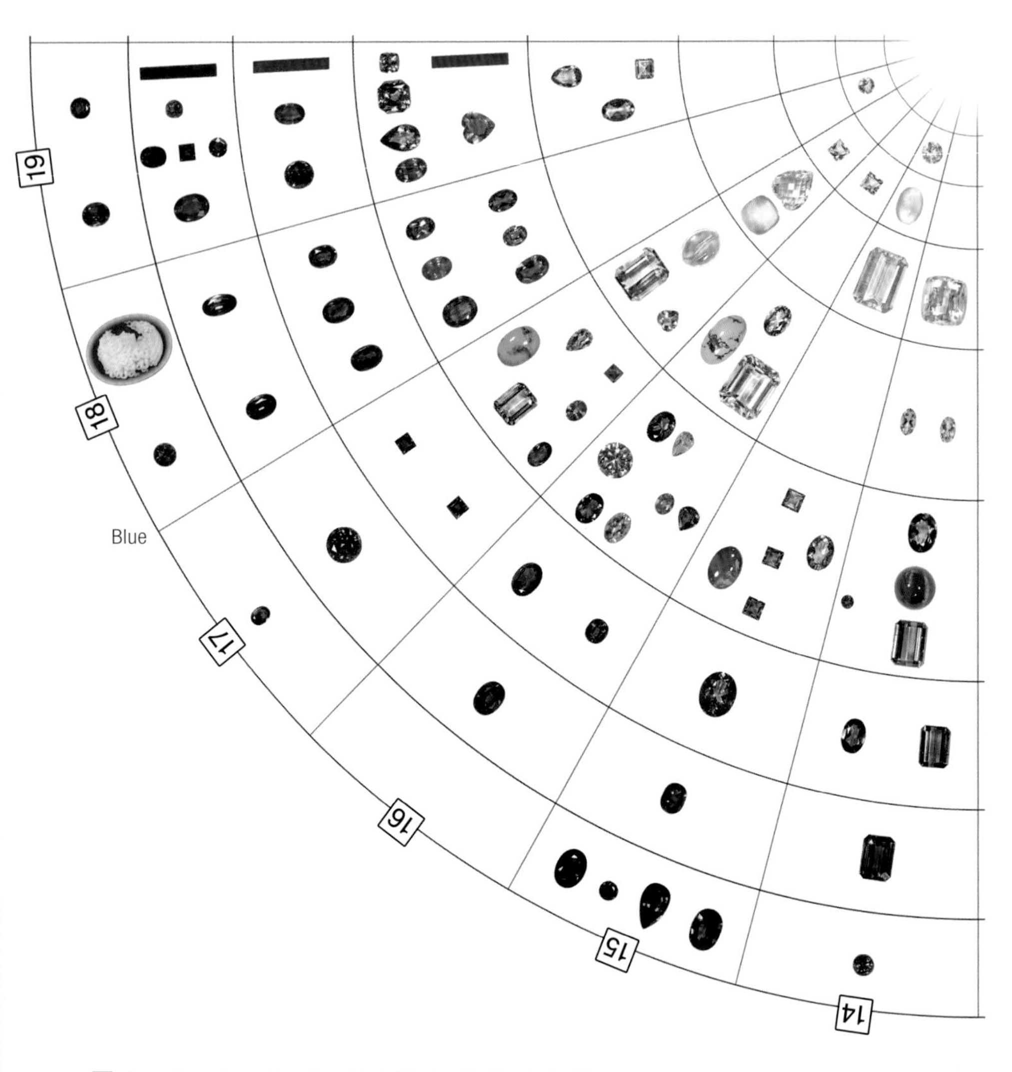

19 ブルー・サファイア、アイオライト、ラピスラズリ、タンザナイト、ベニトアイト

18 ブルー・サファイア、アゲート、アイオライト、ゴシェナイト

17 ブルー・サファイア、アクアマリン、パライバ・トルマリン、トルコ石

16 ブルー・サファイア、ブルー・スピネル、アレキサンドライト、パライバ・トルマリン、ブルー・トルマリン、ブルー・ジルコン、ブルー・トパーズ、アクアマリン、トルコ石

15 ブルー・サファイア、インディコライト、ブルー・スピネル、ブルー・トルマリン、ブラック・オパール、アクアマリン、カラーレス・トパーズ

14 グリーン・サファイア、グリーン・トルマリン、グリーン・トルマリン・キャッツアイ、ラブラドライト、グリーン・ベリル

大色相環

～ Gem Color Circle 365 ～

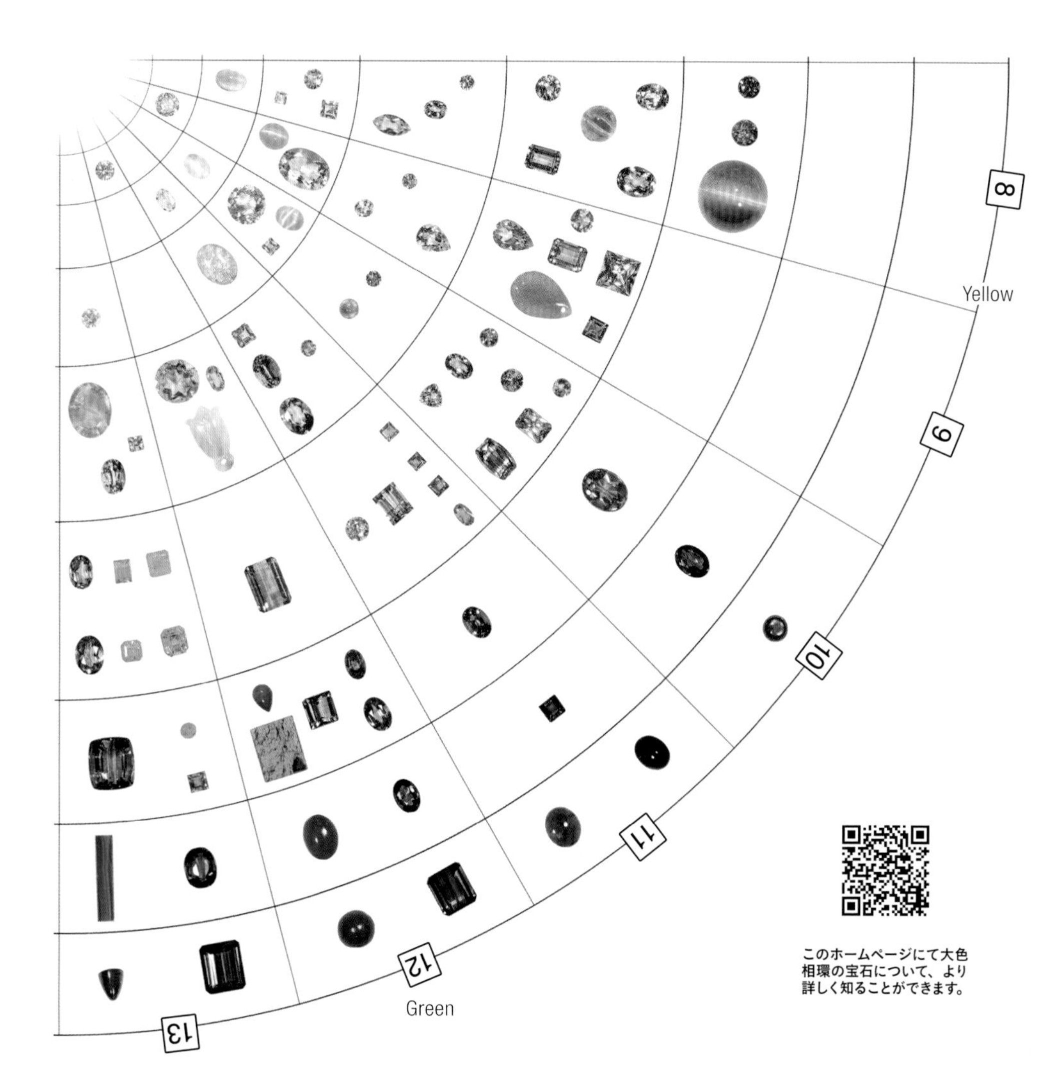

8	ファンシーイエロー・ダイヤモンド、クリソベリル、タイガーズアイ、イエロー・サファイア、クリソベリル・キャッツアイ、カナリー・トルマリン、イエロー・ベリル、ムーンストーン
9	イエロー・サファイア、カナリー・トルマリン、トルマリン、イエロー・ジェード、クリソベリル・キャッツアイ、イエロー・オーソクレーズ、ダイヤモンド
10	ブラックスター・サファイア、グリーン・トルマリン、ペリドット、グリーン・サファイア、クリソベリル、カナリー・トルマリン、クリソベリル・キャッツアイ、グリーンド・アメシスト、トルマリン
11	グリーン・トルマリン、ひすい、ツァボライト・ガーネット、バイカラー・トルマリン、デマントイド・ガーネット、ライト・オパール、グロッシュラー・ガーネット
12	グリーン・トルマリン、ネフライト、ツァボライト・ガーネット、マウシシ、ひすい、フローライト、ホワイト・サファイア
13	グリーン・トルマリン、グリーン・サファイア、マラカイト、エメラルド、グリーン・フローライト、グリーン・グロッシュラー・ガーネット

ダイヤモンド
Diamond

鉱物名(和名)	diamond(ダイヤモンド・金剛石)		
主要化学成分	炭素		
化学式	C		
光 沢	ダイヤモンド光沢		
晶 系	立方晶系	へき開	完全(4方向)
比 重	3.4–3.5	硬 度	10
屈折率	2.42	分 散	0.044

美しく強い究極の宝石

ダイヤモンドは宝石の要素である「美しさ」と「強さ」を兼ね備えた宝石の究極である。まばゆい輝きとファイアの煌めきは、たとえ無色の彩りの乏しさを補っても余りある気高き美しさを与え、化学的に安定な最も硬い鉱物は、比類のない耐久性をもたらす。摩訶不思議な特性を備える石の歴史は紀元前800年頃、その最初の産地であるインドから始まった。現在、透明な正八面体の自形結晶の中に「ファイア」と呼ばれる卓越した光の分散にダイヤモンドの真の価値があることを知識として持っているが、当時は、その硬さだけが高く評価され、非常に“ありがたい”お守りとして崇拝されていた。“真の価値”はいびつな原石を研磨することにより引き出せるのだが、石に手をつけることはその神秘的な力を破壊すると考えられており、タブーだった。

マーキス ブリリアントのダイヤモンド。ダイヤモンドの輝きを最大限に引き出すブリリアントカットは、14世紀に始まったダイヤモンドのカットの到達点のひとつ。

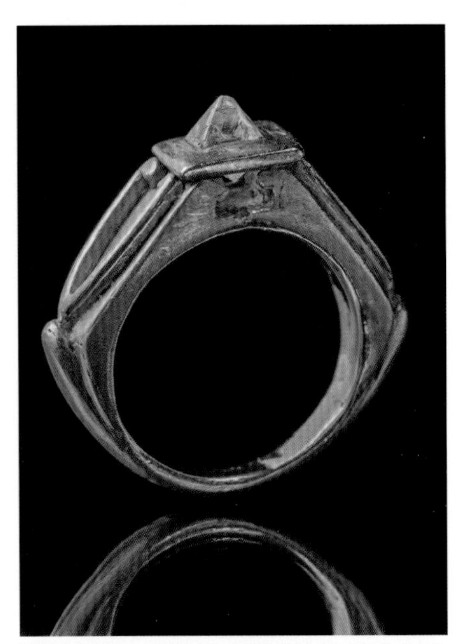

紀元1世紀頃のローマの要人は、自然のダイヤモンドをゴールドの指輪にはめ込み身に着けていた。写真は、大英博物館のローマ帝国の展示室にある指輪のレプリカ。個人蔵

ローマ時代の博物学者、プリニウスの著書『博物誌』の37巻の15、アダマス(ギリシャ語で「服従させることができない」、「征服されないの意」)の項目の記載事項すべてが、ダイヤモンドに合致するわけではなく、その一部は、むしろプラチナを扱ったものとの説もあるが、やはり、ダイヤモンドについてのまとまった記載としては、西洋最初のものと言える。その中で、美しいという表現は皆無で、ただ異様に硬い、という言葉が繰り返されているのみである。この異様に硬い石も、場合によっては砕けることや、どんなに硬い物質にも難なく孔(あな)を穿(うが)つ工具に使われ宝石の彫刻家に重宝されていることも記述されている。『博物誌』の記述からダイヤモンドがインドから中東を経て西洋に渡来し、異様に硬いということから、一種の魔力をもつ石として珍重されたことを知ることができる。しかし、ダイヤモンド研磨の技術が発展する14世紀後半までのほぼ千年以上

の長い間、宝石としてのダイヤモンドに関する記述はほとんど存在しない。わずかに、神秘的な力、あるいは粉末の薬効の伝説、または「シンドバッドの冒険」に見られるようなダイヤモンドの産地についての冒険談といったものを散見するのみである。この期間のダイヤモンドジュエリーの仕立ての例も極めて少ない。古代ローマの人達が身に着けたアンカットダイヤモンドの指輪が大英博物館に数点展示されている。14世紀の英国王、ヘンリー4世の肖像画（ロンドンのナショナル・ポートレート・ギャラリーにある）では、正八面体のダイヤモンドと見られる石が左右の袖につけられている。

13世紀のフランス国王ルイ9世はダイヤモンドは王だけのものだとして、女性がダイヤモンドを身に着けることを禁じた。15世紀になると王族に広まり、1477年にハプスブルグ皇帝マクシミリアンがブルガンティ王女にダイヤモンドの結婚指輪を贈ったとされている。

イギリス・ランカスター朝の初代国王「ヘンリー4世」（1413年没）。両袖に正八面体のダイヤモンドと見られる石がある。（写真提供　ナショナル・ポートレート・ギャラリー／ユニフォトプレス）

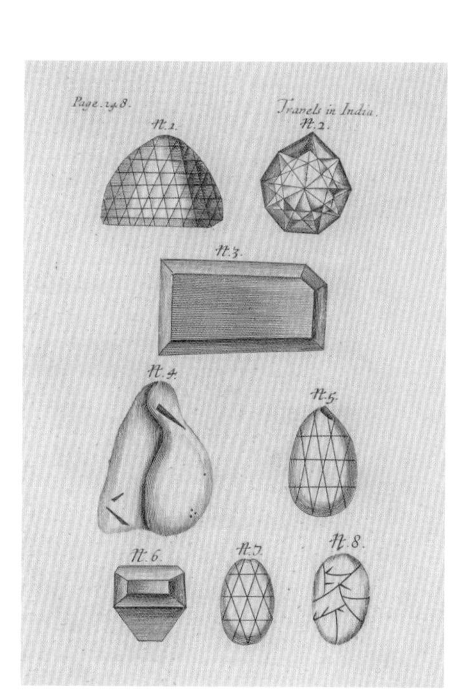

宝石商タベルニエの著書『6つの航海記』より。1676～1679年に刊行され、現在まで読み継がれている。

ダイヤモンドのカットは14世紀から

ダイヤモンドのカットは、この少し前、14世紀に始まった。カットとポリッシュ（研磨、P.34）には、少なくとも素材と同等、できれば素材よりも硬い切断具や研磨剤が必要となる。つまり、この世で最も硬いダイヤモンドを磨くことができるのはダイヤモンドだけ、ということを意味している。

フランスの冒険家であり宝石商のタベルニエは17世紀にペルシャ、インドへ6回旅行し、インドのダイヤモンド鉱山を訪ね、フランス国王、ルイ14世に素晴らしいダイヤモンドを持ち帰った。著書『6つの航海記』で、「インド人は、きれいなダイヤモンドは研磨板の上でさっと磨くだけで成形しようとはしないが、沢山の傷があるとファセット面をカットして傷を除去し、少ない傷はファセットの接点に隠すようにカットし、重量の目減りを抑える」と記している。この記述は、ダイヤモンドのカットがインドで起こり、欧州に広まったことを示唆している。ダイヤモンドのカット技術とその発達は、常に宝石のカットの中核であった。

フローレンス（フィレンチェ）の支配者メディチ家はアカンサスの葉のシンプルなデザインの指輪に正八面体のダイヤモンドを取り入れた。この指輪はガラスの窓にメッセージを書くのに使われ、ライティングストーンリングとも呼ばれている。15世紀以来フランスやイギリスの王族がポイントカットダイヤモンドで窓ガラスにメッセージを書いてやりとりしたことが伝えられている。

68

「ポイント・カット・ダイヤモンドの指輪」 ピラミッド形にポイントカットされたダイヤモンドの金製指輪。16世紀前期-17世紀 国立西洋美術館 橋本コレクション（OA.2012-0157）

ダイヤモンドが硬い理由

ダイヤモンドは炭素原子だけを成分とし、透明から半透明、時に不透明で、無色のみならず黄や茶色とさまざまな色を持つ最も硬い鉱物だ。そのずば抜けた硬さは、炭素原子が強固な化学結合により高密度で規則的かつ立体的に配列されているためである。この配列（結晶構造）は、しばしば整った形のダイヤモンド結晶（自形結晶）となって現れ、透明で大粒の結晶は、宝石としてカットされる。

研磨されていない状態のダイヤモンド。このように正八面体が整っている結晶は極めて珍しい。

ダイヤモンド原石の自形結晶の典型は正八面体で、稀に立方体に近いもの、正三角形板状の双晶（そうしょう）もある。正八面体のダイヤモンド原石を真横から投影した形は菱形で、トランプカードのダイヤのマークは、ラウンドブリリアントカットではなく自形結晶のシルエットが基になっている。野球の「ダイヤモンド一周」は塁の配置をダイヤモンドの正八面体自形結晶の形状に見立てたものであるし、日本語の菱形の英語対訳はdiamond shapeである。

ダイヤモンドはモース硬度の最高位、硬度10の指標鉱物である。しかし、結晶中での原子の結合力には方位による差があるため、ダイヤモンドにも結晶の方位によってわずかな硬度差がある。ダイヤモンドでダイヤモンドに傷をつけたり磨いたりできるのはこの硬度差によるものである。ダイヤモンドでは、正八面体自形結晶の結晶面（正三角形の面）方向が最も硬い。原子の結合力の方位差は、割れやすさにも現れる。

多くの宝石には、特定方向の平面で割れる性質（劈開）が見られるが、ダイヤモンドも例外ではなく、衝撃により割れることがある。おかげで、正八面体自形結晶の結晶面（正三角形の面）に平行な面を割り出すことができ、カットの初期工程で応用されている。

ダイヤモンド原石の自形結晶。上は正三角形板状の双晶。下は八面体に近い形のもの。

ダイヤモンドは本質的に絶縁体で電気を通さないが、熱と振動の伝わりやすさは尋常では無い。即座に体温を奪って自らを温めるので、大粒のダイヤモンドは身につけた瞬間、氷のように冷たく感じる、と言われている。この特性はダイヤモンドの真贋の見極めに使われ、熱伝導や振動の伝播を測定して判断する特殊な機器も開発されている。

覚えておいて損のないダイヤモンドの特徴に撥水性がある。ガラスや水晶が水に馴染み表面が濡れるのに対し、ダイヤモンドは水をはじき、半球のように盛り上がった水玉が付着する。

高密度の炭素結合は、ダイヤモンド自体の密度のみならず、光の屈折率や分散（プリズム効果）を高め（ファイア）、強い輝き（ダイヤモンド光沢とブリリアンシー、シンチレーション）をもたらしている。

天然で鮮やかな色を発するものも

ダイヤモンドは無色の印象が強いが、ほとんどはわずかに黄色を帯びている。完全無色のものの評価は高いが、鮮やかで魅力的な、青、黄、緑、紫、まれに赤など多様な色のダイヤモンドも存在し、そうした天然の色は「ファンシーカラー」と呼ばれ珍重される。結晶内で炭素原子を置き換える窒素（主に黄）やホウ素（青）

などの微量成分の分布様式と、格子欠陥（原子の欠落）が原子レベルの発色因となっている。発色は、放射線照射や加熱など人工的な処理によって変えることもできるが、処理による発色は「ファンシーカラー」と呼ばず区別される。

ダイヤモンドには紫外線照射で蛍光を発するものがあり、強い青色の蛍光を発する無色の結晶は、太陽光のように紫外線を含む光源の下では青みがかって見えることもある。

ダイヤモンドの中には紫外線を受けると蛍光を発するものがある。下が蛍光を発する様子。NO.1111

ダイヤモンドは地下深くから運ばれる

ダイヤモンドは、同じく炭素原子だけでできている、軟らかく、不透明で、電気を通し黒い石墨（せきぼく）（グラファイト）とは、その性質が著しく異なる。これらの炭素鉱物の特性の違いは、炭素原子相互の化学結合の違いによって引き起こされる。しかし、ダイヤモンドと石墨には共通点もある。化学的に安定で薬品に強く、そして、酸素と反応して燃焼し、二酸化炭素となる。

地表や地表付近にあるダイヤモンドは、キンバーライトなどの特殊な火山岩により地下深くのマントルから地表に運ばれたもの、超高圧変成岩に産するもの、そして隕石の衝突や隕石中に含まれるものに分類される。

宝石となる大粒のダイヤモンドは、マントル起源であるのに対し、その他の起源のダイヤモンドは極めて微細で、宝石に適するものは見つかっていない。宝石の原石となるダイヤモンドのほとんどは太古代（25億年前より古い）の大陸から、稀に原生代初期（25億～16億年前）の大陸で採掘される。

原子配列の規則性が外形に現れている結晶（自形結晶）は自由成長を妨げられない液体中で成長した証となる。炭素だけからなるダイ

キンバーライトに担持されたダイヤモンド原石

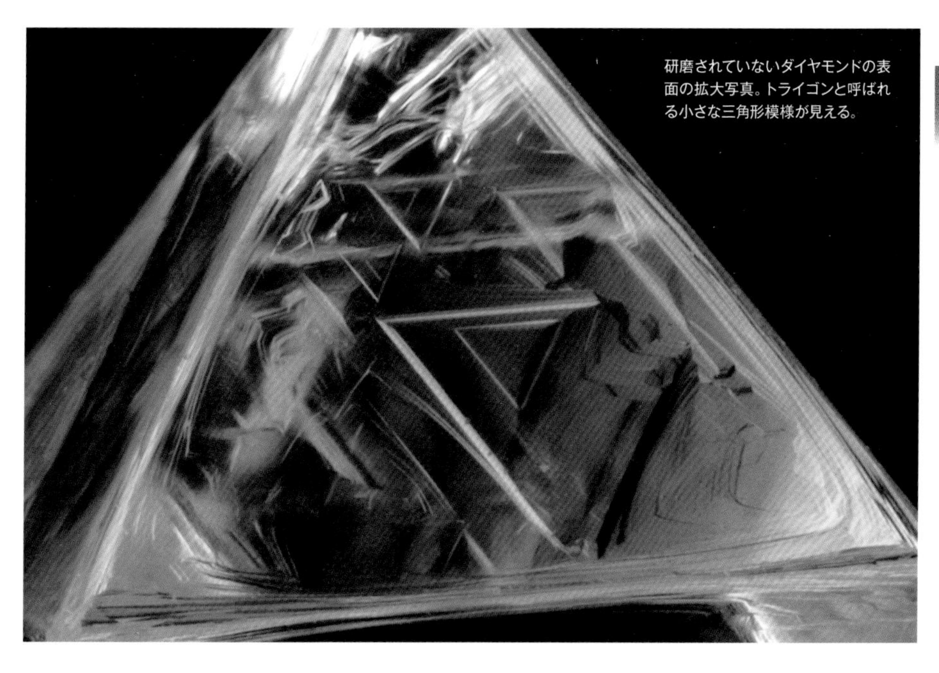
研磨されていないダイヤモンドの表面の拡大写真。トライゴンと呼ばれる小さな三角形模様が見える。

ヤモンドは、地下150 km相当以上の高温と高圧の下で安定なことから、ダイヤモンドの自形結晶は、地下150 km以深の液体中で生成したと考えられる。未だ、誰も地下150 km到達に成功していないが、地震波の解析により、部分溶融した層が150〜200 kmの深さに存在するとされ、ここがダイヤモンド原石の生誕地と考えられている。このような地下深くにダイヤモンドの原料となった炭素がどのように濃集したのかは、地球の生い立ちを考える上で非常に興味深い。近年の炭素同位体の解析で、生物起源の炭素から生成したとしか理解できないダイヤモンドが報告され話題となった。つまり、地球上の生物の遺骸が地下150 kmまで沈み込む現象があったことを示唆しているからである。

さて、地下150 kmの高温、高圧下で生成したダイヤモンドが、現実として地表や地表近くに存在しているのはなぜだろう。それは、地球の活動によりダイヤモンドが地下深部から地表近くまで運ばれたからである。その運搬役が地下200〜300kmから短時間で地表に噴出したキンバーライトなど特殊な火山岩の素となったマグマである。マグマは噴出の途上、偶然にダイヤモンドなどを巻き込み地表に達する。マグマの上昇速度は地下深部で時速50km程度と見積もられ、地表に噴火する際には音速を超えるとされる。ダイヤモンドが石墨（グラファイト）に変わる暇がないほど短時間で地表に到達して冷却固化した運搬役の火山岩の中でのみ存在できるのだ。

キンバーライトの「火山」はこの3000万年間噴火していないが、古い時代の噴火は、「パイプ」と呼ばれる垂直な細長く地表に向かって開くラッパ（漏斗（ろうと））のような形をしたキンバーライトの岩体を形成する。地表に噴出したキンバーライトは風化され、ダイヤモンドは風化に耐え地表に留まり、やがて水流などで特定の場所に濃集する。このような自然の偶然の重なりの結果に出くわしたものだけが、稀少なダイヤモンドを手にすることができる。

ダイヤモンドはキンバーライトの中や漂砂鉱床に見つかるが、ダイヤモンドはキンバーライトマグマで生成した訳ではない。ダイヤモンドは、キンバーライトマグマによって地下から地上に運ばれただけである。

ダイヤモンドの発見と希少性

ダイヤモンドという物質は、過去には、今では想像もつかないほどに希少であった。ダイヤモンド生産の歴史は、明瞭に3段階に分かれている。第1は、古代からブラジルでダイヤモンド鉱山が発見される1725年前後までの期間で、川砂利に混じる礫塊（れきかい）としてしか発見されず、生産地はインドとボルネオ近辺に限られ、その全体としての産出量は年間千カラット程度と推測される。

第2段階に入り産出量は10倍以上の伸びを見せた。ブラジルの生産量は、年間数万カラットで推移し、新しい鉱山の発見（1844年）以降、1850年代には年産30万カラットの頂点に達したが、その後十数万カラットに減少した。この時代には、英国王室といえども、王の戴冠式ごとに女王がつける王冠は、新しいダイヤモンドで作るのではなく、御用達の宝石商が持っていたダイヤモンドを借用して、新しい王冠を作り、式がすめば、ダイヤモンドを返却するのが常であった。

第3段階の始まりは、1867年、南アフリカ（当時の英領ケープ植民地）のキンバリー地域にあるオレンジ川の砂利のなかでダイヤモンドが見つかったことだ。その後の調査で、これまでは知られていなかった岩石からなる漏斗状火道（マグマの通り道）にダイヤモンドが含まれていることがわかった。この火成岩はキンバーライトと名づけられ、ダイヤモンドの根源岩と考えられた。この発見により、現代のダイヤモンド産業の礎が築かれた。1870年の生産10万カラットは、2年後には100万カラットを超え、1880年に初めて300万カラットを超えた後は、1900年にいたるまで、毎年200万～300万カラットの生産を続けた。1903年には、同じく南アフリカのプレミアー鉱山が開き、1908年には独領南西アフリカ（現ナミビア）での生産が始まり、1911年には、生産はついに500万カラットを超える。

時を同じくして欧州に産業革命が起こり、ダイヤモンドの需要は王侯貴族の権力の証から新興の富裕層の成功の証に拡大した。こうして生産されたダイヤモンドがカットされて、ヴィクトリア女王末期の欧州市場での需要を賄い、多数のダイヤモンドを密集させてひとつのジュエリーに仕立てるデザインが流行する。スプ

1872年のキンバリー鉱山の様子（ドイツの鉱物学者マックス・バウアーが1896年に著した『プレシャス・ストーン』より）。

レータイプであれ、エドワーディアン様式であれ、あるいはまたベルエポック様式であれ、ダイヤモンドの大量供給なしにはできないデザインであった。インドのみの時代、第1段階と比較すれば、入手できるダイヤモンドの量は、数千倍という、驚異的に爆発的な伸びを示しているのだ。

以降、キンバーライトの鉱床や同起源の漂砂鉱床がシエラレオネ、レソト、ギニア、タンザニア、ガーナ、アンゴラなどアフリカ諸国やロシア（シベリア）、オーストラリアで、さらに、カナダ、中国、米国でも見つかり、世界の生産総計は年間5000万カラット台に達した。20世紀後半に市場の中心は米国に移った。

21世紀に入ってロシアがダイヤモンドの世界最大の生産量で台頭したが、ボツワナの生産額はそれを上回った。アフリカは「ダイヤモンド大陸」の地位を保ち、世界の生産量の半分以上を占める。ナミビアは高品位の漂砂鉱床に恵まれ、産出ダイヤモンドの多くが宝石の品質である。2000年当時、世界最大のダイヤモンド生産国、オーストラリアの鉱山の本格稼働によって、ダイヤモンドの生産量は、ついに1億カラットの大台を超えた。世界に流通しているダイヤモンドは、アダマスの時代に比べ、実に数万倍に増加した。

何よりも硬いダイヤモンドを研磨する技術の発展は、人類の技術発展の歴史とも重なっている。

103

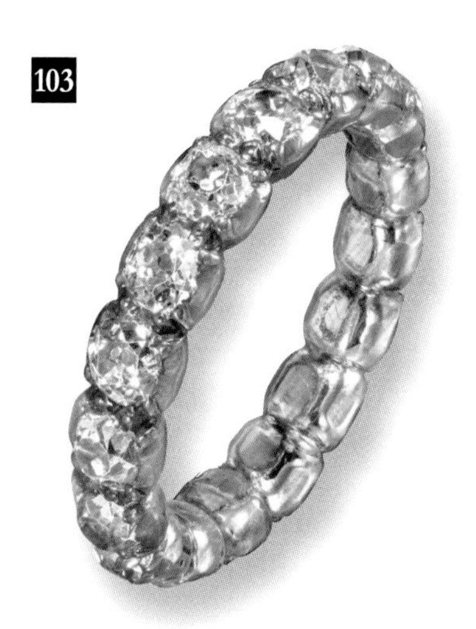

「永遠の指輪」 フープの全周にオールドブリリアントのダイヤモンドがセットされている。19世紀前期
国立西洋美術館 橋本コレクション（OA.2012-0314）

110

「愛の結び目」 ヴュルテンベルグ王室カール皇太子からロシア皇帝ニコライ1世の娘に贈られた婚約指輪。ベゼルは1846年、フープは現代
国立西洋美術館 橋本コレクション（OA.2012-0407）

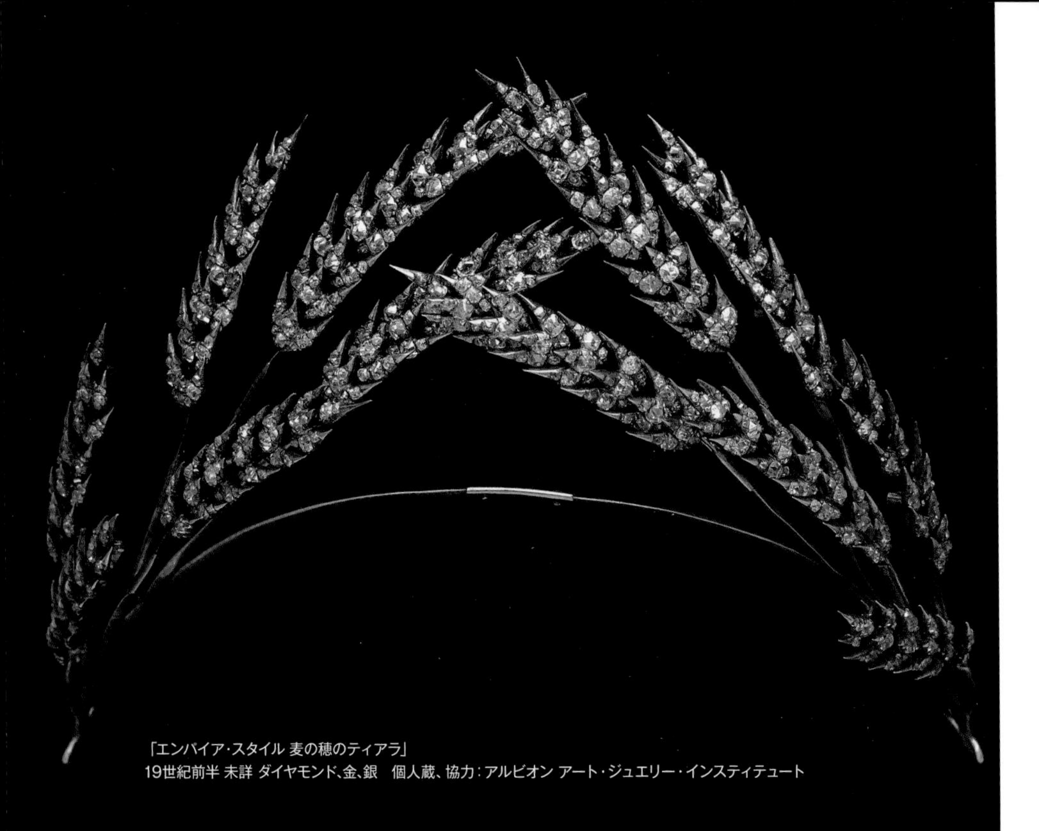

「エンパイア・スタイル 麦の穂のティアラ」
19世紀前半 未詳 ダイヤモンド、金、銀　個人蔵、協力：アルビオン アート・ジュエリー・インスティテュート

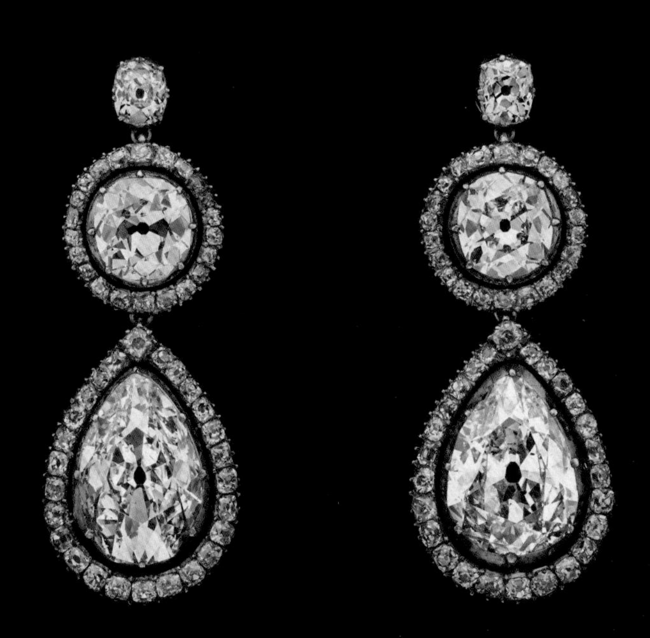

18世紀後期のトップ・アンド・ドロップ・ダイヤモンド・イヤリング
18世紀後期 未詳 ダイヤモンド、銀、金　個人蔵、協力：アルビオン アート・ジュエリー・インスティテュート

ダイヤモンドの大きな特徴である「ファイア」。光の分散による虹色の煌めきが見える。ダイヤモンドは自然の奇跡的な産物として受け継がれていく。

ダイヤモンドの未来

古代、人間がダイヤモンドに認めた価値が、最初はその美しさではなく、魔力めいた硬さにあったことは事実だが、時の経過とともに、カットという技法で表面を研磨することを覚えた後は、ダイヤモンドがもつ光学的性質による強い輝き（ファイア、シンチレーション、ブリリアンスなど）による美しさが人間をとらえたことは間違いない。生産の歴史では、ちょうど端境期（はざかい）にあたる、1840～1870年頃のダイヤモンド・ジュエリーを見ると、今ではダイヤモンドとは扱われないような低品質の石が、カットにしても、これまた実にでたらめなカットをほどこしたままで、大量に使われているのを見ることができる。この頃からすでに、単にダイヤモンドであるというだけで、その美醜や輝きなどを問わずに、価値あるものとして扱われてきたようである。すでに、ダイヤモンドはダイヤモンドであることで、価値がある時代に入っていたのだ。

その後、南アフリカ、ロシア、オーストラリアなどでの鉱山開発が進み、手に入るダイヤモンドの量が爆発的に増えた。そしてカットの技術が高まるにつれて、ダイヤモンドならば何でも良いとするのではなく、質と美しさの面で識別する方向に進んでいる。ダイヤモンドが量的に増える一方で、それに興味を持ち、買うことのできる顧客の数もまた、爆発的に増えてきた。こうした供給と需要の新しいバランスのなかで、人間の身を飾るものとしてのダイヤモンドは、新しい時代を迎えようとしている。

ダイヤモンドの中には、若干の不純物、すなわち微量成分を含むものがあり、これによって特定の光の波長が吸収され、発色するものがある。近年では、こうしたカラーダイヤモンドもまた注目を集めているし、新しいカットの方法も毎年のように公表されている。ダイヤモンドの多様性は、これまでになく高まっている。

こうした環境のなかで、自分の個性を示すための手段としてのジュエリーへの欲求はいちだんと高まり、その主な素材であるダイヤモンドもまた、これまでの、魔力がある、珍しい、よく輝く、値打ちがあるといった理由を越えて、ほんとうに美しい自然の産物として、より広く、より多くの人々に愛されてゆくことになるであろう。

21世紀は何世紀にも渡って積み増してきた人々の所有するダイヤモンドのメンテナンスとスムーズな受け継ぎが一層大切になっている。ダイヤモンドの真価は、人との関わりの局面で問われていく。

クオリティスケール

ラウンドブリリアントダイヤモンド（無処理）

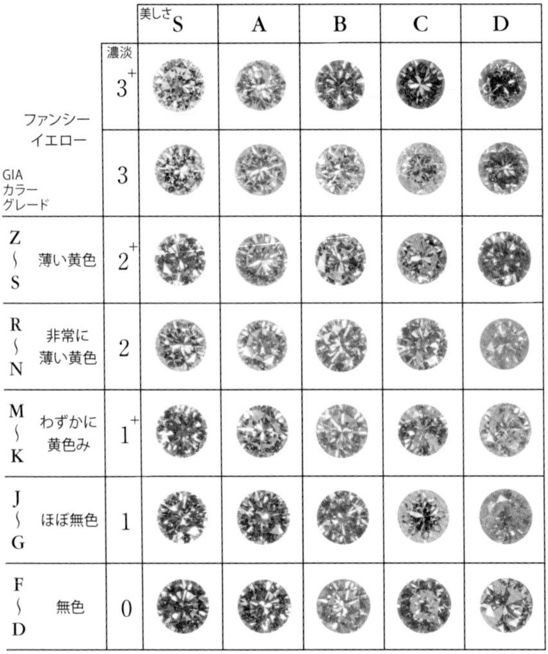

GIA カラーグレード	濃淡	美しさ S	A	B	C	D
ファンシーイエロー	3^+					
ファンシーイエロー	3					
Z〜S 薄い黄色	2^+					
R〜N 非常に薄い黄色	2					
M〜K わずかに黄色み	1^+					
J〜G ほぼ無色	1					
F〜D 無色	0					

クオリティスケール上でみた品質の３ゾーン

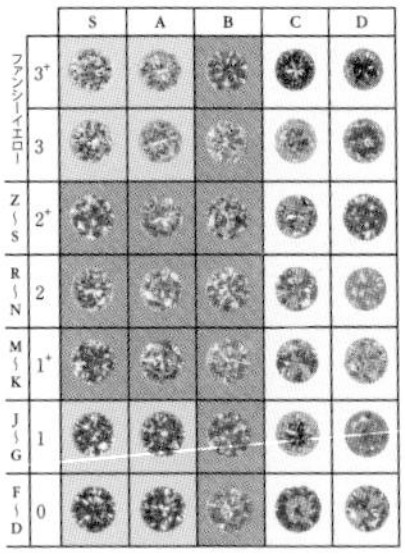

		S	A	B	C	D
ファンシーイエロー	3^+					
ファンシーイエロー	3					
Z〜S	2^+					
R〜N	2					
M〜K	1^+					
J〜G	1					
F〜D	0					

〈 価値比較表 〉

ct size	GQ	JQ	AQ
10	18,000	2,000	1,000
3	1,800	500	200
1	200	100	40
0.5	70	30	15

クオリティスケール

メレーダイヤモンド（無処理）

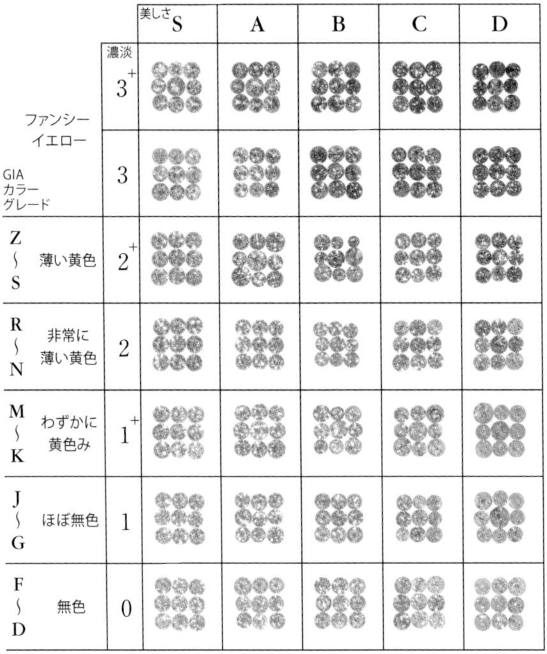

GIA カラーグレード	濃淡	美しさ S	A	B	C	D
ファンシーイエロー	3^+					
ファンシーイエロー	3					
Z〜S 薄い黄色	2^+					
R〜N 非常に薄い黄色	2					
M〜K わずかに黄色み	1^+					
J〜G ほぼ無色	1					
F〜D 無色	0					

クオリティスケール上でみた品質の３ゾーン

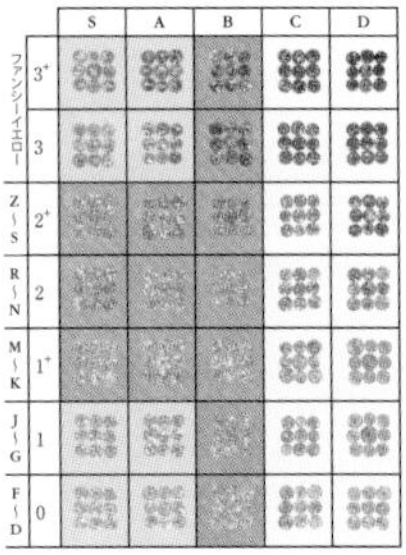

		S	A	B	C	D
ファンシーイエロー	3^+					
ファンシーイエロー	3					
Z〜S	2^+					
R〜N	2					
M〜K	1^+					
J〜G	1					
F〜D	0					

〈 価値比較表 〉

ct size	GQ	JQ	AQ
Φ3.5 0.16	7	3	1.3
Φ3.0 0.1	3	1.5	0.5
Φ2.0 0.03	0.9	0.45	0.15
Φ1.5 0.01	0.3	0.15	0.05

〈 品質の見分け方 〉

ブリリアントカットダイヤモンドの品質の決め手は輝きである。透明な原石にパビリオンとクラウンをつくり、小さな面を取って、バランスの良いモザイク模様を引き出す。ダイヤモンドは輝きと七色の分散光、石を動かしたときに煌めくかどうかが品質判定のポイントである。

SとA、CとDを比較すると美しさの違いが分かる。0から3+と黄色みの程度が増すが、SとAの0～1が無色のGQ、3と3+がファンシーイエローダイヤモンドのGQとなる。

1ctサイズの中位のGQと中位のAQの差は約5倍である。GQの10ctサイズは1ctサイズの約100倍の価値がある。高品質のダイヤモンドの価値はサイズの2乗に比例する。なぜなら高品質の大粒のダイヤモンドが限られ、多くの人が欲するからである。

類似宝石

column

研磨しないまま美しいアンカット・ダイヤモンド

採掘されたダイヤモンドは、その状態により「宝石として用いるもの」「工業用に用いるもの」に分類される。宝石として用いるものはそもそも少ないが、さらにその中にはごく稀に、研磨しないまま整った形の、美しいダイヤモンドが存在する。それはまるで磨き抜かれたように見えて何も手が加えられていない（右写真）。天然の状態ならではのさまざまな特徴が残り、一つひとつの個体が個性を持つ。このような「アンカット・ダイヤモンド」には大きな魅力がある。

ピンク・ダイヤモンド

Pink diamond

純色のピンクの美しさが際立つ

ピンク系の天然発色（処理によらない発色）を持つダイヤモンドは、ピンク・ダイヤモンドと呼ばれる。発色の原因は、ダイヤモンドを構成する炭素原子の格子欠陥（色中心）や、炭素原子の配列のわずかなゆがみと考えられている。

オーストラリア・アーガイル産が多かったが、2020年に閉山がアナウンスされた。インド、ブラジル、南アフリカでも産する。無処理のファンシーピンク・ダイヤモンドの供給は極めて少なく高価。

茶色を帯びていない純色のピンク色が大きな特徴で、茶色を帯びている場合は安価なブラウン・ダイヤモンドとして区別される。

ファンシーピンク・ダイヤモンド
ラウンド ブリリアント
1.01ct No.1003

ファンシーカラー・ダイヤモンド

Fancy color diamond

一定の濃さ以上の色を持つダイヤモンド

天然のダイヤモンドには極めて稀に、ピンク、橙、黄、緑、青、紫のものが存在する。

特にピンクや青は希少性が高く非常に高価。右の写真のような一定の濃さ以上の天然色のあるダイヤモンドは「ファンシーカラー」という言葉が添えられ、「ファンシーピンク」「ファンシーブルー」などと呼ばれている。色を発する原因は格子欠陥（色中心）や結晶のゆがみなど。

また、ダイヤモンドには黒色のブラック・ダイヤモンドもある。黒色の原因は、グラファイトや鉄鉱物のインクルージョン。

ピンク 0.08ct
橙 0.09ct
紫 0.18ct
青 0.09ct
黄 0.18ct
緑 0.15ct

黒
ブラック・ダイヤモンド
ラウンド スター
No.1108

クオリティスケール
ピンク・ダイヤモンド（無処理）

濃淡＼美しさ	S	A	B	C	D
4					
3⁺					
3					
2⁺					
2					
1⁺					
1					

クオリティスケール上でみた
品質の３ゾーン

	S	A	B	C	D
4					
3⁺					
3					
2⁺					
2					
1⁺					
1					

〈 価値比較表 〉

ct size	GQ	JQ	AQ
3	15,000	3,000	700
1	1,500	800	150
0.5	400	200	80

〈 品質の見分け方 〉

大粒は伝統がある淡めで桜色のピンク。小粒はオーストラリア・アーガイル鉱山から産したパープルピンクが主流だ。ともに供給が限られているので、非常に高価なものになっている。また、大粒のものはおもに還流品といえる。ピンクの濃淡よりも、褐色みのない純色であるか否かが重要。キズは美しさを大きく損なわない限り気にしなくてよい。

類似宝石

ダイヤモンドの多様な原石

研磨されていない自然のままのダイヤモンド。下2列はアントワープの原石ディーラー、ダニエル・デ・ベルダー氏が2010年までに25年かけて集めた、ユニークなダイヤモンド・コレクションの一部。

放射線照射や高温高圧

放射線照射や高温高圧で処理することで、茶色を無色にしたり、ピンクや青色へ色の改変を人工的に行うことがある。低品質のダイヤモンドを処理して美しくしたものなので、宝石としての価値は低い。

含浸

面に到達しているキズ「面キズ」に屈折率がほぼ同じ鉛ガラスを含浸させたダイヤモンド。キズがほとんど見えなくなる。

レーザーによる加工

レーザーでダイヤモンドに穴を空け、内部のダークインクルージョンを焼き切る加工もある。

ファンシーカラー・ダイヤモンドは、その色が鮮やかで濃いものであればあるほど、高値がつけられる。赤や紫や青に、もっとも高い値段がつく。カラー・ダイヤモンドは必ずしも自然のままとはかぎらない。今日、カラーレス・ダイヤモンドに色を加える加工技術はいくつも存在する。X線照射から、石に吸収されて色の変化をもたらすガスの利用まで。そのほかにも、含有物をとり除くレーザー加工や、ひび割れを埋める粘着剤の含浸などが行われることもある。無処理の証には、信頼できるラボによる天然の色であることの確認が必要である。

人工石

合成ダイヤモンド

HPHT

高温高圧法（High Pressure and High Temperature）による合成ダイヤモンド。1970年にゼネラル・エレクトリック社が成功した宝石品質の合成ダイヤモンド製造法で、高い圧力と高温で石墨（グラファイト）をダイヤモンドに転移させる。

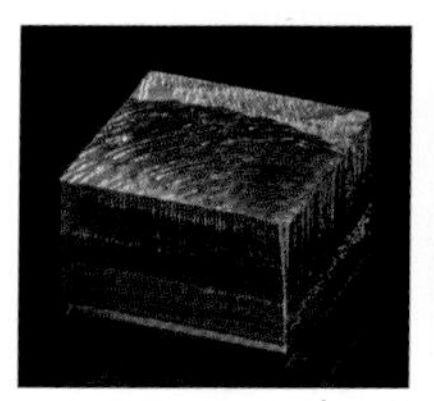

CVD

Polished CVD

化学気相蒸着法（Chemical Vapor Deposition）による合成ダイヤモンド。炭化水素などの有機化合物をプラズマ状態で原子レベルに分解し、炭素原子のみ堆積させてつくる。右の写真はCVDによる合成ダイヤモンドを研磨したもの。

模造

チタン酸ナトリウム

キュービックジルコニア

合成ルチル

ガラス

YAG

モアッサナイト

ダイヤモンドの多様性
～国立科学博物館所蔵のダイヤモンドの考察

20世紀初頭に研磨されたダイヤモンド

国立科学博物館に所蔵されているダイヤモンドのルースは、20世紀初頭（1942年以前）に研磨され、日本に持ち込まれたものである。

ダイヤモンドは時代とともに還流しており、10％は1800年代にカットされた可能性がある。特定の時代に研磨されたダイヤモンドがリカット（再カット）されずにまとまって存在することは世界でも珍しい。22世紀の人々がこの科博ダイヤモンドコレクションを目にしたら、約200年前のダイヤモンド研磨技術との相違や、目減りや仕上げに関する考え方の違いに、現在よりも一層違いを感じ、興味を覚えてもらえることだろう。

2022年の特別展「宝石－地球がうみだすキセキ－」で展示するにあたって、真偽の判定の再確認をGIAに依頼したところ52個すべてが天然であることが確認できた。

多様な状態のダイヤモンドが所蔵されており、中には研磨されていない状態のユニークなダイヤモンドもあった。

色合い

20世紀初頭、当時の産出国は南アフリカ、ブラジルが主で、アンゴラ、ナミビア、コンゴ民主共和国等のアフリカ諸国での産出が始まったばかりだった。現在の主産地であるボツワナ、ロシア、カナダからの産出はなかったことを想起したい。当時のアフリカ産は黄色味がかったものが多かったため、この所蔵品も全体的に黄色味がかったものが多い。アフリカのケープ地方から産出されたものは、黄色味が多かったので、筆者のひとり（諏訪）がビジネスを始めた時にも（1965年頃）、黄色味のダイヤモンドをケープと呼んでいたほどである（GIAの色の呼称D～Zが定着する以前は、その色をよく産出する地名で呼ぶことも多かった）。

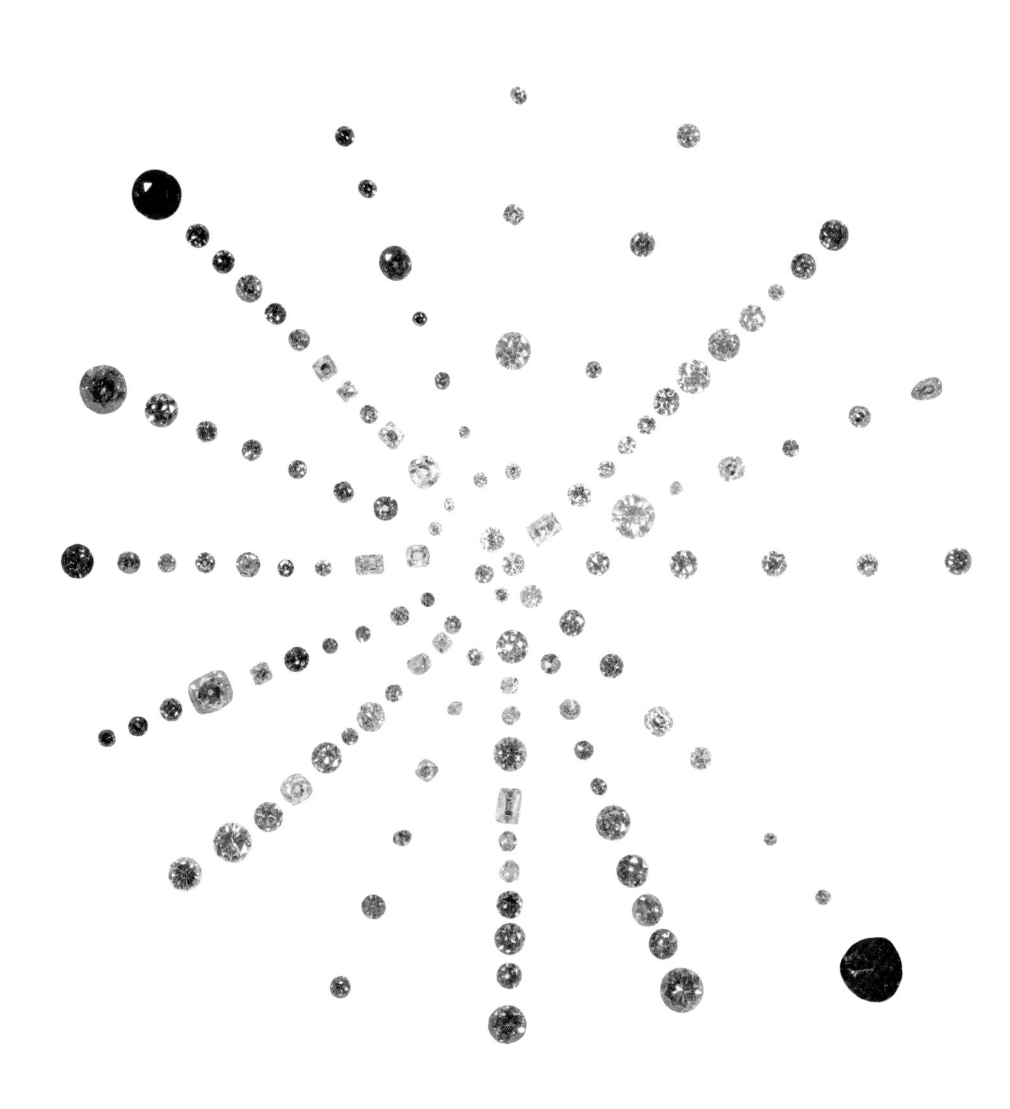

多様な色のダイヤモンド。ピンク、オレンジ、淡いグリーン・ブルー、ブラウン、ブラックなどが見られる。

カッティングスタイルとシェイプ

カボション、スラブ、ビーズなどにカットされる他の宝石と比べて、ファセットをつけてシンチレーションを際立たせるのがダイヤモンド研磨の特徴である。

科博のコレクションはサイズのあるダイヤモンドが少なくないので、カッティングスタイルとシェイプ（輪郭）に分けて解説する。

ダイヤモンドは13世紀まではカットができなかったが、14世紀から徐々にスタートしたスタイルと18世紀になって発明されたスタイル（ブリリアントカット）に分けて右頁に記した。

ブリリアントカットは徐々に進化して来たが、1900年前後に動力が蒸気から電気に切り替わり、ダイヤモンドを切断するダイヤモンドソーが発明された。やがて劈開を使った従来の切断方法から、目減りを抑えて正八面体原石を二分するソーイングが普及していった。従来のダイヤモンド原石をまるまる研磨するクラウンの高いブリリアントカットAから、効率良く切断するためにクラウンを低くして目減りを抑え、同時にテーブルの広いラウンドブリリアントカットBの時代になったことが見てとれる。

科博のダイヤモンドにはAとBのカットが混在しているのが興味深い。

[正八面体ダイヤモンド原石]

54¾

A
1個取り
（クラウンが厚い）

B
2個取り
（クラウンが薄い）

クラウンの厚み

クラウンとパビリオンの厚みはカットの善し悪しに直結する要素といえる。クラウンに適度な厚みがなければ光の分散の効果が薄れ、煌めきが損なわれる。クラウンの厚みは個々のダイヤモンドの印象を左右する。

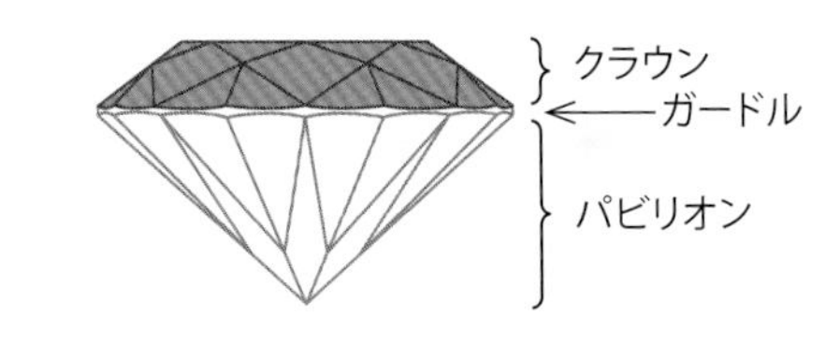

カットスタイル

1300年代から徐々にスタートしたスタイル

[ローズカット]　**[ブリオレット]**　**[イレギュラー]**　**[テーブルカット]**

1700年代になって発明されたスタイル

[ブリリアント]　**[ステップ]**

[ブリリアントのクラウンの高さのちがい]　左から右へクラウンが低くなるのがわかる

シェイプ（輪郭）

基本的にシェイプ（輪郭）は、現代に継続しているが、当時は色々な形に分散していたと考えられる。現代は小粒石を入れると90%がラウンドブリリアントと言っても過言ではない。ラウンドブリリアントは輝きが強いので、低品質の原石を活かせることと、ジュエリーの量産に向いているという利点がある。

下の円環の写真中、左下のラウンドを見ると輪郭が真円でないのがわかる。これは1個取りで原石の目減りを抑えるよう丁寧に形どりした結果と考えられる。当時のカットのダイヤモンドに独特の味わいが感じられる。

20世紀の終わりにはコンピューターとレーザーの利用で、正確、かつ目減りを劇的に少なくした研磨が可能となった。

ダイヤモンドのサイズ

ダイヤモンドのサイズは寸法ではなく、重量：カラット（1ct=0.2g）で表わす。下の写真はほぼ実寸。対応するctから市場で見られる、おおよその大きさを知ることができる。

インパーフェクション（不完全性）

ダイヤモンドは自然の創造物である故、「不完全」である。特に内部に他の鉱物や亀裂を包含していることが多い。それが大きく肉眼でも見えるとせっかく研磨して輝きを出そうとしても期待した結果が得られなかったり、内包物（インクルージョン）自体が美しさを損なう場合がある。ここでは科博のダイヤモンドに見られた数々の内包物（インクルージョン）の中から5つを取りあげ、GIAの研究室で特定されたものを紹介する。

ペリドット

ダークインクルージョン（石墨）

ダークインクルージョン（石墨）

ネガティブクリスタル

ガーネット

Inclusions in Diamonds

5355 Armada Drive
Carlsbad, CA 92008-4602
T +1 760 603 4500
F +1 760 603 1814
E labservice@gia.edu
www.gia.edu

This 0.83 carat, old European brilliant cut diamond described on GIA Report 1398371551 is graded as J color and I3 clarity. An outstanding feature of this diamond is its large orange inclusions, identified as grossular-almandine-pyrope garnet. These inclusions were trapped inside the diamond while it was growing, millions or billions of years ago, deep inside the earth. Mineral fragments enclosed within diamond are generally very well preserved. They provide a unique way for scientists to see pieces of the earth's mantle and study the natural processes that create diamonds. Based on these orange garnets, the diamond's growth took place within the earth's mantle in a host rock called eclogite. While this is not a rare type of inclusion, it is rare to encounter a faceted gem diamond with garnet inclusions of this size and attractive orange color.

GIA Research

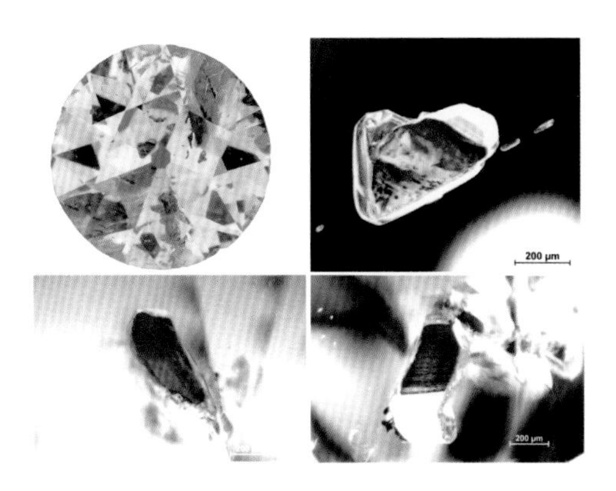

PLEASE REFER TO IMPORTANT LIMITATIONS AND DISCLAIMERS ON THE BACK OF THIS DOCUMENT

The World's Foremost Authority in Gemology™ Ensuring the Public Trust since 1931

GIAレポートによると、グロッシュラー・ガーネット、アルマンディン・ガーネット、パイロープ・ガーネットを包有しているとある。

ルビー　Ruby

鉱物名(和名)	corundum(コランダム・鋼玉)		
主要化学成分	酸化アルミニウム		
化学式	$(Al,Cr)_2O_3$		
光沢	ダイヤモンド光沢～ガラス光沢		
晶系	三方晶系	へき開	なし
比重	4.0–4.1	硬度	9
屈折率	1.76–1.78	分散	0.018

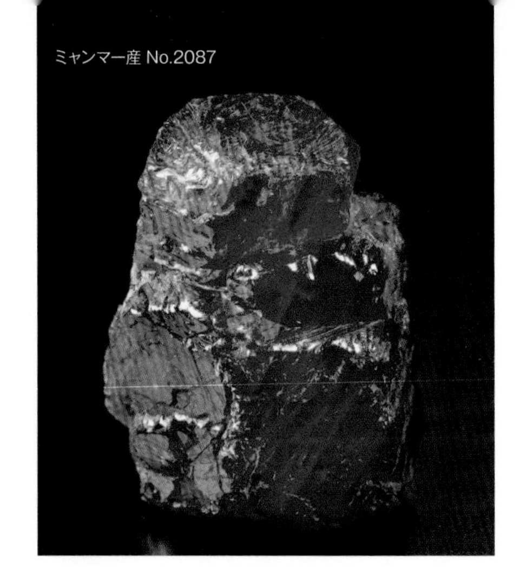

クロムを含んで赤く発色したコランダム

化学と結晶学に基づいた鉱物種の分類が確立する18世紀ごろまでは、赤い石を総じてラテン語ルベウスを語源とするルビーと呼んでいた。ルビーはドラゴンの血が固まったものと言い伝えられ、古代ビルマでは不死身を与え、中世欧州では、内部の「火」により肉体や精神の健全を保つ、あるいは未来を予知する魔力を備えると信じられていた。

ルビーは酸化アルミニウムの鉱物、コランダムのうち、微量成分のクロムにより赤に発色した結晶である。鉄など別の微量成分の割合が増すと、赤色以外の色調も強くなる。このため深いコチニール色から鮮やかなローズレッドまで多様である。ルビーは紫がかっていることもあるが、もっとも価値があるとされる色は、ピジョン・ブラッド（鳩の血）である。蛍光を発するので、蛍光色が色味に加わる。赤色の濃淡によりルビーとピンク・サファイアを区分するが、判定は単純ではない。サファイア同様、多色性があり、観る（透かす）方位により赤色に帯びる色味の変化（紫と橙色）や、色の濃淡が現れる。古代ヒンドゥーやビルマの採掘者は、無色やピンクなどの淡色のサファイアを熟しきらないルビーとみなしていた。鉱物名「コランダム」はルビーを意味するサンスクリット語のKuruvinda、それを基にしたタミール語のkuruntamに由来すると言われている。ダイヤモンドに次いで硬く（モース硬度9）、劈開（へきかい）が無く、化学的にも安定なため、極めて堅牢だ。自形結晶は六角形の断面を持つ。重く、風化に耐えるので、漂砂鉱床をつくることがあり、スリランカでは紀元前8世紀から採掘が始まった。結晶質石灰岩や片麻岩などの変成岩や、玄武岩などの火成岩中に生成する。数多の宝石産地が点在するモザンビーク変成帯（モザンビークベルト、P.110）には、ルビーの産地も少なくない。マダガスカル、タンザニア、モザンビークでは、漂砂鉱床やその起源となる片麻岩や片岩中にルビーが見つかり、現在、主要な産地となっている。

44

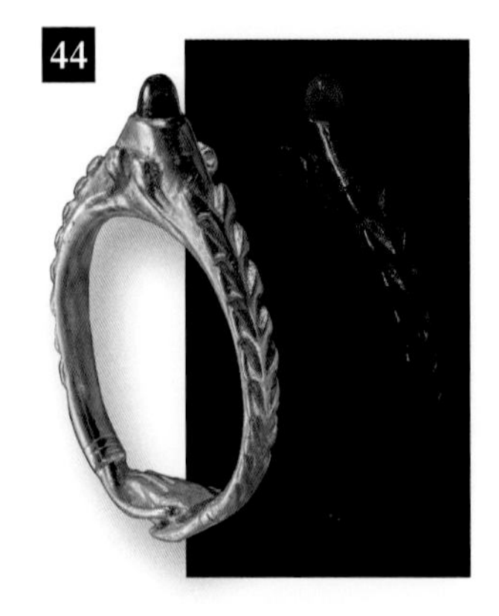

「フェデ・リング」 蛍光性が強く、内包物の状態からミャンマー産無処理のルビーがセットされていると思われる。13世紀
国立西洋美術館 橋本コレクション
(OA.2012-0149)

63

「箱形ベゼルの指輪」 ミャンマー産ルビーがヨーロッパに知られた時代を示唆するゴールドリング。16世紀後期
国立西洋美術館 橋本コレクション
(OA.2012-0162)

モゴック産ルビー 無処理

Ruby, Mogok, Untreated

透明度が高く、適度な濃さの赤

ビルマ（現ミャンマー）のモゴック地方の鉱山の歴史は古く、15世紀にはルビーの主要な産地となり16世紀初頭には欧州にもたらされていた。モゴック産ルビーの特徴は、高い透明度（＝結晶内部の内包物や亀裂傷が少ない）と適度な濃さの美しい赤色。また、紫外線照射により強い赤色の蛍光を発する特性がある。深い赤の「鳩の血」の別称で知られる最高級のルビーの産地だが、「鳩の血」品質のルビーは産地に関係なく「ビルマルビー」と呼ばれることもある。非常に暗い赤、または薄い赤のルビーも産する。モゴックの石灰岩（大理石）の鉱床からはサファイアや他の多くの宝石も産出するが、現在の出鉱量は限られている。

ミャンマー・モゴック産 モリス 所蔵

オーバル ミックス
ミャンマー・モゴック産
1.59ct No.7531

column

最高品質のルビー「ピジョン・ブラッド」

右のルビーは、6ctサイズのミャンマー・モゴック産、クッション スターにカットされたピジョン・ブラッドである。

高品質のルビーの代名詞であるピジョン・ブラッド（鳩の血）は、その名が知られているが、滅多に見られるものではない。その特徴は、濃いめ（明度6）の黒みがかった赤で、サイズは大きく、濃淡の赤のモザイクが出る特別なものである。産地が違ったり、サイズが小さかったりするものは、ピジョン・ブラッドにはなり得ない。

鑑別業者のレポートにピジョン・ブラッドと記載されたものを多く見かけるが、この写真のような赤のルビーこそが、本来のピジョン・ブラッドといえる。

クッション スター ミャンマー・モゴック産
6.03ct モリス 所蔵

モンスー産ルビー 加熱
Ruby, Mong Hsu, Heated

モゴック産に劣らない品質

ミャンマー中央部の都市、マンダレーの東に位置するモンスー地方のルビーが20世紀末に市場での競争力をつけ、タイ産に取って代わった。モンスーの原石はタイに持ち込まれチャンタブリで研磨と加熱処理が施され、モゴック産の加熱ルビーに劣らない品質のものが出現した。タイ産に比べて結晶内部の亀裂傷が多く、その中に加熱時に使用された化学薬品（ボラックス）が異物として残ることがある。大粒結晶の産出は少なく、ほとんど小粒に仕上がるのが特徴。現在は産出総量が減少し、高品質のものはほとんど産出されていない。

オーバル スター
1.25ct

加熱前　加熱後

加熱することによって、色鮮やかになり透明度が改善される。

タイ産ルビー 加熱
Ruby, Thailand, Heated

玄武岩起源の茶色味を帯びた赤い石

タイのバンコクでは、1940年頃にわずか200～300人のカッター（研磨職人）がジルコンを磨いていたが、1960年頃にタイ産ルビーの研磨が本格化した。当初は黒ずんだ石が多かったため、さほど重要視されなかったが、ミャンマー（当時はビルマ）の政変により、モゴック産のルビーが激減したことと、加熱処理による黒みを取り除く技術が向上したことから、タイ産ルビーは、飛躍的に市場での地位を高めた。1970年代、ルビーの主な供給地は、カンボジアとの国境に近いタイのボライ地域の玄武岩を起源とする漂砂鉱床となった。タイ産のルビーの特徴は、その独特の暗くて茶色がかった赤色みと、紫外線（長波）による蛍光がほとんどないこと。加熱により色彩を高める処理が施される。

タイ産ルビーの品質のポイントは、黒みの程度。濃淡のバランスとモザイク模様の輪郭がしっかりしたGQと、透明度が低く濁った赤のAQから、品質の差を読み取ることができる。1970～80年代のジュエリーに仕立てられたルビーの多くをタイ産が占める。ただし1980年代後半以降、タイ産ルビーは研磨されなくなり、現在市場に出回るほとんどは還流品である。

オクタゴン ステップ

オーバル カボションほか

モザンビーク産ルビー
Ruby, Mozambique

人気上昇中のニューフェイス

ポルトガルの植民地時代より低品質のルビーが若干産出したが、21世紀に入りニアサ州、モンテプエス近郊と新鉱山の開発が続き、大量のルビー原石が研磨の中心地であるタイ、バンコクの市場に持ち込まれるようになった。ミャンマー産に比べ、ややオレンジを帯びた赤色が特徴。無処理の美しい石が市場に出ている。

少なくとも数百年の伝統を持ち、人々が受け継ぎ流通してきたモゴック産ルビーに対し、モザンビーク産は市場に出て10年も経っていない。伝統と美しさの違いから、モザンビーク産のGQは、ミャンマー産のGQと比べて当初は極めて低い評価を受けたが、現在は評価が高まりつつある。今後の評価の動向は、産出の継続と、市場がこの色みをどれだけ好むかにかかっている。

モザンビーク産のルビーは、研磨されるもののうち約半分は無処理で、残りは加熱処理される。さらに低品質のものは鉛ガラス充塡ルビー（コンポジットストーン）に加工される。

スリランカ産ルビー
Ruby, Sri Lanka

最も古い歴史を持つルビー

マルコ・ポーロは13世紀のマーベルスの本でスリランカのルビーのことを語っている。スリランカのラトナプラ（「宝石の街」のシンハラ語）の近くの漂砂鉱床は、仏陀の時代（紀元前624～544年）以前からルビーやサファイアの採掘が始まった、最も古い歴史を持つ産地である。当地産のルビーはミャンマー産ルビーよりも赤が淡い。

オーバル スター
スリランカ産
3.36ct

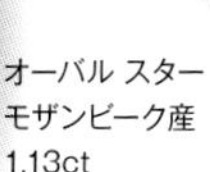

オーバル スター
モザンビーク産
1.13ct

その他の産地のルビー

- ●ケニア産
- ●インド産
- ●アフガニスタン産
- ●ベトナム産

アフガニスタン ジェグダレク産
No.8421

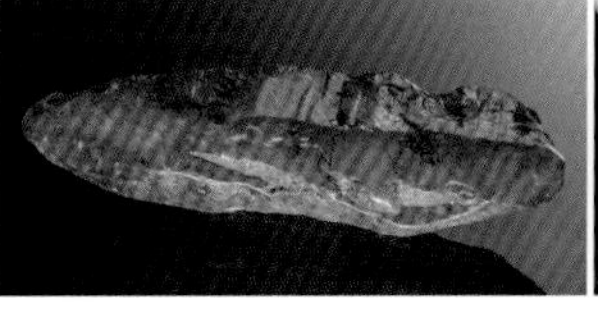

ベトナム産 No.8423

ベトナム北部のルクエンは、石灰岩（大理石）からスター・ルビーやスター・ピンク・サファイアが産出することで知られる。1990年前後に市場に登場した。しかし、人工石の混入がベトナム産ルビー全体の信用を失墜させ、国の規制、産出量の限界など、悪条件が重なり、市場での地位を確立することはできなかった。

オーバル カボション

オーバル カボション

クオリティスケール
モゴック産ルビー（無処理）

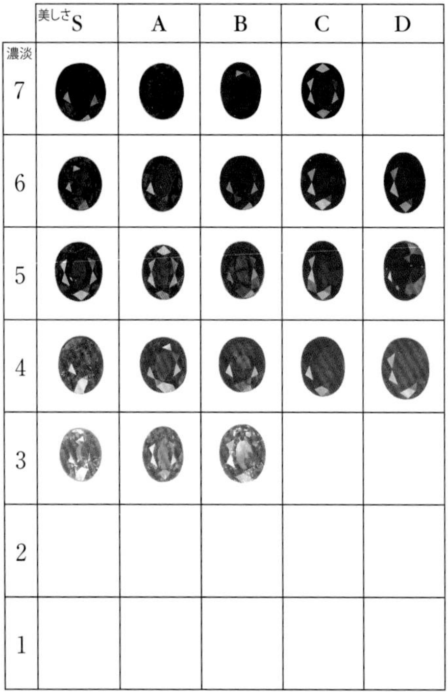

濃淡＼美しさ	S	A	B	C	D
7					
6					
5					
4					
3					
2					
1					

クオリティスケール上でみた品質の３ゾーン

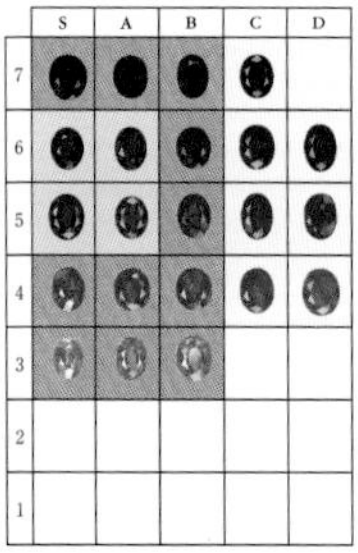

	S	A	B	C	D
7					
6					
5					
4					
3					
2					
1					

〈 価値比較表 〉

ct size	GQ	JQ	AQ
10	36,000	10,000	2,500
3	3,000	1,200	400
1	240	100	25
0.5	50	25	6

クオリティスケール
モンスー産ルビー（加熱）

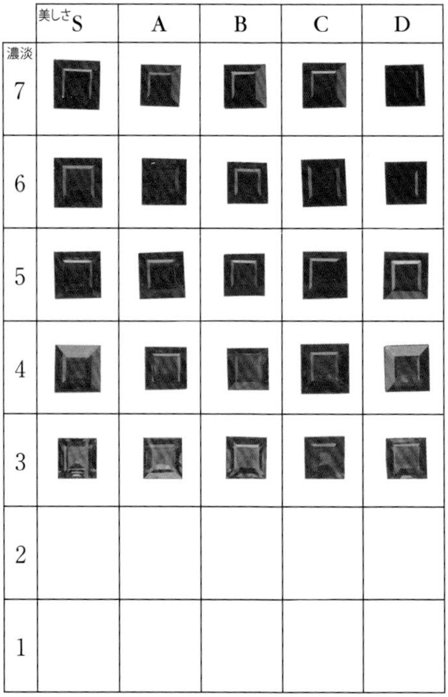

濃淡＼美しさ	S	A	B	C	D
7					
6					
5					
4					
3					
2					
1					

クオリティスケール上でみた品質の３ゾーン

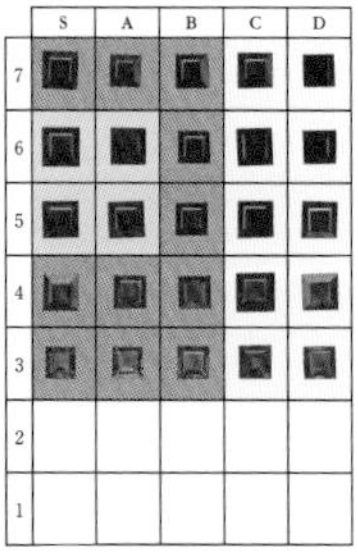

	S	A	B	C	D
7					
6					
5					
4					
3					
2					
1					

〈 価値比較表 〉

ct size	GQ	JQ	AQ
10			
3	800	200	25
1	50	30	7
0.5	10	5	2

〈 品質の見分け方 〉

ルビーの品質の見分け方は、産地の確定から始まる。ミャンマーのモゴック、スリランカ、タイ、モザンビークの高品質のものを比べると明らかに産地により色味が違い、市場の好みの傾向と伝統を加味して評価が定まる。

次に加熱を施していない無処理石が評価される。タイ産のほとんどは加熱により黒いくすみを除かれているが、他の産地のものには無処理石と加熱処理石が混在する。同等の品質でも、天然の美しさと稀少性が高く評価される。

クオリティスケール
タイ産ルビー（加熱）

濃淡＼美しさ	S	A	B	C	D
7					
6					
5					
4					
3					
2					
1					

クオリティスケール上でみた品質の３ゾーン

	S	A	B	C	D
7					
6					
5					
4					
3					
2					
1					

〈 価値比較表 〉

ct size	GQ	JQ	AQ
10			
3	800	200	25
1	50	30	7
0.5	10	5	2

硬度 9

類似宝石

市場が宝石としての価値を認めない処理

〈ルビー、サファイアの処理、人工石、摸造について〉

ルビーやサファイアでは、加熱処理時にチタンやクロムといった着色元素を加えて石自体に色を浸透させるものがある。これを表面拡散（ディフュージョン）処理といい、加工されたコランダムをディフュージョン・サファイアと称する。チタンやクロムよりも微少な原子、ベリリウム元素を加熱過程で加え、色を変える処理を行ったものはベリリウム加工（P.83）と呼ばれている。

また、鉛ガラスなどを含浸させる処理もあり、これはコンポジット・ルビーとして市場で見られる。

No.7791

ディフュージョン・サファイア

コンポジット・ルビー

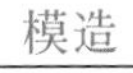

人工石

火焔溶融法ルビー

模造

ダブレット・ルビー

スター・ルビー　Star ruby

内包物が生み出す3本の光条

平行に配列したルチル（酸化チタン）の針状結晶内包物によりシャトヤンシーが現れ、内包物針状結晶が120度の角度で交差する3群を成すとアステリズム（スター効果）が現れスター・ルビーとなる。高い彩度の赤い地色で半透明のスター・ルビーが最高級で、スターが中央に鮮明に現れるようにオーバルカボションカットを施し高いドーム形に仕上げられる。

人工スター・ルビーは1960年代にスターのよく出て美しいアクセサリーとして市場に出回っていた。一方、天然石のスター効果は不完全なため、完全なスター効果が人工スター・ルビーであることを暴くこともある。スター・ルビーの天然石は、天然の発色の趣と稀少性が重視されジュエリーに仕立てられる。

翡翠原石館 所蔵

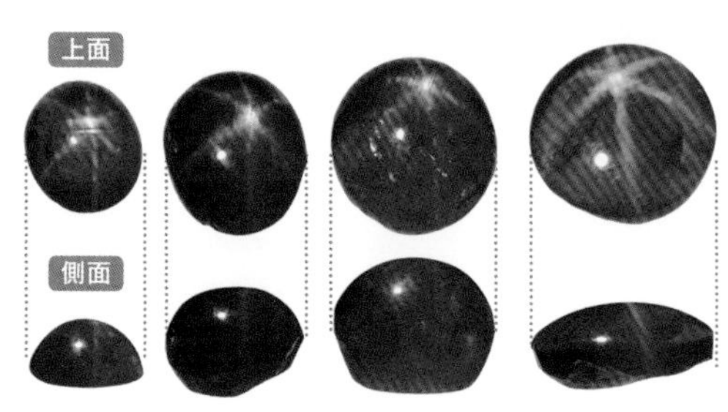

column

モゴック産ルビーの原石クオリティースケール

ここで紹介するのは、ミャンマー、モゴック産ルビーの「原石のクオリティスケール」である。これらはカット・研磨が上がった状態を想定して、濃淡、美しさを判定したもので、自然のままの原石の美しさを見定めたものではない。現地で原石を採掘している人たちは、実際にこのスケールを参考に、優れたカット石に仕上がる確率の高い原石を収集していると聞く。宝石の品質は、濃淡と美しさの縦、横の2軸で大まかにとらえられることを示唆するものである。

クオリティスケール
モゴック産ルビー（原石）

濃淡＼美しさ	S	A	B	C	D
7					
6					
5					
4					
3					
2					
1					

クオリティスケール
スター・ルビー（加熱）

濃淡＼美しさ	S	A	B	C	D
7					
6					
5					
4					
3					
2					
1					

クオリティスケール上でみた品質の３ゾーン

	S	A	B	C	D
7					
6					
5					
4					
3					
2					
1					

〈 価値比較表 〉

ct size	GQ	JQ	AQ
10	800	300	100
3	150	80	25
1	15	8	3
0.5			

〈 品質の見分け方 〉

スター・ルビーにもスター・サファイアにも共通していることだが、第一にルビーの赤がはっきりと出て美しいことが大切である。遠くから見ても、ルビーということがわかることが何より重要だ。

星の出方はよく見ると、縦方向に一直線（5Aなど）とX字（4C）のものがある。どちらが良いということはないが、好みの問題と考える。

人工石に見られる均整のとれた星に近いものが天然の宝石では珍しいため良いものとされるが、一つひとつ異なり、個性があるのが自然のもの。多少の不完全性は許容される。

横から見ると、底が上面よりも大きかったり、均整を欠いていたりと形はいろいろ。ジュエリーにセットできる範囲で許容する。均整が取れて姿が良く、面いっぱいにスターが出るものが好ましい。

類似宝石

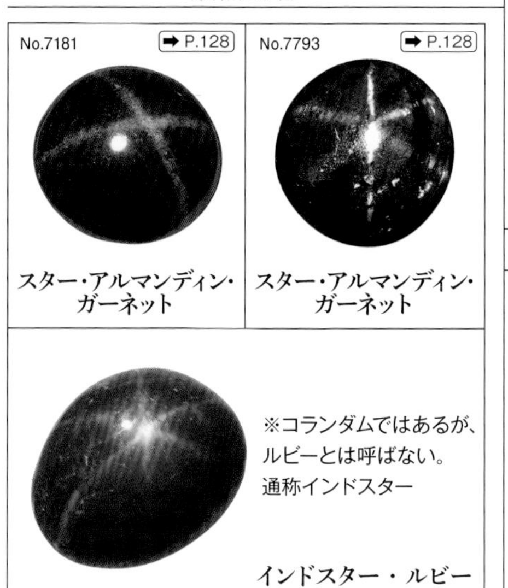

No.7181 ➡ P.128

スター・アルマンディン・ガーネット

No.7793 ➡ P.128

スター・アルマンディン・ガーネット

※コランダムではあるが、ルビーとは呼ばない。通称インドスター

インドスター・ルビー

人工石

人工スター・ルビー

模造

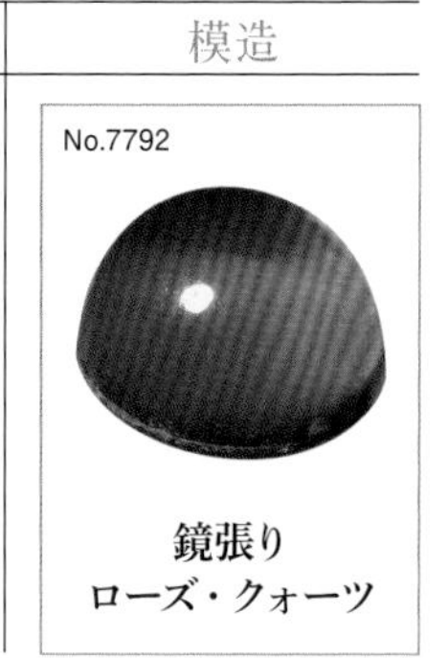

No.7792

鏡張り
ローズ・クォーツ

サファイア　Sapphire

鉱物名(和名)	corundum(コランダム・鋼玉)		
主要化学成分	酸化アルミニウム		
化学式	$(Al,Fe,Ti)_2O_3$		
光沢	ダイヤモンド光沢〜ガラス光沢		
晶系	三方晶系	へき開	なし
比重	4.0–4.1	硬度	9
屈折率	1.76–1.78	分散	0.018

赤色以外のコランダム

サファイアの歴史は紀元前17世紀、古代エトルリア人の時代まで遡る。サファイアという呼称は、ヘブライ語のsappir、あるいはサンスクリット語のsanipurujaに由来すると言われ、古くはラズーライト（lazulite）など、青色の石全般に使われていた。中世の欧州で、政治的、経済的そして精神的な力を備える「勝利の石」として王や聖職者に好まれた。その後長らくロイヤルブルー、あるいは矢車菊（コーンフラワー）のような菫(すみれ)色の、青色系宝石質コランダム（アルミニウムの酸化物）の名称であった。19世紀末に鉱物学者が、さまざまな色の宝石が同一種の鉱物（すなわちコランダム）であると気づくまでは、その名称は中世につけられたもの、例えばオリエンタル・ペリドット（グリーン・サファイア）やオリエンタル・トパーズ（イエロー・サファイア）、そのままだった。近年、紅色のルビーを除く他の色の宝石質コランダムもサファイアに含むようになったが、単に「サファイア」と言う場合はブルー・サファイアを指す。華やかな色相に抜群の堅牢性を兼ね備え、何世紀にもわたって主要な宝石として君臨している。

サファイアの原石は、通常、六角柱状で、柱面（側面）が段階的に先細りして、樽状になることも多い。また、六角板状晶では、三方晶系の特徴が結晶成長の痕跡として三角形の縞模様として六角の上面（底面）に現れていることがよくある。

オーバル スター
スリランカ産 1.23ct No.7359

スリランカ ラトナプラ産 No.8311

スリランカ ラトナプラ産 No.8310

ルビーの多くが変成作用を受けた結晶質石灰岩中で結晶化するのに対し、サファイアは、石灰岩中のみならず、シリカ（ケイ酸）成分をほとんど含まない高圧変成岩や閃長岩(せんちょう)やペグマタイトなどの火成岩中でも結晶化する。

高密度で強固な化学結合によりダイヤモンドに次ぐ硬度を誇る。化学的に極めて安定で変質することがなく、顕著な劈開(へきかい)（特に割れやすい方位）もない。重く、風化に耐え、水流により水底に堆積した砂利のなかに集まり、漂砂鉱床を成す。母岩中に結晶化したサファイアは、そのまま1次鉱床として採掘されることもあるが、主な資源は、この漂砂鉱床（2次鉱床）である。

スリランカ産サファイア 無処理

Sapphire, Sri Lanka, Untreated

最も古い歴史を持つ産地

サファイアの最も古い歴史を持つ産地はスリランカの漂砂鉱床である。採掘は仏陀の時代（紀元前624〜544年）よりも以前にラトナプラ（「宝石の街」のシンハラ語）の近くで始まった。ルビーの産地としても知られ、珍しい蓮(はす)の花の色のパパラチア・サファイア（P.86）と最高級のスター・サファイアの唯一の産地でもある。当地産のルビーはビルマの石よりも淡い色で、サファイアも明るい青色であることが多い。他にもファンシーカラー・サファイアや無色に近い「ギウダ」の産出地としても知られる。

クッション モディファイド ブリリアント/ステップ
翡翠原石館 所蔵

「金製指輪」 淡い色のサファイアが2つのコーンの形の高いベゼルにセットされている。7世紀
国立西洋美術館 橋本コレクション
(OA.2012-0109)

39

「あぶみ形の指輪」 12〜13世紀の司教の指輪であったと伝わるあぶみ形のリング。12-13世紀
国立西洋美術館 橋本コレクション
(OA.2012-0113)

70

「海の精ネレイス」 群青色のサファイアには、海の女神ネレイスが彫刻されている。1660年頃
国立西洋美術館 橋本コレクション
(OA.2012-0201)

スリランカ産サファイア 加熱

Sapphire, Sri Lanka, Heated

加熱により青色の深さを増した石

スリランカで産出されるギウダという無色に近いサファイアの原石は、加熱により濃い青に変化する。高温加熱した後に研磨され、世界中の市場に出回ったが、ギウダの量に限りがあり、供給は減少している。

加熱前

加熱後

オーバル スター

ミャンマー産サファイア
Sapphire, Myanmar

オーバル スター 個人蔵

「ロイヤルブルー」が魅力的

大粒で色が濃い美しいものが特徴。特に無処理でやや紫がかった青、ディープパープリッシュブルーの「ロイヤルブルー」と呼ばれる貴重な石で、ファセットが生み出す青色の濃淡の調和的モザイク模様が立体的で深みのある美しさを発揮するものは特に高く評価される。ルビーやサファイアのみならず他のさまざまな宝石の主要産地。15世紀以前に始まったといわれる北部のモゴック渓谷の堆積層の鉱床が代表的である。

ミャンマー モゴック地区は良質のルビーおよびサファイアが産出することでも知られる

カシミール産サファイア
Sapphire, Kashmir

上品で穏やかな青色

インドとパキスタンの国境に位置するカシミールでは、結晶質石灰岩（大理石）中にコーンフラワーブルー、ベルベットブルーと称される上品で穏やかな青のサファイアが産し、19世紀末から珍重されたが、100年ほどで終掘し、稀少な宝石となっている。

クッション スター

各産地における高品質のサファイアの価値指数
（3カラットサイズの場合）

産地	指数
カシミール	10.0
ミャンマー	3.3
スリランカ、マダガスカル	1.0
カンボジア(パイリン)	0.3
米国(モンタナ)	0.3
タイ(カンチャナブリ)	0.15
ナイジェリア	0.1
オーストラリア	0.03

美しい青の矢車菊（コーンフラワー）。良質のカシミール産サファイアは、この花の色にちなみ「コーンフラワーブルー」と呼ばれる。

マダガスカル産サファイア

Sapphire, Madagascar

オーバル スター

濃い青のニューフェイス

モザンビークベルトに位置するマダガスカルは、20世紀末に南部イラカカ川流域で変成岩起源の鉱床が発見され再びサファイアの産地として注目を集めている。北部には玄武岩起源の鉱床も知られている。

その他の産地のサファイア

カンボジアのパイリンは15世紀からのルビーとサファイアの産出として知られる。サファイアの原石はインクのように暗い青が一般的。パイリンからも玄武岩起源の暗青のサファイアが産したが、濃すぎる色を淡くするため、還元（水素や一酸化炭素で酸素を断つ）条件下で加熱処理された。19世紀後半から本格的に採掘が始まり、「世界の半分のサファイアはパイリン産」といわれるほど栄えたが、紛争地域となり1960年代後半に産出量が激減した。

濃い青、時に緑、黄、黒のサファイアが、カンボジアとの国境に近いタイのボライ地域、チャンタブリーとカンチャナブリにかけて分布する玄武岩から見つかり1980年代以降、有数の産地となっている。マンビラ高原からは、非常に素晴らしい青色のサファイアが市場に出ている。

オーストラリアは世界最大のサファイアの産地で、1987年には世界の生産量の約75%がニューサウスウェールズ州とクイーンズランド州から記録された。玄武岩中で生成したサファイアは、風化した母岩の玄武岩から分離し、風化と摩耗に耐え、密度の高い結晶として堆積濃集する。

米国の主要なサファイア産地は、1895年に発見されたモンタナ州のヨーゴガルチである。平たく小さな、澄んだ青から紫の原石は、モンタナ州ヘレナの近くのミズーリ川沿いに産する。

●カンボジア（パイリン）産

スクエア ステップ

●タイ（カンチャナブリ）産

オーバル スター

●オーストラリア産

オーバル スター

スクエア ステップ

●米国（モンタナ）産

ラウンド スター

●ナイジェリア産

オーバル スター

クオリティスケール
スリランカ産サファイア（無処理）

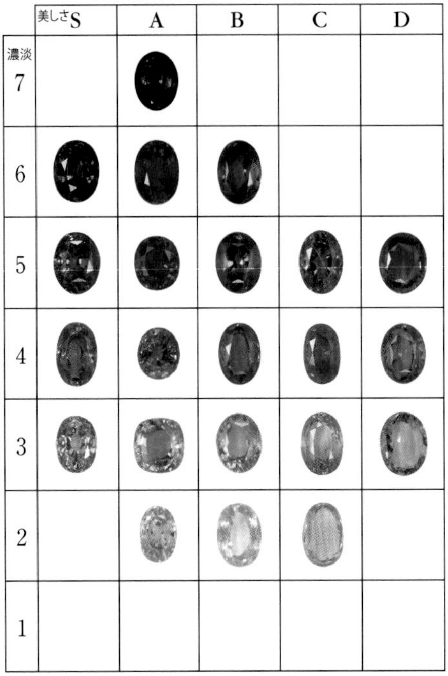

濃淡＼美しさ	S	A	B	C	D
7					
6					
5					
4					
3					
2					
1					

クオリティスケール上でみた品質の３ゾーン

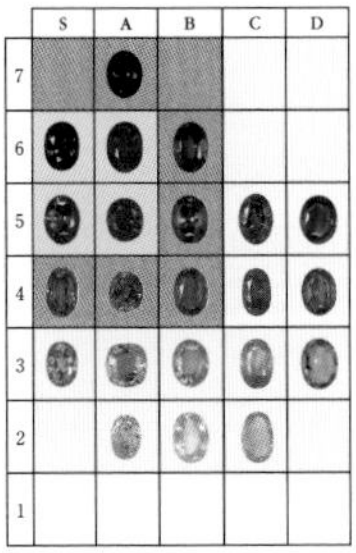

	S	A	B	C	D
7					
6					
5					
4					
3					
2					
1					

〈 価値比較表 〉

ct size	GQ	JQ	AQ
10	1,500	250	70
3	250	70	12
1	25	12	3
0.5			

クオリティスケール
スリランカ産サファイア（加熱）

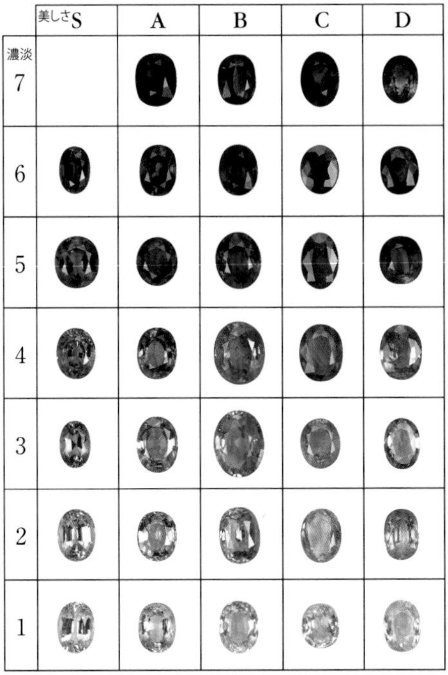

濃淡＼美しさ	S	A	B	C	D
7					
6					
5					
4					
3					
2					
1					

クオリティスケール上でみた品質の３ゾーン

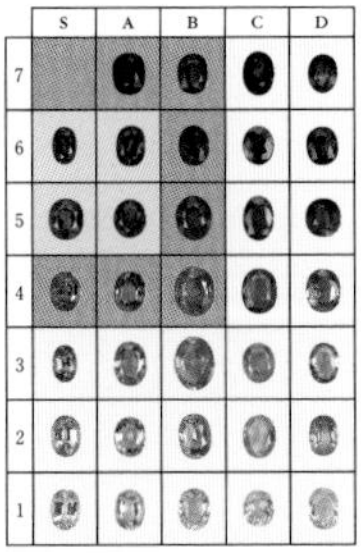

	S	A	B	C	D
7					
6					
5					
4					
3					
2					
1					

〈 価値比較表 〉

ct size	GQ	JQ	AQ
10	800	150	30
3	150	40	8
1	20	10	2
0.5			

〈 品質の見分け方 〉

サファイアは産地ごとの色の特徴と価値の差が大きい宝石。P.80の価値指数を参照いただきたい。スリランカを1とするとカシミールは10.0、オーストラリアは0.03と10倍と30分の1の差で、カシミールとオーストラリアは300倍になる。さらに品質に差がある場合には1000倍以上となる。

スリランカのGQ6.5 SAはセットしたときに適度な濃さでサファイアらしいブルーを感じられる。ベルベティなカシミール産、パープル味が強くなるミャンマー産と各産地の特徴がある。カシミール産は現在、採掘がないこと、ミャンマー産も極わずかなので、稀少性が市場価値を高める。透明度が低いものや濃淡3以下の淡いものは、AQと判定する。

類似宝石

市場が宝石としての価値を認めない処理

ディープディフュージョン・サファイア（表面拡散）

ベリリウム加工

硬度 9

スター・サファイア
Star sapphire

3本の光条によるスター効果

何色であれ、サファイアの多くには顕微鏡を使ってようやく見えるほど微細なルチルのインクルージョン（内包物）が含まれており、その量が充分に多い石をカボションカットに仕立てると、3本の光の筋が現れる（スター効果）。サファイアやルビーが結晶化する過程で、チタン原子はサファイアの結晶構造に入ることができず、別種の結晶をつくる。それが極細の針金のようなルチル（チタン酸化物）の結晶で、サファイアの原子配列の規則性（3回軸対称）に従って、120度で交わる3方向に並ぶ内包物（インクルージョン・包有物）として含まれている。その結果、スター効果がうみだされているわけだが、一方でレース生地のようにサファイアを半透明にする。加熱処理によりルチルを散らして透明度を上げることもできるが、スター効果を弱める危険性もあり、加熱処理の履歴が内包物に痕跡を残す。

83.47ct No.1114

バイカラー・サファイア
Bi-color sapphire

自然の多様性を示す複雑な色

右の写真のようにひとつの結晶が2色を持っているサファイアをバイカラー・サファイアと呼ぶが、その色の組み合わせはさまざまである。レッドとブルー、濃いイエローとブルー、またはグリーン、オレンジとブルー、カラーレスとピンクなど。ブルー・サファイアの一部がカラーレスのものもバイカラー・サファイアと呼ばれることがある。

産地不詳 翡翠原石館 所蔵

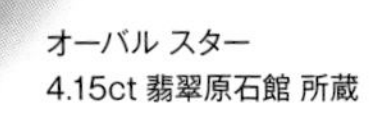
オーバル スター
4.15ct 翡翠原石館 所蔵

クオリティスケール
スター・サファイア（無処理）

濃淡＼美しさ	S	A	B	C	D
7					
6					
5					
4					
3					
2					
1					

類似宝石

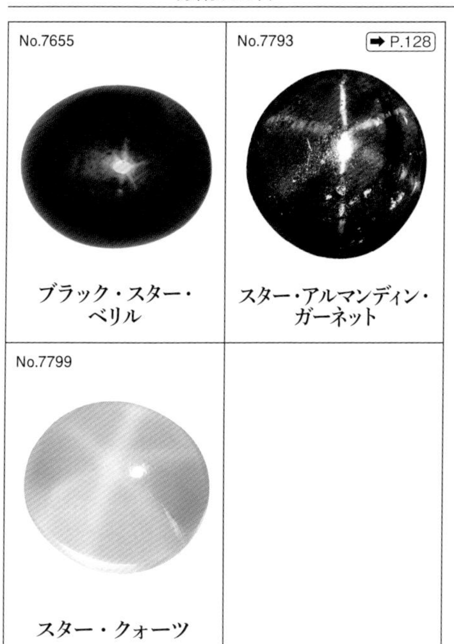
No.7655
ブラック・スター・ベリル

No.7793 ➡ P.128
スター・アルマンディン・ガーネット

No.7799
スター・クォーツ

クオリティスケール上でみた品質の３ゾーン

	S	A	B	C	D
7					
6					
5					
4					
3					
2					
1					

〈 価値比較表 〉

ct size	GQ	JQ	AQ
10	600	250	40
3	150	50	5
1	15	8	2
0.5			

〈 品質の見分け方 〉

スター・サファイアは石の色がブルーであることが第一条件となる。カボションカットは輝きで善し悪しを判定することはない。遠目で見て美しいブルーを発しているかどうかが大切になる。

次に六条の星がくっきりとカボションの頭に浮き出ているか、傾けた時にバランス良く星を保っているかが判定される。青みが美しく星もきちんと出る5、4、Sの品質がGQ。淡くなるとスターが良く出ても、AQと判定する。

第三に姿の良さが問われる。ブルーの原石からブルーを失わぬようにカボションの上面に均整のとれたスターが出るように成形するのは難しい作業。自然を相手に挑戦することであり、思い通りに形を整えられないのは十分承知されることではあるが、下の部分が大きくならずにバランス良く仕上がった姿の良いものかどうかは評価を大きく左右する。ジュエリーの仕立てに大きく影響することがあるためだ。

人工石

人工
スター・サファイア

模造

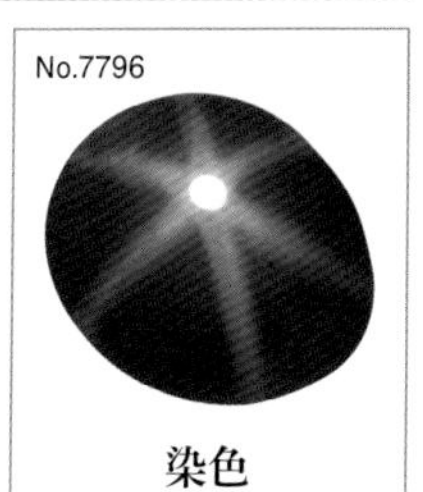
No.7796
染色
ローズ・クォーツ

パパラチア・サファイア

Padparadscha sapphire

蓮の花のような色のサファイア

蓮の花の色に似たピンクがかったオレンジ色のサファイアの名は、サンスクリット語（シンハリ語）の蓮の花、パパラチアに因む。その発色因子はクロムと鉄。ほぼスリランカ産である。パパラチア・サファイアには世界共通といえる定義はないが、色合いはルビーとオレンジ・サファイアの中間に位置する。多くのパパラチア・サファイアは、加熱による色の改良が行われている。無処理の場合、退色するものもあるが、1時間ほど太陽光線の下に置くと、オレンジ色が戻って元の色になる。

スリランカ ラトナプラ産 No.8296

オーバル ミックス
スリランカ ラトナプラ産
1.54ct No.7305

白っぽい部分がシルクインクルージョンで、写真撮影によりはっきり見える。シルクインクルージョンの存在は加熱していない無処理の証である。

パープル・サファイア

Purple sapphire

紫色のサファイア

青に近い紫のサファイアのことをバイオレット・サファイア、赤みが強い紫の石をパープル・サファイアと呼ぶ。サファイア特有の輝きと耐久性は宝石たる資質であり、これらを兼ね備えた高貴な色の紫の石は、同系色のアメシストやトルマリンなどよりも貴重と評価される。

オーバル スター

182

「オスカー・ハイマン・ブラザーズ製リング」 米国のジュエラーが仕立てたパープル・サファイアのリング。ベゼルの立体的なデザインが魅力的。おそらく1980年代
国立西洋美術館 橋本コレクション（OA.2012-0528）

イエロー・サファイア

Yellow sapphire

トパーズ色のサファイア

オリエンタル・トパーズと呼ばれたイエロー・サファイアでは3価の鉄あるいは格子欠陥（色中心）が発色因子となっている。

オーバル スター

183

「黄色いサファイアのリング」
オーバル形の12本の爪で支えられている。高品質のイエロー・サファイアと小粒のダイヤモンンドがセットされたゴールドリング。20世紀後期
国立西洋美術館 橋本コレクション
（OA.2012-0538）

ファンシーカラー・サファイア

Fancy colored sapphire

多様な色のサファイア

コランダムは本質的には無色だが、微量成分や格子欠陥（色中心）により、赤（ルビー）以外に、青、緑、黄、橙、青紫、ピンク、赤紫等のファンシーカラー・サファイアの他、灰色、茶色などさまざまな色がある。

多色性があり、結晶を特定の方位から見ると色がより強くなる。多色性が顕著な石では紫から青のように見る方向で色調が異なる。

●グリーン・サファイア

かつてオリエンタル・ペリドットと呼ばれたグリーンサファイアの発色は2価と3価の鉄や色中心による。

●ピンク・サファイア

発色因子は、ルビーと同様、アルミニウムを置き換えている微量のクロム。淡い色調は、かつては未熟なルビーとも捉えられたが、爽やかなピンクにも人気がある。

●カラーレス・サファイア

無色の透明なコランダムの結晶。ブリリアントカットに研磨されるが、ダイヤモンドの輝きとは異なる。

コランダムの色相　この色相環は85石のコランダムを色と濃淡で配置したもの。同じコランダムでもこのような多様なちらばりがあることがわかる。

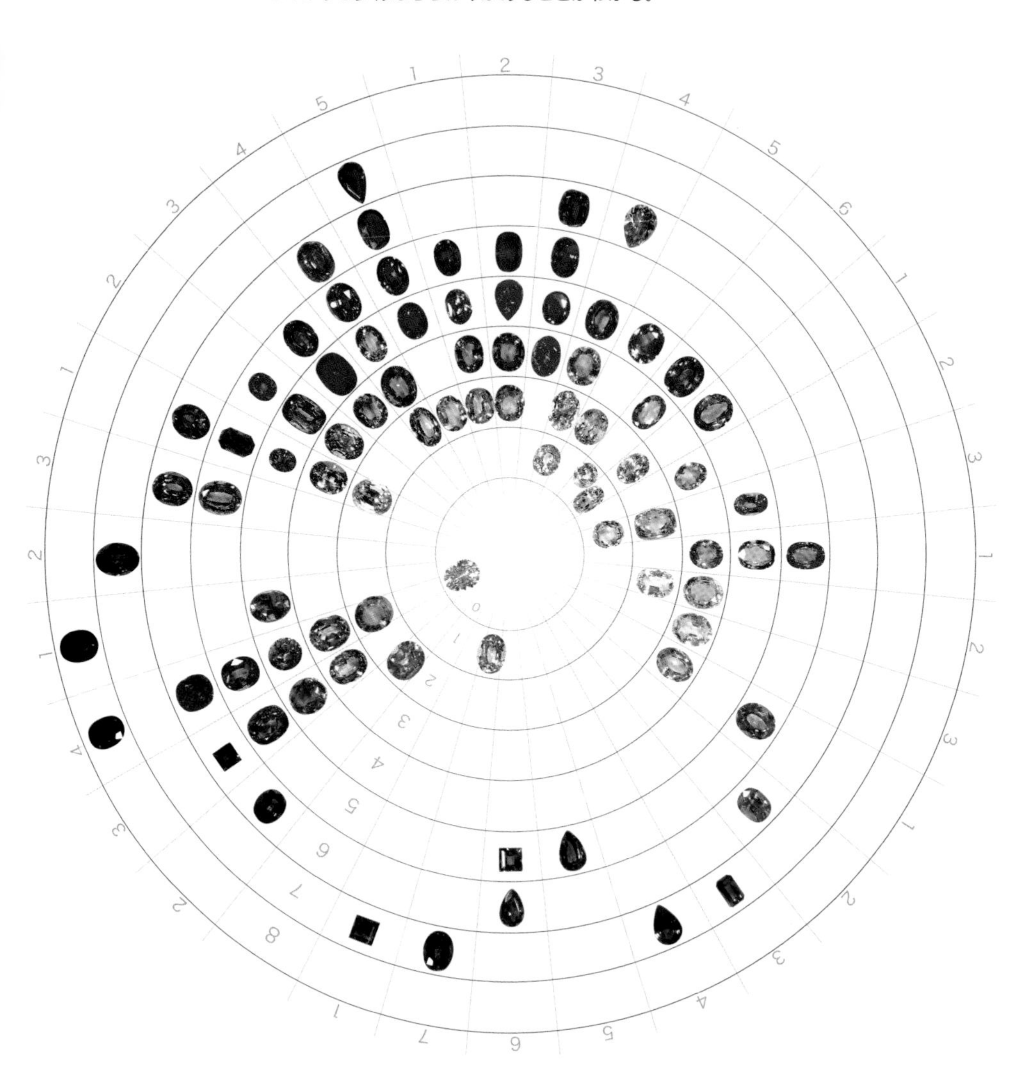

column

美しすぎる人工オレンジ・サファイア

ファンシーカラー・サファイアの極上品質を真似た美しい人工サファイア。いろいろな色相の人工サファイアに注意が必要。

サファイア 産地による美しさのちがい

ミャンマー（旧ビルマ）、カシミール、スリランカ（旧セイロン）産のサファイアの逸品（本ページの写真、15〜20ct）。手にとって比較してみると、各産地の美しさの特徴がわかる。

ブルーの濃淡のメリハリがついたモザイク模様はそれぞれにバランスがとれていて美しいが色相が少しずつ違う。ミャンマー産は青紫が入った透明度の高いブルー、カシミール産はベルベティなブルー、スリランカ産は他の2つよりもグリーン寄りのブルーである。下の色相チップで確認すると比較しやすいだろう。

ミャンマー

ディープ
パープリッシュ
ブルー

カシミール

ストロング
パープリッシュ
ブルー

スリランカ

ストロング
ブルー

●ミャンマー産

オーバル
ブリリアント/ステップ
約15ct
アルビオン アート・コレクション

●カシミール産

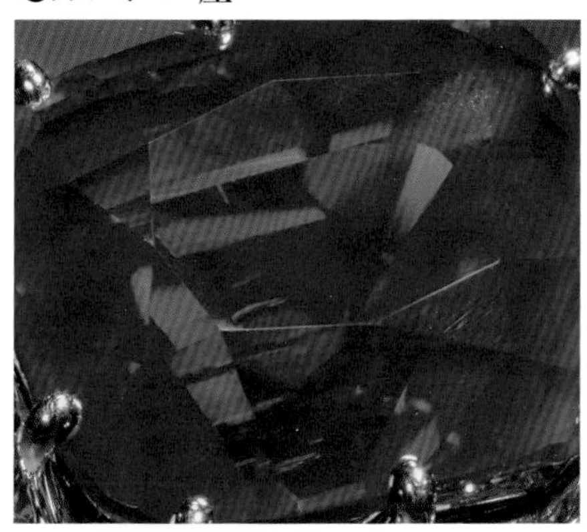

アンティーク クッション
ブリリアント/ステップ
16.18ct
アルビオン アート・コレクション

●スリランカ産

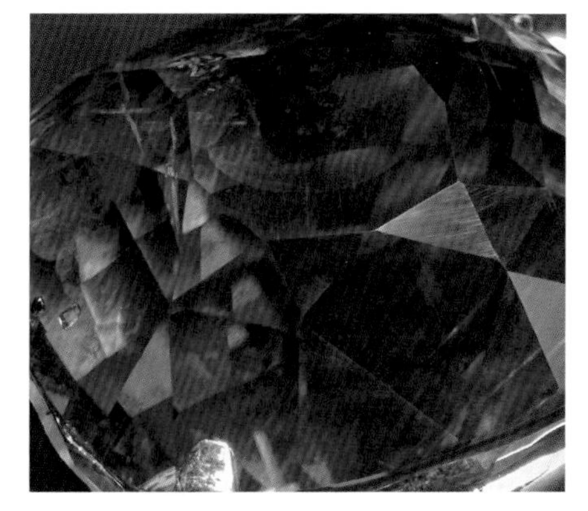

クッション モディファイド
ブリリアント/ステップ
20.14ct
翡翠原石館

キャッツアイ　Cats-eye

鉱物名(和名)	chrysoberyl(クリソベリル・金緑石)		
主要化学成分	酸化ベリリウムアルミニウム		
化学式	$Be(Al,Fe,Cr)_2O_4$		
光沢	ガラス光沢		
晶系	直方晶系	へき開	明瞭(2方向)
比重	3.7–3.8	硬度	8½
屈折率	1.74–1.76	分散	0.015

キャッツアイ効果を持つクリソベリル

「キャッツアイ」は、特に宝石を指定する場合を除き、クリソベリル・キャッツアイを指す。猫の眼(瞳孔)のような細長い一条の光の帯が現れる現象を、シャトヤンシー(キャッツアイ効果)という。宝石の結晶内に、屈折率の異なる別種鉱物の針状結晶が、内包物(インクルージョン)として平行に配列しているために起こる。その針状結晶の太さや配列間隔と、カット(方位とカボションの曲率)や研磨(ポリッシュ)の仕上げしだいで、シャトヤンシーの現れ方が大きく変わる。

1世紀末には古代ローマ人に知られており、それ以前にも中東で人気があった。東洋では眉間に当てると「先見の明」が得られると信じられ、スリランカでは「悪霊から身を守る石」、ヒンドゥー教の伝承によると健康を維持し貧困から守る、といわれた。ヴィクトリア王朝の19世紀に入ると、実りを連想させる金緑色の宝石として人気を集め、19世紀末にはオリエンタル・キャッツアイとしてルビーに次ぐダイヤモンドより貴重な石とされ、男性の装身具に仕立てられた。

クリソベリルは花崗岩や花崗岩ペグマタイト、雲母片岩中で生成し、ダイヤモンド、コランダムに次いで硬いので風化に耐え、比重が大きいので川底などに漂砂鉱床を成す。シャトヤンシーが現れる石は稀少。

ミルクアンドハニー

微量成分として鉄やクロムを含むことにより、黄〜黄緑〜青緑に発色する。乳濁半透明の蜂蜜色の色味は光源の強さと方位で変様し「ミルクアンドハニーカラー」のキャッツアイとして高い評価を受ける。

ローデシア シノタ産 No.8583

ブラジル エスピリトサント州産 No.8530

オーバル カボション
スリランカ産 6.52ct
No.7275

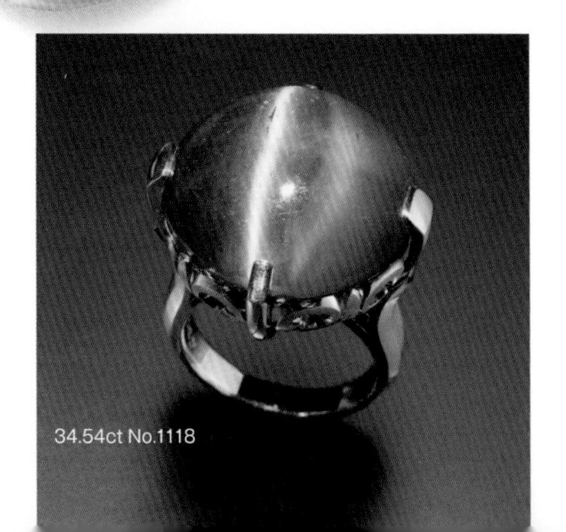
34.54ct No.1118

クオリティスケール
キャッツアイ（無処理）

濃淡＼美しさ	S	A	B	C	D
7					
6					
5					
4					
3					
2					
1					

類似宝石

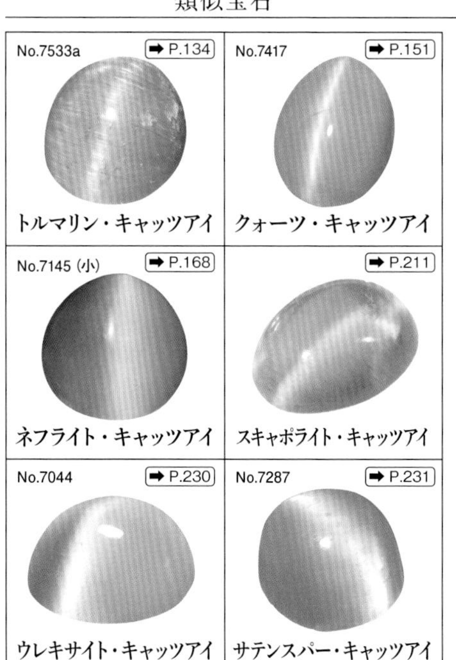

クオリティスケール上でみた品質の３ゾーン

	S	A	B	C	D
7					
6					
5					
4					
3					
2					
1					

〈 価値比較表 〉

ct size	GQ	JQ	AQ
10	700	400	150
3	150	80	30
1	25	8	3
0.5			

〈 品質の見分け方 〉

光の帯がカボションの中央にはっきりと真っ直ぐに出ることが良いものの条件。曲がっていたり、斜めに入っているものは良品と判定しない。

キャッツアイの帯は光源を動かすと左右に移動し、両側の色合いが変化する。光源に近い方がハニーカラー、遠い方が半透明なミルキーに見えるものが貴重とされる。濃くなると濃淡5のように茶色がかったり、淡くなると濃淡1のようにハニーが出現しない品質となり、良くないものと判定する。原石を観察して、どこにキャッツアイの帯を置くかをオリエンテーションするには、経験に裏付けされた読みが必要。丁寧に観察してもよく仕上げるのは難しい原石もたくさん存在する。カッターは周囲のキズや欠けを避けて、帯の位置とカボションの高さ、輪郭を決めて荒削りする。その後、仕上げて艶を出していくが、自然の創意物であることを認識して、大切な所がクリアされているかどうかを重点的に見て、細かい不完全性は許容する姿勢が宝石には求められていると感じる。

処理は通常は無処理。ごくわずかに褐色みをとばす加熱処理が行われるケースがある。放射線照射処理をした時期もあったが、基準以上の残留放射性物質が検出され、問題となったため、普及しなくなった。

人工石	模造
No.7779 ガイキーライト・キャッツアイ	No.7780 ダブレット・キャッツアイ（上部クリソベリル、下部ユーレキサイト） No.7781 ガラス

アレキサンドライト
Alexandrite

鉱物名(和名)	chrysoberyl(クリソベリル・金緑石)		
主要化学成分	酸化ベリリウムアルミニウム		
化学式	$Be(Al,Cr)_2O_4$		
光沢	ガラス光沢		
晶系	直方晶系	へき開	明瞭(2方向)
比重	3.7–3.8	硬度	8½
屈折率	1.74–1.76	分散	0.015

緑と赤のカラーチェンジが特徴

自然光のもとでは緑に輝き、人工光(白熱電球光)で照らすと赤く輝く「カラーチェンジ」という特性を持ったクリソベリル。この特性は、微成分のクロムよりもたらされる。

1830年代にロシア・ウラル山脈で発見され、ロシア皇帝アレクサンドル2世の誕生日に使ったことにちなんで「アレキサンドライト」と名づけられたとの逸話がある。

また、当時ロシアの軍服の色は緑と赤だったので、両方の色を持つアレキサンドライトはロシア人にとってはお守りとして特別の価値のある宝石だった。

産出地域は多いが稀少な宝石

アレキサンドライトはウラル山脈で発見されたのち、1900年近くになってスリランカ、1987年にブラジルのミナス・ジェライス州で良質のものが大量に産出されるようになった。ブラジルでの産出が減ってからはアレキサンドライトの希少性が高くなっている。そのほか、ジンバブエ、タンザニア、ミャンマーからも産出している。しかし、10カラットを超える石が見つかることがめったにない、非常に希少な宝石のひとつである。

ブラジル バイーア州産 No.2073

ブラジル ミナス・ジェライス州 マラカシェッタ産 No.8644

オーバル スター ブラジル バイーア州 カルナイーバ産 0.62ct No.7362

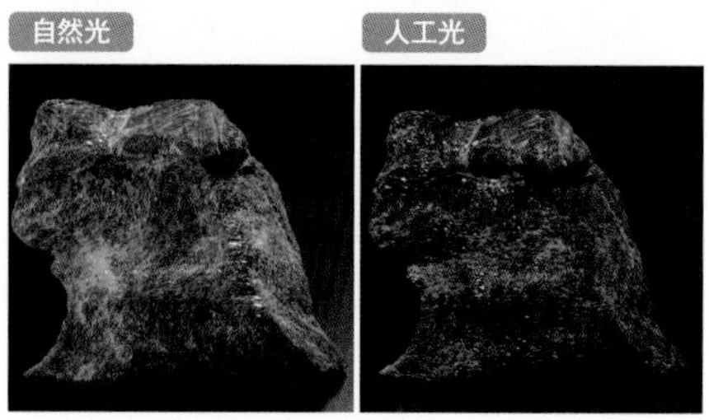

ブラジル バイーア州 カルナイーバ カビョーン産 No.8358

産地で異なる色合い

アレキサンドライトは産地によって色合いが異なっている。

ロシア・ウラル山脈産のものはカラーチェンジがはっきりしているが、内包物が多いものが大部分をしめる。

スリランカ産では、緑はやや黄色みがかり、赤への変化が他の産地より弱いのが特徴。

ブラジル産では透明度が高く、自然光では青が強めの緑。人工光では赤紫にはっきり変わる。

ジンバブエ産 No.2069

●ロシア産

●スリランカ産

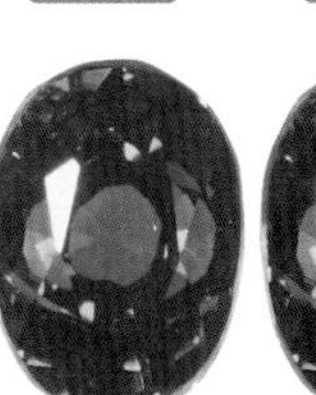

●ブラジル産

アレキサンドライト・キャッツアイ

Alexandrite cats-eye

クリソベリルの神秘的な特徴

アレキサンドライトもキャッツアイもよく知られた宝石だが、これらが同じ鉱物種（クリソベリル）である事実は意外と知られていない。

しかもシャトヤンシー（キャッツアイ効果）と、光源により色が変わる変色性（カラーチェンジ）を兼ね備えた神秘的なクリソベリルも存在し、「アレキサンドライト・キャッツアイ」と呼ばれる。

カラーチェンジは自然光の下では青みがかり、人工光の下では赤みがかる。どちらの場合も1条の線がはっきり見える。

ラウンド カボション

クオリティスケール
ブラジル産アレキサンドライト（無処理）

濃淡＼美しさ	S	A	B	C	D
7					
6					
5					
4					
3					
2					
1					

クオリティスケール上でみた品質の３ゾーン

	S	A	B	C	D
7					
6					
5					
4					
3					
2					
1					

〈 価値比較表 〉

ct size	GQ	JQ	AQ
10			
3	1,000	250	20
1	200	40	8
0.5	60	12	2

〈 品質の見分け方 〉

太陽光線の下で美しいグリーン（または緑がかった青）、それが白熱電球の下ではっきりとパープルみの赤に変化するものがGQ。色の変化がはっきりしないものは、その程度に応じてJQ、AQと判定する。

ほかの宝石にも共通するが、透明度が高く形（なり）が良く、キズも肉眼で見えるようなものがないものが良い品質の前提条件といえる。

アレキサンドライトは産地による地色の違いがある。太陽光線下でロシア産は緑が、スリランカ産は茶色がかった緑が、ブラジル産は青みが強いのが特徴。現在市場では、ブラジル産が主流だが、還流品に他の産地も見られ、個別に評価される。処理は通常行われない。

類似宝石

カラーチェンジ・サファイア

マラヤ・ガーネット

アンダリュサイト

ズルタナイト

人工石

No.7788

人工アレキサンドライト（ロシア）

模造

ガラス

クリソベリル Chrysoberyl

鉱物名(和名)	chrysoberyl（クリソベリル・金緑石）		
主要化学成分	酸化ベリリウムアルミニウム		
化学式	$BeAl_2O_4$		
光沢	ガラス光沢		
晶系	直方晶系	へき開	明瞭（2方向）
比重	3.7–3.8	硬度	8½
屈折率	1.74–1.76	分散	0.015

18世紀末にベリルと異なる鉱物と判明

ベリリウムとアルミニウムの酸化物。花崗岩やペグマタイト、雲母片岩中で黄や緑、茶色の結晶として生成する。V字型（楔型）の双晶や、トライリング（三輪）と呼ばれる六角形の輪郭をつくり出す3連の双晶で知られる。ダイヤモンド、コランダムに次いで硬く、耐久性に優れ、比重が大きいので、川底などに集まりやすい。キャッツアイとアレキサンドライトがクリソベリルの宝石の双璧をなすが、その他のクリソベリルの大粒の透明結晶にファセットが施される。17～19世紀にブリリアントカットのジュエリーが欧州で流行した。クリソベリル（金緑石）の名は、18世紀末にベリル（緑柱石）とは異なる鉱物であることが判明するまで、金色（ギリシア語chrysos）のベリル（緑柱石）の変種と思われていたことによる。1997年にインドのオリッサ州チンタバリ鉱床で見つかったオウムの羽の色に似た緑色のクリソベリルは「パロット・クリソベリル」として話題となったが、わずか6年足らずで終鉱し、現在は幻の宝石となった。

ブラジル産 石川町立歴史民俗資料館 所蔵

ブラジル産 石川町立歴史民俗資料館 所蔵

オーバル スター/ステップ
インド オリッサ産
5.55ct No.7056

ブラジル エスピリトサント州産
No.8213B

オーバル ミックス
ブラジル産 1.86ct No.7656

96

「クリソベリルの指輪」 3石のインペリアル・トパーズを取り巻いている14石のクリソベリルのリング。18世紀後期
国立西洋美術館 橋本コレクション
（OA.2012-0246）

ターフェアイト Taaffeite

鉱物名(和名)	magnesiotaaffeite-2N'2S(苦土ターフェ石2N'2S)
主要化学成分	酸化ベリリウムマグネシウムアルミニウム
化学式	$Mg_3BeAl_8O_{16}$
光沢	ガラス光沢

晶系	六方晶系	へき開	不完全(1方向)
比重	3.6	硬度	8-8½
屈折率	1.72–1.77	分散	0.020

スリランカ ラトナプラ産
No.8365

新種鉱物とわかる前から宝石にされていた

アイルランドのダブリンにある宝石店の店先の古い宝飾品のファセットのついた宝石群から、1945年にリチャード・ターフェ伯爵によって発見された新種鉱物。外形や硬度や密度などの性質はスピネルと似るが、複屈折する点が異なる。稀少な宝石のひとつで、蒐集家のためだけにカットされており、色には淡い紫、緑、サファイアブルーなどがある。宝石質の結晶は礫岩中に見つかり、母岩はベリリウムを含む花崗岩と苦灰岩質石灰岩との接触変成作用でできたスカルンやマグネシウムとアルミニウムに富んだ片岩と考えられている。結晶構造に積層規則の違いなど構造単位の組み合わせが異なる変種、マスグラバイトがある。

オーバル スター
マダガスカル産
2.563ct
No.3020

産地不詳 No.4047

ペア ミックス
スリランカ ラトナプラ産 1.87ct No.7290

マスグラバイト Musgravite

鉱物名(和名)	magnesiotaaffeite-6N'2S(苦土ターフェ石-6N'2S)
主要化学成分	酸化ベリリウムマグネシウムアルミニウム
化学式	$Mg_2BeAl_6O_{12}$
光沢	ガラス光沢

晶系	三方晶系	へき開	完全(1方向)
比重	3.6–3.7	硬度	8-8½
屈折率	1.72–1.74	分散	-

ターフェアイトと似たレアストーン

1967年にオーストラリア・マースグレイブで発見された極めて珍しい宝石で、類似するターフェアイトとの区別が困難である。南極大陸、グリーンランドおよびマダガスカルでも変成岩を貫くペグマタイト中から見つかっているが、宝石品質のものは、1993年に初めてスリランカ産がファセットカットされた。淡いピンク～パープルの色合いが多いようである。

ミャンマー モゴック産 No.4041

イレギュラー ステップ
スリランカ産 1.32ct No.3040

トパーズ　Topaz

鉱物名(和名)　topaz(トパーズ・黄玉)
主要化学成分　フッ化ケイ酸アルミニウム
化学式　$Al_2SiO_4F_2$
光沢　ガラス光沢
晶系　直方晶系　｜へき開　完全(1方向)
比重　3.5–3.6　｜硬度　8
屈折率　1.61–1.64　｜分散　0.014

黄色とは限らない美しい結晶

かつて黄色の宝石はすべてトパーズと呼ばれていた。逆にトパーズはどれも黄色との誤解もある。トパーズはモース硬度8の指標鉱物であり、宝石としては十分に硬くて堅牢であるが、完全な劈開があるので強い衝撃には注意が必要。

無色のものが最も多く、その他に黄、ピンク、水色、シェリー酒色などのものがある。ごく淡い水色やピンク色のトパーズは日本にも少量産出したが、それらの多くは強い光に晒されると色が褪せてしまう。米国ユタ州やメシキコでは淡いシェリー酒色のトパーズが産出するが、やはり光で褪色する。こうした褪色が起こる原因は、発色原因となる結晶構造の乱れが光によって緩和されるためで、宝石として用いられるのは、光による褪色が起こらないものである。

宝石質のトパーズは、もっぱら花崗岩ペグマタイトの晶洞中に産出し、その他、マグマによる高温熱変成を受けた岩石や流紋岩の空隙にも産出する。いずれも、マグマが冷え固まる最終段階で、フッ素を含む流体（熱水）から生成する。無色透明の結晶は水晶に似ているが、水晶より硬いこと、たいてい断面が菱形の柱状結晶であること、柱に垂直な方向に完全な劈開があることで区別できる。比重が重く、硬くて風化にも耐えるため、漂砂鉱床をつくることもある。

トパーズの語源は諸説あるが、光沢や分散の良さからサンスクリット語の「火」に由来するとの説のほか、常に霧深く到達が困難な紅海の島、トパゾス（ギリシア語で「探し求める」の意）島に因む（トパゾス島はペリドットの名産地であり、そのペリドットが昔は「トパーズ」と呼ばれていた）とする説がある。黄色の宝石をトパーズと総称していた時期もあったが、18世紀半ばから現在の鉱物種名およびその鉱物の宝石名として用いられている。

黄色系の宝石としての「トパーズ」は、古代エジプト・ローマの時代から知られ、初期の時代から長い間スリランカが産地だった。中世には聖職者や王室など特別な階級に使われたが、18世紀になると、ブラジルやウラルの産地が見つかり、欧州で一般の人気を集め、19世紀の初めにジュエリーとして流行した。

米国 ユタ州産 No.2057

ブラジル
オウロ・プレト産
No.8486

オーバル ミックス
ブラジル オウロ・プレト産
8.32ct No.7485

インペリアル・トパーズ 無処理 / 加熱
Imperial topaz, Untreated / Heated

シェリー酒のような迫力ある橙色

トパーズの中には、黄色の「イエロー・トパーズ」と分類されるものもあるが、インペリアル・トパーズは黄色系の中でもオレンジが強くかかり迫力があるのが特徴（シェリー酒色）。

ブラジル産のシェリーイエローのものはとくに評価が高い。アメシストを加熱処理して得たシトリン、「ゴールデン・トパーズ（シトリントパーズ）」と区別するため、「インペリアル」の呼称を冠した。名称の起源は、ブラジルのドン・ペドロ皇帝と彼の王冠に因む説に加え、ロシアのウラル山脈産のピンク・トパーズに因んでロシア皇帝を称えたという説もある。発色改善のため加熱処理されることもある。ブラジルのミナス・ジェライス州のオウロ・プレトの熱水性鉱脈はインペリアル・トパーズの世界唯一の大産地である。

インペリアル・トパーズは長めの結晶が多いため、研磨後の仕上がりも長めのものが多い。シトリンとの価格差が約10倍もあるため、研磨業者は可能な限り目減りを少なくするよう研磨する。その結果、ひとつひとつが異なった形になり、ジュエリーも量産品でなく手造りのものが多くなる。高価な素材であるがゆえの魅力といえる。

ブラジル オウロ・プレト産 No.8429

オクタゴン ステップ
ブラジル オウロ・プレト産
5.00ct No.7484

121

「メディチ家の墓《夜》」 メディチ家の霊廟にミケランジェロの彫刻「夜と昼」があり、この指輪には「夜」が沈み彫りされている。1860年頃
国立西洋美術館 橋本コレクション（OA.2012-0425）

ブラジル ミナス・ジェライス州産 石川町歴史民俗資料館 所蔵

クオリティスケール
インペリアル・トパーズ（無処理／加熱）

濃淡＼美しさ	S	A	B	C	D
7					
6					
5					
4					
3					
2					
1					

類似宝石

クオリティスケール上でみた品質の３ゾーン

	S	A	B	C	D
7					
6					
5					
4					
3					
2					
1					

〈 価値比較表 〉

ct size	GQ	JQ	AQ
10	200	100	30
3	40	20	6
1	10	4	1
0.5			

〈 品質の見分け 〉

左図の4Sのようなシェリーカラーとそれに近いものがGQ。カナリー・ダイヤモンドやカナリー・トルマリンでは、レモンイエローが好まれるが、インペリアル・トパーズは、イエローが強いものよりはシェリーカラーが好まれる。

濃淡が２以下の淡すぎる黄色や、茶色がかったり、黒みの強いオレンジ、カットの具合で大きなウインドウが出たりしたものは、その程度によりJQ、AQと判定する。

宝石は名称で選ぶのではなく、美しさで選ぶことが大切。インペリアル・トパーズはシトリンの数十倍の価値があるからといって、AQの中から選んでしまっては、あまり意味がない。AQでは両者の違いがほとんどないためだ。

しかしJQのインペリアル・トパーズは美しく、特に白熱電灯下で見るとシトリンとの違いが、はっきりとわかる。

トパーズは合成されることがほぼない宝石である。

人工石	模造
市場になし	No.7777 ガラス

ピンク・トパーズ　Pink topaz

無処理のものは稀少で評価も高い

ローズ・トパーズとも言う。橙色の原石を加熱処理によりピンクに発色改善することが多い。無処理のピンク・トパーズはパキスタン北西部マルダン地方カトラン渓谷の結晶質石灰岩が主産地で、めったに産出しないため評価が極めて高い。漂砂鉱床は18～19世紀に隆盛を誇ったロシア、ウラル山脈南部プラスト地域が有名だが絶産した。バイカル湖一帯に広大なペグマタイト鉱床の存在が期待されている。

パキスタン産 No.8428

ラウンド ミックス
パキスタン カトラン産
1.11ct
No.7488

パキスタン
カトラン産
No.8487

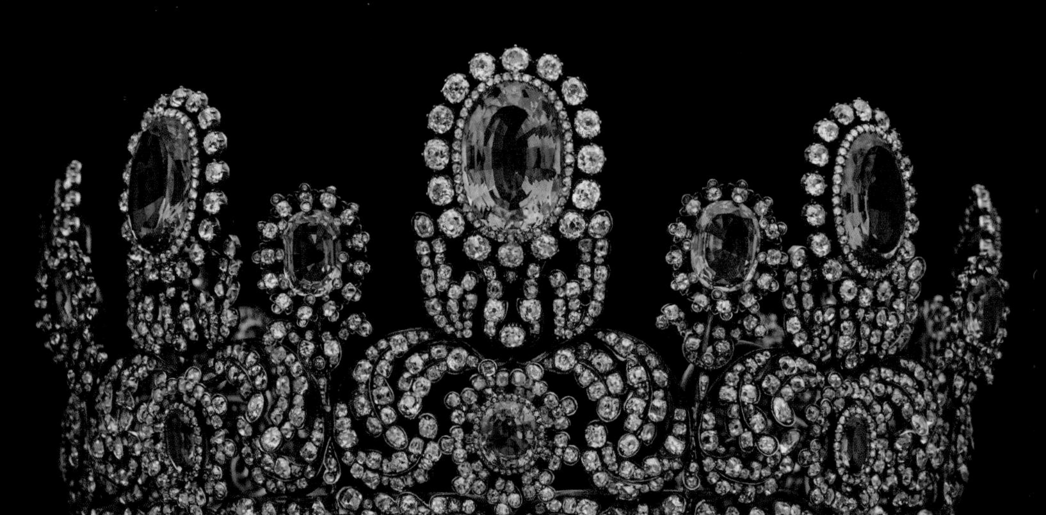

「ヴュルテンベルク王室旧蔵　ピンク・トパーズとダイヤモンドのパリュール」
1810-1830年頃　ロシア（推定）　ピンク・トパーズ、ダイヤモンド、銀、金　個人蔵　協力：アルビオン アート・ジュエリー・インスティテュート

クオリティスケール
ピンク・トパーズ（無処理／加熱）

濃淡＼美しさ	S	A	B	C	D
3					
2					
1					
1^-					

クオリティスケール上でみた品質の３ゾーン

	S	A	B	C	D
3					
2					
1					
1^-					

〈 価値比較表 〉

ct size	GQ	JQ	AQ
10			
3	60	25	6
1	10	4	1
0.5	3	2	0.6

〈 品質の見分け方 〉

ピンク・トパーズは全般的に淡く、3、2のSAがGQ。濃淡が1以下であったり茶色がかったものはJQ、AQと判定する。

ピンク・トパーズは赤というより赤紫の淡いもので、ピンク・ダイヤモンドに似ている。JQのピンク・トパーズが仮にピンク・ダイヤモンドだとすると、このような美しいダイヤモンドは特に稀少なもので、価値指数は1500、ピンク・トパーズ1ctのGQは、10程度で150倍の差がある。無処理の濃いめ（濃淡3、4）のピンク・トパーズも存在し、通常のGQの数十倍のものも存在する。

トパーズは屈折率が高く、モース硬度も8で、研磨すると輝き、産出量も多いため、カラーレス・トパーズは処理や加工をして使われる。アンティークジュエリーには赤に着色したドーム形の枠にカラーレス・トパーズを伏せ込んで、石に色がついているように錯覚させたものも見られる。

類似宝石

人工石	模造
市場になし	

無色のトパーズを耳飾りの枠の内側にピンクの箔をセットすることで、ピンク・トパーズを装っている。

石を外した状態

ブルー・トパーズ　Blue topaz

天然では稀な水色のトパーズ

天然のブルー・トパーズは色が淡く、市場のブルー・トパーズのほとんどは放射線照射とそれに続く加熱による処理が施されたものである。鮮やかな青色のものは肉眼ではアクアマリンとほとんど区別がつかない。淡い水色のトパーズは岐阜県苗木地方、滋賀県田上山などから産出し、万国博などに出品されたこともある。

ペア スター
ブラジル ロンドニアRD産
53.97ct No.3034

ボツワナ産 No.4033

山梨県 甲府市 黒平町産 No.2047

カラーレス・トパーズ
Colorless topaz

ダイヤモンドの代用にも

無色透明の結晶をカットすると分散が際立つため、ダイヤモンドの代わりに用いられた。

オーバル スター

column

放射線照射処理

無色のトパーズをブルーに変える

ブルー・トパーズには無処理天然のものがごくわずかにあるが、現在市場に出ているブルー・トパーズの99%は無色のトパーズを放射線照射により着色したもの。無色のトパーズは大量に産出されているので、ブルー・トパーズのコストの大半は放射線照射と研磨にかかる費用といえる。人工着色では色の濃淡も調整できる。

オクタゴン ステップ

オーバル スター
ブラジル産
132.82ct
No.3035

スピネル　Spinel

鉱物名(和名)	spinel(スピネル・尖晶石)		
主要化学成分	酸化マグネシウムアルミニウム		
化学式	$MgAl_2O_4$		
光沢	ガラス光沢		
晶系	立方晶系	へき開	なし
比重	3.6–4.1	硬度	7½-8
屈折率	1.71–1.74	分散	0.020

赤色が有名だが多様な色を持つ

赤、青、紫、ピンクなどさまざまな色の石が知られているが、これらが同一の鉱物種であることが判明したのは、近代鉱物学が確立してからである。主要成分には発色因が無い。玄武岩、キンバリー岩、橄欖岩など鉄とマグネシウムに富んだ（苦鉄質の）火成岩、アルミニウムに富んだ片岩（変成岩のひとつ）、接触変成作用を受けた結晶質石灰岩から見つかる。正八面体の自形結晶の先端は鋭く尖り、ラテン語の「小さな刺」スピネッラから命名された。風化に耐え、漂砂（水流によって比重や粒径がそろった堆積砂礫）に集まる。ほかの色の石もある。フランクリン鉱、クロム鉄鉱など同じ結晶構造を持つ鉱物と共にスピネル族に分類される。スター効果を見せるスター・スピネルも知られる。紀元前100年頃の仏教徒の墓にも遺されていた。スピネルの主要な産地は、ミャンマーやタンザニア、スリランカ。ミャンマーのモゴック地方はルビーやサファイアの産地としても知られるが、橙、緑、青、紫などのスピネルや、少量ではあるが上質な赤やピンクのスピネルの産地でもある。

ミャンマー産 No.8363

マルチツインの形をしている ミャンマー モゴック産 No.8414

オーバル スター
ミャンマー産 2.71ct No.7370a

オーバル ステップ
スリランカ産 2.27ct
No.7370b

オーバル ステップ
スリランカ産 1.65ct
No.7370g

オーバル スター
スリランカ産 2.60ct No.7370e

オーバル スター
スリランカ産 2.92ct
No.7370f

オーバル スター
スリランカ産 1.42ct No.7370c

オーバル スター
スリランカ産 3.21ct
No.7370d

レッド・スピネル
Red spinel

ミャンマー産 No.2061

ルビーと混同された時代もある

クロムが主要成分のアルミニウムを置き換えて微量成分となり、赤色に発色するのは、ルビーと共通。スピネルとルビーは原石の結晶形態に違いがあるが、割れたり、カットされて原型を失うと、僅かな紅色の違いだけでは見分けを付け難い。大英帝国王冠に据えられた深紅の宝石「黒太子のルビー」はレッド・スピネル。19世紀に科学的鑑定を受けるまではルビーと誤認されていた。

オーバル ミックス
ミャンマー モゴック産 1.01ct
No.7584b

オーバル ミックス
ミャンマー モゴック産 1.35ct
No.7584a

オーバル ミックス
ミャンマー モゴック産 0.61ct
No.7584c

ブルー・スピネル　Blue spinel

鉄やコバルトの影響による青色

多様な色を持つスピネルの中には青系の色を持つものもある。主な産地はスリランカ。発色の原因は、鉄や稀にコバルトといった微量元素の混入。レッド・スピネルの品質のよいものは、ルビーと混同されるほどの美しさを持つが、ブルー・スピネルの美しさはブルー・サファイアには及ばない。

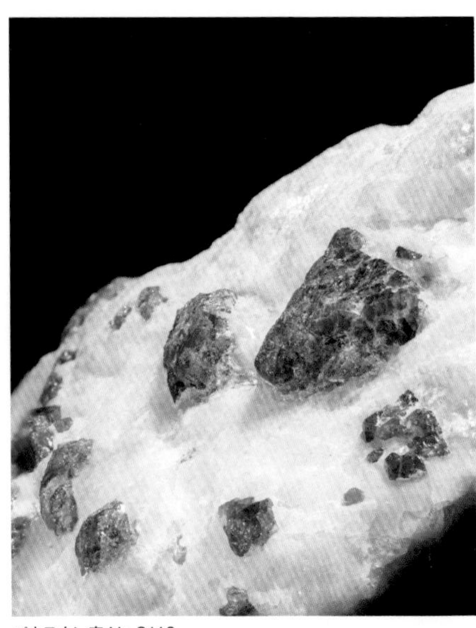
パキスタン産 No.8116

ペア ミックス
スリランカ産 1.76ct No.7117

クオリティスケール
レッド・スピネル（無処理）

濃淡＼美しさ	S	A	B	C	D
7					
6					
5					
4					
3					
2					
1					

類似宝石

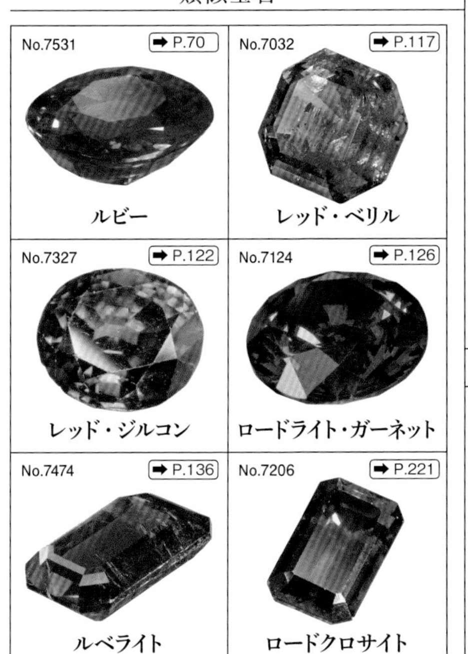

クオリティスケール上でみた品質の３ゾーン

	S	A	B	C	D
7					
6					
5					
4					
3					
2					
1					

〈 価値比較表 〉

ct size	GQ	JQ	AQ
10	1,200	400	100
3	300	100	30
1	30	10	3
0.5			

硬度 8

〈 品質の見分け方 〉

レッド・スピネルは濃いめ（濃淡5、6）のミャンマーモゴック産と淡め（濃淡3、4）のタンザニア産に分けられる。ミャンマー産を判定するときは、赤が純色に近いかどうか、形がそこそこに整ったものであるかどうかがポイントになる。

ミャンマー産の伝統的な濃い目のスピネルはルビーと似ている印象がある。丹念に比較してみると、紫がかったルビーと深紅のスピネルの違いがわかる。また、オレンジがかった赤色のスピネルはラズベリー・スピネルと呼ばれている。

GQのスピネルとルビーの価値を比べてみると、1ctでは8倍、10ctでは30倍（価値比較表参照）になる。10ctのGQのレッド・スピネルも、めったに見られるものではないが、数百年の伝統に根ざし広く知られたルビー、特にミャンマー・モゴック産の無処理を欲しいという人々の気持ちが、この差を生み出しているのだと感じられる。

人工石　　模造

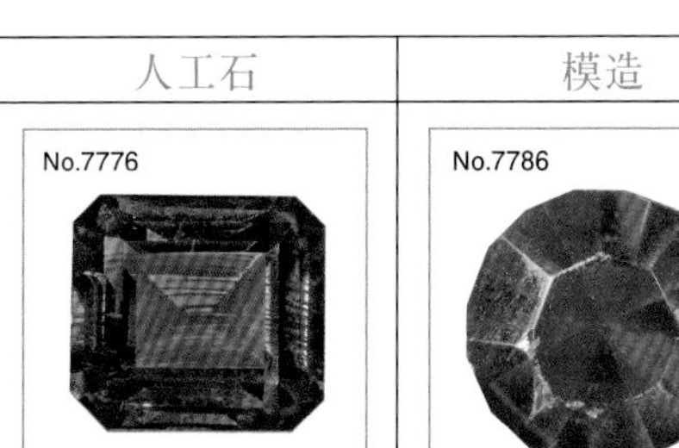

エメラルド　Emerald

鉱物名(和名)　beryl(緑柱石・ベリル)
主要化学成分　ケイ酸ベリリウムアルミニウム
化学式　$Be_3Al_2Si_6O_{18}$
光沢　ガラス光沢
晶系　六方晶系　　へき開　不完全(1方向)
比重　2.6–2.9　　硬度　7½-8
屈折率　1.57–1.61　　分散　0.014

個性豊かな緑色の宝石の代表格

緑色の宝石の代表格で、その豊かな緑色は緑の色名、エメラルドグリーンとなっている。鉱物種としてはアクアマリンなどと同じベリル(緑柱石)に相当し、六角柱状の結晶として産出する。

結晶のインクルージョン(内包物・包有物)や内部のキズは、欠点でもあるが、それぞれの石に産出の履歴(産地特定の情報)を残し、また唯一無二の個性を与えている。内包物と微量成分の種類と濃度、屈折率や、かさ密度のわずかな違いは、生成条件によって異なるので、これらを産地ごとに特徴付けをして産地の特定の手がかりにできる。

エメラルドの語源は、緑の宝石を意味するギリシャ語の「スマラグドス」と言われる。紀元前14世紀から、エジプトでは「緑の石」が使われていた。ただし、クレオパトラのエメラルドのコレクションは、ペリドット(P.141)とも考えられている。古代ローマでは、エメラルドは生殖を象徴し、肉体の美と性愛の神ビーナスに捧げられた。中世には、身につけるか傍らに置くと、目を休ませ視力を回復し、てんかんを防ぎ、出血や赤痢を治し、解熱、精神安定に効く「お守り」とされた。

16世紀までは西洋の「緑の石」の主要な産地は、現在のオーストリアとパキスタンにあったと推測される。16世紀にコロンビアのチボール鉱山とムゾー鉱山の良質なエメラルドが大量にヨーロッパと中東にもたらされると、それまでの産地を席巻した。

主成分のアルミニウムは地殻(地球表面近傍)ではありふれているが、もうひとつのベリリウムは特異な地質条件が整わないと濃集しない。その上、緑色の発色に必要なクロムやバナジウムを多く含む岩石には一般的にベリリウムをほとんど伴わないため、これらの成分が出会う確率はかなり低い。そのような条件を満たし、エメラルドが生まれる場所は、変成岩(黒雲母片岩や黒色頁岩)中の石英脈や方解石脈中、石灰岩中の石英脈中で、まれにペグマタイトに産することもある(ナイジェリアのカドナ鉱山)。条件が奇跡的に整った、まさに「宝の石」である。

コロンビア産 No.2056

産地不詳
翡翠原石館 所蔵

28
「金製指輪」 聖職者が宗教儀式に使用したものと推定される。山高のカボションのエメラルドがセットされている。6-8世紀
国立西洋美術館
橋本コレクション
(OA.2012-0108)

産地による インクルージョンの特色

高品質のエメラルドでは、産地ごとの特徴が明らかにされている。多くの場合、インクルージョン（内包物・包有物）の特徴が産地を判断する手立てとなる。またインクルージョンが確認できることは天然であることの確証にもなり得る。このページの3点の写真は、主要産地のインクルージョンを顕微鏡写真で捉えたものである。

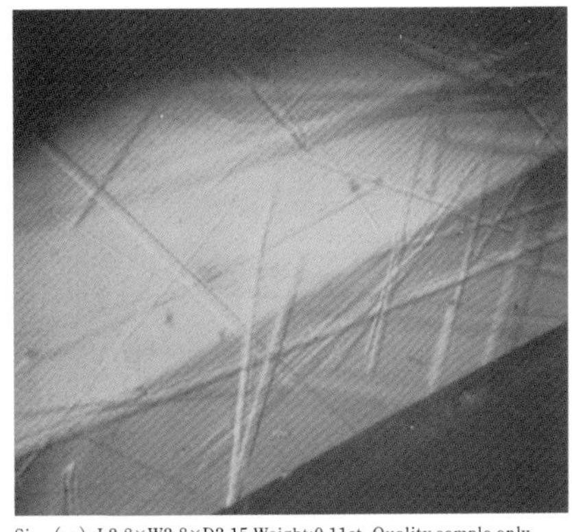

Size（mm）:L2.8×W2.8×D2.15 Weight:0.11ct, Quality sample only

［ジンバブエ（サンダワナ）産］

ジンバブエ産のインクルージョンの特徴は、トレモライトの繊維状の結晶。針のように長く、交差していて、時には曲がっているものもある。エメラルドの結晶が成長したときにまわりにあったトレモライトを取り込んだ結果である。

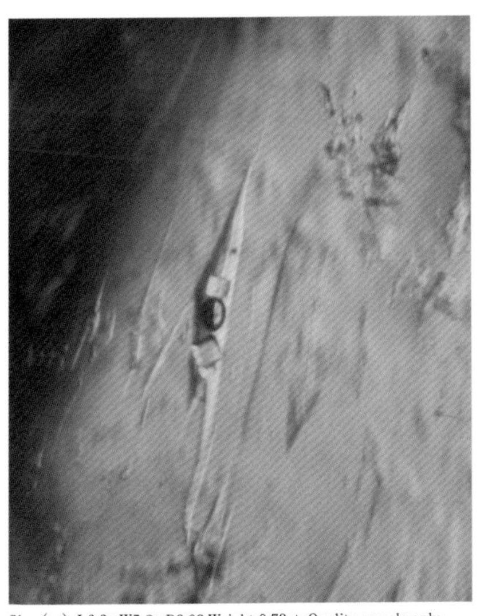

Size（mm）:L6.2×W5.2×D3.03 Weight:0.72ct, Quality sample only

［コロンビア産］

コロンビア産のインクルージョンの特徴は、三相インクルージョン。写真に見られるように、固体（立方体）、気体（楕円体）、液体（その他の部分）が揃ってエメラルドの中に内包されている。必ずしもすべてのコロンビア産エメラルドに見られるわけではないが、特徴のある三相インクルージョンはコロンビア産で天然であることを示唆する。

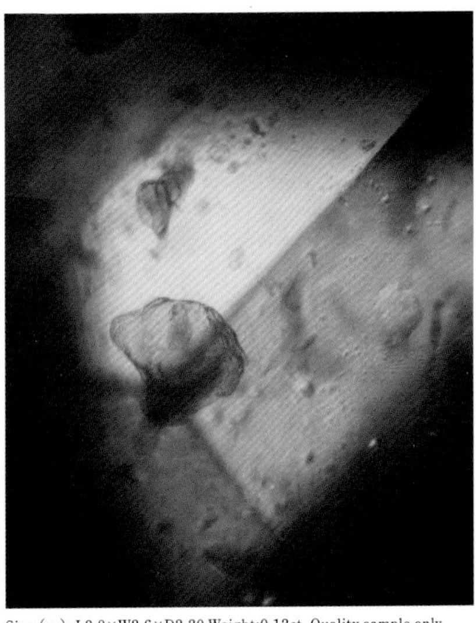

Size（mm）:L2.8×W2.6×D2.20 Weight:0.12ct, Quality sample only

［ザンビア産］

コロンビア産を除くエメラルドには黒雲母（バイオタイト）インクルージョンが認められる。黒雲母の存在だけではザンビア産の証明にはならないが、ザンビア産に最も多いインクルージョンである。ザンビア国内のそれぞれの鉱山によって種々の異なったインクルージョンが見られる。

コロンビア産エメラルド
Emerald, Colombia

最高品質は「ゴタ・デ・アセイテ」

コロンビアでは油滴のような模様の結晶成長の痕跡が見られる最高品質のエメラルドを"ゴタ・デ・アセイテ"（一滴のオイル）と呼ぶ。質、量、共に世界をリードするコロンビアでは16世紀にコルディエラオリエンタル山脈から大量に発見され、東部のチボール鉱山（黒色頁岩中の方解石脈）や西部のムゾー鉱山（石灰岩中の石英脈）を手始めに、東部のガチャラ、ボゴタ、西部のペナ・ブランカ、コスケス、ラ・ピタ、ヤコピなどが主な鉱山として開発された。ムゾー鉱山は最大級で最高品質の濃緑色エメラルド、チボール鉱山は透明度の高い青緑のエメラルド、ペナ・ブランカ鉱山はトラピッチェ・エメラルドで名を馳せている。

コロンビア産のエメラルドは、塩化ナトリウム、水、二酸化炭素のハルディン（ガーデン）と呼ばれる葉や技のような形状の内包物（P.107）を取り込んでいることが特徴である。これをオイル等の含浸で目立たなくする処理がなされる。

コロンビア ムゾー産 No.8007

147

「マーキーズ形の指輪」 典型的なコロンビア産エメラルドのリング。オイルが少し抜けている。1900年頃
国立西洋美術館 橋本コレクション（OA.2012-0477）

［コロンビア産の普通品質の原石］

同じ産地の原石でも色の濃い、薄いがある。原石は柱状をしているが、実際は長短や透明度など千差万別であることもわかる。

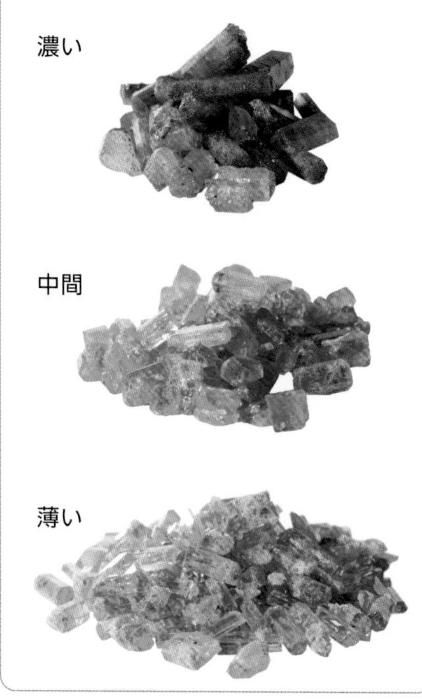

ブラジル産 エメラルド
Emerald, Brazil

エメラルドの安定した供給源

1960年代にバイーア州のカルナイーバ鉱山の開発でエメラルドラッシュを迎えたブラジルは、現在も安定した供給を維持している。ゴイアス州サンタ・テレジーニャ鉱山は、変成作用による金雲母片岩起源の鉱床で、小粒ながら透明度が高いエメラルドが多く、エメラルド・キャッツアイやスター・エメラルドの産出も特筆される。一方、高品位のエメラルド産出で知られるミナス・ジェライス州のイタビラ鉱山とノバ・エラ鉱山は、ペグマタイトに接する雲母片岩中の鉱床で、地質背景を異にする。

ブラジル バイーア州産 No.8430

オクタゴン ステップ
ブラジル ゴイアス州 サンタ・テレジーニャ産
No.7624

column

歯車のような構造の トラピッチェ・エメラルド

トラピッチェとはスペイン語のサトウキビを絞る農機具の歯車のことで、中心から6つの領域に分かれた模様をもつ特別なエメラルドがそのように呼ばれる。このトラピッチェ模様は、スター効果とは異なり、光源の向きで見え方は変化しない。トラピッチェ・エメラルドを産出するのはコロンビアだけで、しかもその割合は非常に少ない。

上面

側面

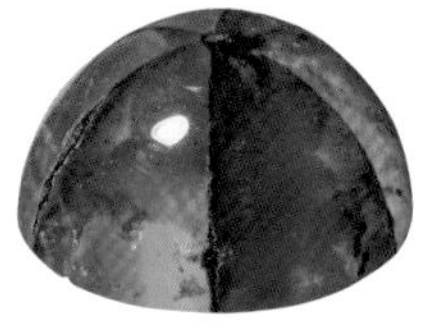

コロンビア チボール産 No.8211

コロンビア産 No.8009

エメラルドの主要な産地

現在のエメラルドの主要産地はコロンビアで、世界のシェアのおよそ50%を占めている。続いてザンビア、ブラジルが多い。ほかにもジンバブエ、パキスタン、マダガスカル、ロシアなどで産出している。

モザンビークベルト

9億〜6億年前ごろ、複数の大陸が合体してゴンドワナ超大陸が形成された時、大陸の衝突によって形成された高温高圧の変成帯。多様な宝石が多く見つかる。現在のモザンビークを中心としたアフリカ大陸東側、マダガスカル、アラビア半島西側、スリランカなどに分布。

ザンビア産エメラルド
Emerald, Zambia

ザンビア産とジンバブエ産の特徴

エチオピアやスーダンからモザンビークを通り、マダガスカル、インド南端やスリランカに分布している「モザンビークベルト」には、さまざまな宝石の産地が集中し、エメラルドの産出も古くから知られている。

ジンバブエのサンダワナ鉱山とザンビアのカフブ地域は雲母片岩を母岩とし、貫入してきたペグマタイトと反応してできた鉱床。1956年に発見されたサンダワナ鉱山から産出するエメラルドは小粒だが、黄色を帯びた独特の美しい色で、交差したトレモライトの針状結晶(P.107)を内包したものがある。1930年代開山のカフブ地域のエメラルドは、良質の部分は多くないものの透明度が高く、深い緑色と、黒雲母を内包物とする点が特徴である。コロンビア産エメラルドに比べ鉄の含有量が多く、バナジウム含有量は少ない。近年、エチオピア、オロミア州からも透明度、輝きの申し分ないエメラルドを産する有望な鉱床が見つかり、注目を集めている。

ザンビア産 No.8434

オーバル ミックス 1.65ct No.7653

その他の産地のエメラルド

●ジンバブエ・サンダワナ産

鉱山名であるサンダワナ・エメラルドとして知られる。小粒が多く、黄色に近い明るい緑色。

レクタングル ステップ

●パキスタン・スワット産

スワット渓谷から産出。写真は最高品質のもので、色、透明度がここまで優れたものはごくわずか。

オーバル ブリリアント

●マダガスカル産

東部から産出しているが高品質のものは少ないようで、市場に影響を与える量にはなっていない。

レクタングル ステップ

●ロシア・ウラル産

レクタングル ステップ

1830年頃にウラル山脈で鉱山が発見された。色は渋めなのが特徴。

●インド（ラージャスターン州）産

透明度の低いグリーン・ベリルに近い品質。色付きのオイル処理の可能性もある。

オクタゴン ステップ
No.7622

●南アフリカ（旧トランスヴァール）産

20世紀前半から産出があった。現在、市場ではあまり見られない。

オクタゴン ステップ
No.7623

column

「エメラルドカット」について

「エメラルドカット」は、長方形のステップカットの4隅を切り落とし、ガードルに平行なファセットを加えたカット様式。本書では「オクタゴン ステップ」と表記している。原石から最も色の良い部位を切り出し、内包物による影響が最小限となる方位からエメラルドの緑色を最大限に美しく見せる。外から加えられるダメージと、内から起こるひずみを防ぐため、厚みと光の透け方を勘案されたカットである。もともとはエメラルドのために設計されたが、エメラルド以外にも、ダイヤモンドをはじめさまざまな宝石に用いられ、「エメラルドカット」と呼ばれている。

クオリティスケール
コロンビア産エメラルド（オイル含浸）

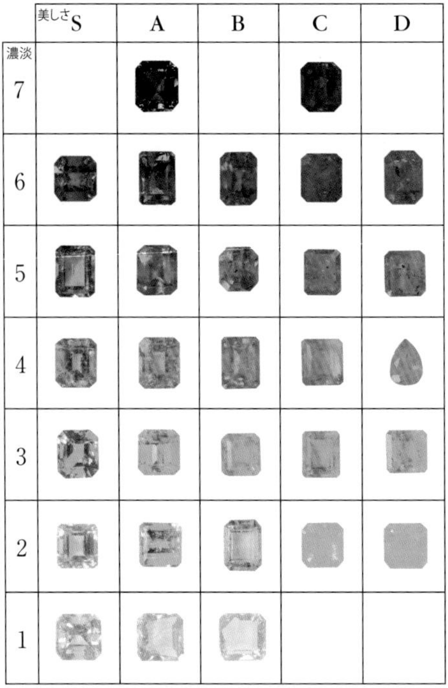
美しさ
S
A
B
C
D
濃淡
7
6
5
4
3
2
1

クオリティスケール
ザンビア産エメラルド（オイル含浸）

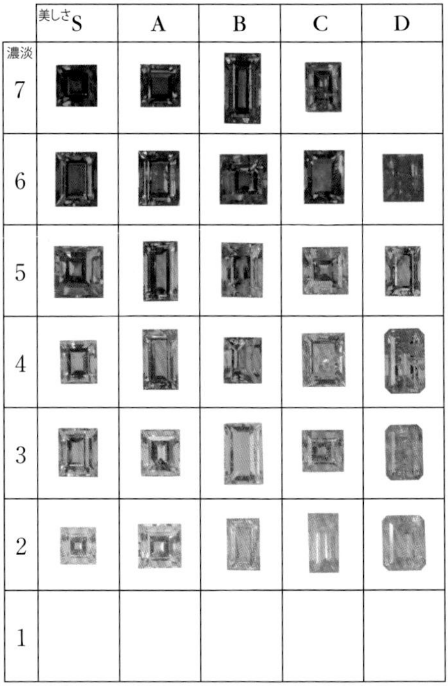
美しさ
S
A
B
C
D
濃淡
7
6
5
4
3
2
1

クオリティスケール上でみた品質の３ゾーン

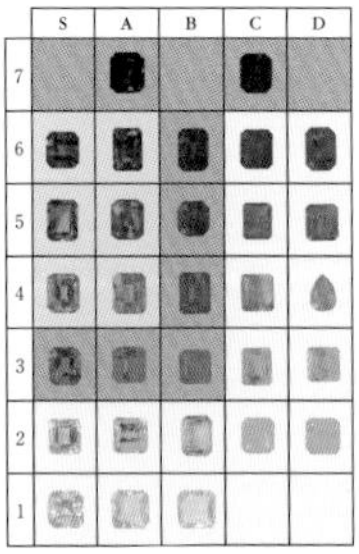
S
A
B
C
D
7
6
5
4
3
2
1

〈 価値比較表 〉

ct size	GQ	JQ	AQ
10	4,000	300	50
3	700	100	15
1	150	30	3
0.5			

クオリティスケール上でみた品質の３ゾーン

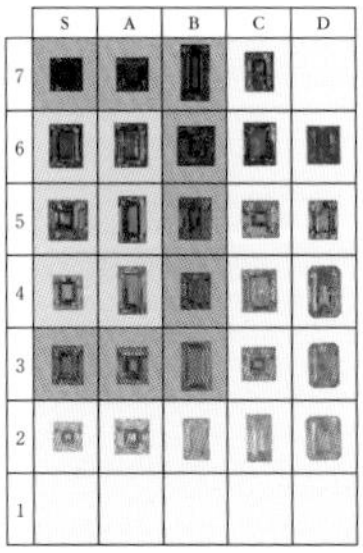
S
A
B
C
D
7
6
5
4
3
2
1

〈 価値比較表 〉

ct size	GQ	JQ	AQ
10			
3	250	50	10
1	80	20	2
0.5	20	4	1

〈 品質の見分け方 〉

程よく透明なグリーンで、鉱山によって各々の特徴があるが、濃く透明なものを品質が高い（GQ）と判定する。

エメラルドは三相インクルージョン（P.107）などのキズが多い。キズの一部が表面に出ている面キズに、オイルや樹脂を浸み込ませてキズを隠し透明度を上げることができる。極端な含浸はAQと判定する。

エメラルドは、姿の良さを重視する。厚みのありすぎる石（特に深さが短辺の80％以上、時には100％を超える）はジュエリーの仕上がりにマイナスの影響を与える。

類似宝石

市場が宝石としての価値を認めない処理

人工石

模造

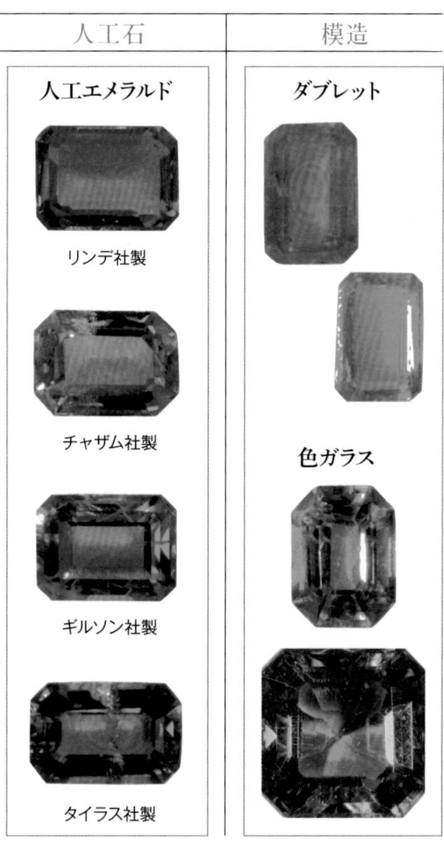

アクアマリン Aquamarine

鉱物名（和名） Beryl（ベリル・緑柱石）→P.106参照

透き通った水色のベリル

ラテン語の水（アクア）と海（マリン）に由来し、約2000年前にローマ人によって命名、とされる。微量成分の鉄により清楚な水色に透き通ったベリル。エメラルド（緑色のベリル）が主に変成岩に産するのとは対比的に、アクアマリンは花崗岩ペグマタイトに産する。他のベリルと同様、平らな端面の六角柱状結晶が典型だが、アクアマリンには錐面の発達した結晶も見られる。青色は紫外線により退色することが知られている。一方、加熱処理により、鉄のイオン状態を変え、発色（色味、濃さ）を調整することもできる。紀元前5世紀頃の古代ギリシャの記録が遺る。海難から逃れる「お守り」や、幸福と若さの象徴とされた。エメラルドと同じ鉱物でも、アクアマリンは耐久性に優れ、色が全体に分散していて、透明度が高いのが特徴。

パキスタン チトラル産
No.8293

パキスタン産 石川町歴史民俗資料館 所蔵

オクタゴン ステップ ブラジル産 13.28ct No.7268

米国 アイダホ州産 No.8294

オーバル ミックス
ブラジル産 13.88ct No.7297

アクアマリンの加熱

現在、市場に出ているアクアマリンは、低品質のベリルやモルガナイトなどを加熱したものであることがままある。熱すると驚くほどに色が改善されるが、色の濃淡は鉄の含有量が変わらないため、変化が見られない。低温加熱は色が安定する効果もあり、市場である程度認められた処理といえる。

加熱後

179

「アクアマリンの指輪」 ラウンドの直径22.4㎜のアクアマリンを高く四角いベゼルに埋め込んだリング。1960年代後期-1970年代前期
国立西洋美術館 橋本コレクション（OA.2012-0659）

ミルキーアクア Milky aqua

半透明でやわらかな色合いのアクアマリン

半透明のアクアマリンをミルキーアクアという。通常、ファセットをつけて輝きと色を楽しむアクアマリンであるが、ミルキーアクアはカボションにカットされることがほとんどである。中にはキャッツアイ効果を示すものもある。

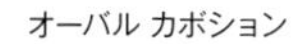
オーバル カボション

佐賀県産 No.2500

column

濃い青色のマシーシェ・ベリル

水色のベリルはアクアマリンだが、濃い青色のベリルは、アクアマリンとは区別される。青色のベリルは1917年にブラジル、ミナス・ジェライス州のマシーシェ鉱山から産出し、マシーシェ・ベリルという名が付けられた。人気が出るかと期待されたが、残念なことに紫外線による退色が著しいものだった。

オクタゴン ステップ No.7966

クオリティスケール
アクアマリン（加熱）

濃淡＼美しさ	S	A	B	C	D
4					
3⁺					
3					
2⁺					
2					
1⁺					
1					

クオリティスケール上でみた品質の３ゾーン

	S	A	B	C	D
4					
3⁺					
3					
2⁺					
2					
1⁺					
1					

〈 価値比較表 〉

ct size	GQ	JQ	AQ
10	120	50	15
3	40	10	3
1	10	3	1
0.5			

〈 品質の見分け方 〉

本物はグレイみのない透明感のあるブルーが高品質で、色の淡いものや、グレイ、グリーンみのあるものは低品質と判定される。

濃いブルーは、グレイが入るものが多いので注意。アクアマリンは2⁺～3程度の濃さで、グリーンみやグレイみの感じられないものを選ぶことが肝要。

多くのアクアマリンは、美しさに欠けるベリルを加熱して、ブルーに仕上げたもの。ときに元の色がアクアマリンに残ってしまうものが見られる。掘り出されたときからアクアブルーの美しいものもあるが、加熱が低温（300～400度）のため、内包物が変化しないので無処理なのか加熱されたのか、判定が難しい。アクアマリンの価値は加熱されたアクアマリンを含めて形成されている。

放射線照射のブルー・トパーズが似ていることから、アクアマリンと間違われることがある。

類似宝石

No.3034 ➡P.102
ブルー・トパーズ

No.7154 ➡P.121
ユークレース

No.7744 ➡P.138
パライバ・トルマリン

No.7248 ➡P.219
フローライト

No.7029 ➡P.226
バライト

No.7020 ➡P.226
セレスティン

人工石

No.7785

人工アクアマリン
（ロシア）

模造

No.7775

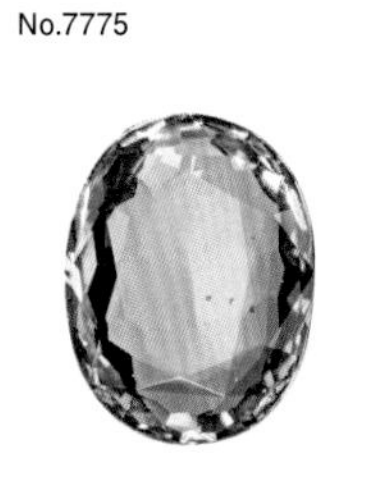

ガラス（酒類瓶）

モルガナイト Morganite

鉱物名(和名) Beryl(ベリル・緑柱石)→P.106参照

米国の銀行家にちなんだ命名

微量成分マンガンとセシウムによりピンクやライラック色、ピーチ色、オレンジ、ピンクがかった黄色などを示す。マンガンは、レッド・ベリルやスカーレット・エメラルドと呼ばれる稀少な赤いベリルを生み出す要因ともなる。同じ結晶で、部位ごとに青、無色、ピンクと異なる色を見せることもある(バイカラー、トリカラー)。米国の銀行家で宝石蒐集家としても知られるジョン・モルガンにちなんで命名された。

加熱処理や放射線照射によりピンクの色調を強めることもある。

ブラジル ミナス・ジェライス州産 No.8003

ペア スター
ブラジル ミナス・ジェライス州
ゴベルナドールバラダレス産
43.93ct No.7004

硬度
7

レッド・ベリル Red beryl

鉱物名(和名) Beryl(ベリル・緑柱石)→P.106参照

稀少な赤いベリル

微量成分として含まれるマンガンによって赤く発色したベリル。米国ユタ州において流紋岩の空隙中より産出する。レッド・エメラルドと称されることもある。かつては、ビックスバイトと呼ばれたこともあったが、ベリルとは全く異なる色のマンガン鉱物のビックスバイアイトと紛らわしいので、使われなくなった。

米国 ユタ州 トマスレンジ産 No.8031

オクタゴン ステップ
米国 ユタ州産 0.23ct
No.7032

ヘリオドール Heliodor

鉱物名(和名) Beryl(ベリル・緑柱石)→P.106参照

太陽を意味する「ヘリオス」が由来

ヘリオドールは、ギリシャ語で「太陽」を意味するヘリオスを由来とする名称で、かつては、黄色〜黄緑色のベリル全体をヘリオドールと呼んでいた。しかし現在は黄緑色の石のみをヘリオドールと呼ぶ。黄色のものはゴールデン・ベリル、またはイエロー・ベリルと呼ばれる。黄色の発色はベリルに含まれる微量成分の鉄による。

ヘリオドールは一般に六角柱状に結晶するが、透明度を活かし色と輝きを増すために、いくつもの種類のファセットを組み合わせて仕立てられる。

ブラジル産 No.8299

オーバル ミックス
ブラジル ミナス・ジェライス州産
10.83ct No.7274

ゴールデン・ベリル／イエロー・ベリル
Golden beryl / Yellow beryl

鉱物名(和名) Beryl(ベリル・緑柱石)→P.106参照

黄色みがかかったベリル

かつてはヘリオドールと呼ばれていた宝石だが、現在は黄色みのものはゴールデン・ベリル、またはイエロー・ベリルと呼ばれ区別されている。黄色の発色はベリルに含まれる微量成分の鉄による。鉱物種はヘリオドールと同じくベリルで、その特徴も同様だ。

タジキスタン産 No.4036

クッション スター
ローデシア産 8.14ct No.7650

オーバル ミックス
ブラジル産 5.52ct
No.7649

グリーン・ベリル Green beryl

鉱物名（和名）Beryl（ベリル・緑柱石）→P.106参照

エメラルドとは異なる緑の要因

緑色だがエメラルドとは呼べないような色合いのベリルはグリーン・ベリルと呼ばれる。エメラルドの緑の発色はクロムやバナジウムだが、微量成分の鉄により、やや渋い緑に発色したベリルもある。発色因子となる微量成分の違いは専用の光学フィルターでチェックできる。

オーバル ミックス ブラジル産 5.73ct No.7651

グリーン・ベリルは、ミント・ベリルやライム・ベリルといった名称で流通している場合もある。

硬度 7

8

刻印を石膏に写し取ったもの。

「アルシノエ3世」 プトレマイオス王朝の女王の掛布をまとった半身が刻印されているインタリオ（沈み彫り）。紀元前3世紀後期
国立西洋美術館 橋本コレクション
（OA.2012-0039）

13

「金製指輪」 ベリルは紀元前からヘレニズム地域やローマで幅広く使われた。1世紀
国立西洋美術館 橋本コレクション
（OA.2012-0061）

ゴシェナイト Goshenite

鉱物名（和名）Beryl（ベリル・緑柱石）→P.106参照

無色透明のベリル

無色透明のベリルはゴシェナイトと呼ばれる。透明度が良いものは中世後期にレンズとして眼鏡の先駆けとなった。無色に見える石も写真にだけ写る程度の僅かな発色があることも。ゴシェナイトの名前は、米国マサチューセッツ州ハンプシャー郡ゴーシェン（Goshen）が最初の発見地であることから。

ナミビア エロンゴ州産 No.8271

オクタゴン ステップ
ブラジル産 5.44ct No.7272

オーバル スター
No.3009

ペツォッタイト Pezzottaite

鉱物名(和名)	pezzottaite(ペツォッタ石)		
主要化学成分	ケイ酸セシウムリチウムベリリウムアルミニウム		
化学式	$CsLiBe_2Al_2Si_6O_{18}$		
光 沢	ガラス光沢		
晶 系	三方晶系	へき開	不完全(1方向)
比 重	2.9–3.1	硬 度	8
屈折率	1.60–1.62	分 散	-

セシウムを含むレアストーン

セシウムやベリリウムなどを含む鉱物で、以前は赤いベリルの一種と考えられ、ラズベリルやラズベリー・ベリルという名前で流通していた。しかしベリルとは別種鉱物であることがわかり、2003年に新種鉱物と認定された。希少性も高く、硬度も十分にあるところから、透明度が高いものはカットされ宝石として流通する。ラズベリーレッドからオレンジレッド、ピンクなどの色合いのものがある。約1割にシャトヤンシー(キャッツアイ効果)が見られる。

マダガスカル産
No.8063

オーバル スター
マダガスカル産 6.57ct No.3002

産地不詳 No.4049

フェナカイト Phenakite

鉱物名(和名)	phenakite(フェナク石・フェナス石)		
主要化学成分	ケイ酸ベリリウム		
化学式	$Be_2(SiO_4)$		
光 沢	ガラス光沢		
晶 系	三方晶系	へき開	明瞭(3方向)
比 重	2.9–3.0	硬 度	7½-8
屈折率	1.65–1.67	分 散	0.015

水晶のようなベリリウム鉱物

ロッククリスタル(水晶)やトパーズと似ており、見かけだけで区別するのが難しいことから、ギリシャ語で「欺(あざむ)く者」を意味する言葉から命名された。しかし、比重(密度)と硬度は、クォーツを上回り、区別の指標になる。本来は無色だが、半透明の灰色や黄色の石が多く、稀に淡いローズレッドのものも産する。屈折率はトパーズよりも高く、輝きはダイヤモンドに迫り、透明の結晶が蒐集家向けにファセットをつけられる。ペグマタイトや雲母片岩中に生成し、クォーツ、クリソベリル、アパタイト、トパーズを伴うこともよくある。結晶は菱面体であることが多いが、短角柱状になることもある。

ブラジル ミナス・ジェライス州産
No.8048

クッション スター
ブラジル ミナス・ジェライス州産
5.02ct No.7049

ブラジル ミナス・ジェライス州
エスピリト サント産 No.8146

ユークレース Euclase

鉱物名(和名)	euclase(ユークレース)		
主要化学成分	水酸化ケイ酸ベリリウムアルミニウム		
化学式	$Be(Al,Fe)SiO_4(OH)$		
光沢	ガラス光沢		
晶系	単斜晶系	へき開	完全(1方向)
比重	3.0–3.1	硬度	7½
屈折率	1.65–1.68	分散	0.016

職人泣かせの割れやすい石

ベリリウムを含む鉱物。本来は無色だが、微量に含まれる鉄やクロムなどの元素により、淡緑や淡青から濃い藍色までさまざまな色のものがある。十分な硬さはあるが、劈開(へきかい)があるため割れやすく、ギリシャ語で「よく」「割れる」という意味の「ユー」と「クラシス」より「ユークレース」と付けられた。割れやすいためカットして加工するのが難しく、専ら蒐集家向けに、藍色の透明結晶にファセットがつけられる。

ブラジル ミナス・ジェライス州産 No.8153

オクタゴン ステップ コロンビア チボール パウナ産 2.96ct No.7154

コロンビア産 No.8152

サフィリン Sapphirine

鉱物名(和名)	Sapphirine(サフィリン)		
主要化学成分	マグネシウムアルミノケイ酸塩		
化学式	$Mg_4(Mg_3Al_9)O_4[Si_3Al_9O_{36}]$		
光沢	ガラス光沢		
晶系	三斜晶系・単斜晶系	へき開	中庸(1方向)
比重	3.4–3.6	硬度	7½
屈折率	1.70 –1.72	分散	0.019

高温高圧下で生まれた青い石

マグネシウムを多く含む鉱物で、本来は無色だが、微量成分の鉄により青〜青緑色となることが多く、サファイアに似ていることから命名された。ただし、淡い赤色や紫色などのものもある。19世紀にグリーンランドで発見され、現在の主な産地はスリランカやマダガスカルなど。超高温高圧下でできたマグネシウムとアルミニウムに富む変成岩(グラニュライト)や、キンバーライトやペグマタイトのほか上部マントルの岩石に見られる。

マダガスカル産 No.2084

ペア スター
スリランカ エンビリピティヤ産
1.19ct No.3013

ジルコン　Zircon

鉱物名(和名)　zircon(ジルコン・風信子石)
主要化学成分　ケイ酸ジルコニウム
化学式　$Zr(SiO_4)$
光沢　ガラス光沢〜ダイヤモンド光沢

晶系	正方晶系	へき開	不明瞭
比重	4.6–4.7	硬度	7½
屈折率	1.92-2.02	分散	0.039

透明ならダイヤモンド並みの美しさ

本質的には無色の鉱物。微量成分により、黄、灰、緑、茶、青、赤とカラーバリエーションが広いが、多くは茶褐色不透明で、宝石にはならない。しかし、透明な結晶は高い屈折率と分散により、かつてはダイヤモンドの代替品となったほど美しく輝く。硬度はダイヤモンドに遠く及ばないものの、多くの宝石と遜色ない。ただし、微量成分からの放射線によって結晶構造に歪みが生じているために割れやすいことがある。鮮やかな青い透明なジルコンは、一般的な茶褐色の結晶を加熱処理によって着色したものである。

ジルコンという名称は、アラビア語の金と色を意味するザールとガン、あるいは朱色を意味するジャグーンが語源と言われる。ヨーロッパでは、ヒヤシンス(風信子)という別称で呼ばれることもあり、ヒヤシンスの花を思わせる紫やピンクの透明結晶もカットされる。5世紀ごろからお守りや魔除けとして身につけていた記録が残っている。

シリカに富んだ火成岩、特に花崗岩、ペグマタイトや、変成岩の随伴鉱物として広く分布し、ほとんどは微細な結晶であるが、柱状から両角錐状の大きな結晶となることもある。

風化に耐え、密度が高いことから、堆積物中に集まってできる漂砂鉱床をつくりやすい。地質学的には、微量成分による放射年代測定が可能な鉱物として重要であり、44億年前という地球最古の鉱物とされているのはジルコンである。

アフガニスタン産 No.8090

クッション ステップ スリランカ ビビレ産 13.37ct No.3032

カラフルなジルコン

ラウンド ブリリアント
No.3029

column

ジルコンとキュービックジルコニア

ジルコンと混同される石に「キュービックジルコニア」がある。ジルコニウムを含むことは共通しているが、キュービックジルコニアの方はケイ素を含まない酸化ジルコニウム(ZrO_2)という人工的に造られた結晶である。光学特性（屈折率=2.16, 光の分散=0.06）がダイヤモンド（屈折率=2.42, 光の分散=0.04）並みであることから、同様な煌めきが楽しめるうえに、ダイヤモンドより安価であるため広く普及している。

ダイヤモンド

ジルコン

キュービックジルコニア

オーバル ミックス
ミャンマー産 6.67ct
No.7327

オーバル ミックス
スリランカ ラトナプラ産
7.53ct No.7326

クッション ミックス
スリランカ ラトナプラ産
13.43ct No.7325

オーバル カボション
スリランカ ラトナプラ産 12.72ct No.3031

赤系統と緑系統がある

ガーネット Garnet

鉱物名(和名)	garnet(ガーネット・石榴石)		
主要化学成分	ケイ酸カルシウムアルミニウム、ケイ酸鉄アルミニウム、ケイ酸カルシウム鉄など		
化学式	$A_3B_2(SiO_4)_3$ *A*: Ca, Fe, Mg, Mnなど *B*: Al, Fe, Cr, Vなど		
光沢	ガラス光沢		
晶系	立方晶系	へき開	なし
比重	3.6–4.3	硬度	6½-7½
屈折率	1.72–1.94	分散	0.020~0.057

共通の結晶構造を持つ多様な組成の鉱物

古くから深い赤色の宝石として、ルビーに次いで重宝されてきたが、今日ではほぼすべての色が知られる。ガーネット（石榴石（ざくろいし））は単一種の鉱物ではなく、化学組成の異なる30種余りの鉱物種の仲間（超族）の名称で、いずれも共通の結晶構造を持つ。その中で宝石として主に使われる種は、パイロープ（苦礬石榴石（くばんざくろいし））、アルマンディン（鉄礬石榴石（てつばんざくろいし））、スペサルティン（満礬石榴石（まんばんざくろいし））、グロッシュラー（灰礬石榴石（かいばんざくろいし））、アンドラダイト（灰鉄石榴石（かいてつざくろいし））、の5種である。ガーネットの化学組織は幅広く変化に富み、成分とその割合によって色味が変わる。鮮緑色のガーネットにはウバロバイト（灰（かい）クロム石榴石（ざくろいし））の成分が混ざっている。結晶は粒状の菱形十二面体や偏菱二十四面体に成長することが多く、ガーネットの名称はその形と赤い色から、「ザクロ」を意味するラテン語のグラナトゥスが語源とされる。

広く分布し、とくに変成岩中に豊富にある。火成岩中に含まれるものもある。アルマンディンとスペサルティンは典型的な変成作用によるガーネットだが、オレンジ色のスペサルティン結晶はペグマタイトで形成される。パイロープは高圧で結晶化し、グロッシュラーとアンドラダイトは、結晶質石灰岩（大理石）に隣接する接触変成帯（スカルン）に生成する。

遅くとも青銅器時代にはガーネットクロワゾネ（エナメル技法のひとつ）として象嵌（ぞうがん）に使われ始め、古代ギリシャでは紀元前2世紀からインタリオやカボションにカットされた。

11

「セラピスとイシス」 オーバル形のベゼルにセラピスとイシスの横顔が部分的に深彫りされている。紀元前1世紀
国立西洋美術館 橋本コレクション（OA.2012-0019）

15

「金製指輪」 色合いの異なるオーバル カボションのガーネットが2個セットされている。1-2世紀
国立西洋美術館
橋本コレクション
（OA.2012-0062）

134

「ボヘミアン・ガーネット・リング」 指輪に仕立て直されたチェコ製のボヘミアン・ガーネットのリング。ベゼルは19世紀後期、フープは現代
国立西洋美術館 橋本コレクション（OA.2012-0328）

〔ガーネットの2系統〕

系統　鉱物　固溶体

2種類以上の成分が原子配列の規則性を保ったまま混和しているもの

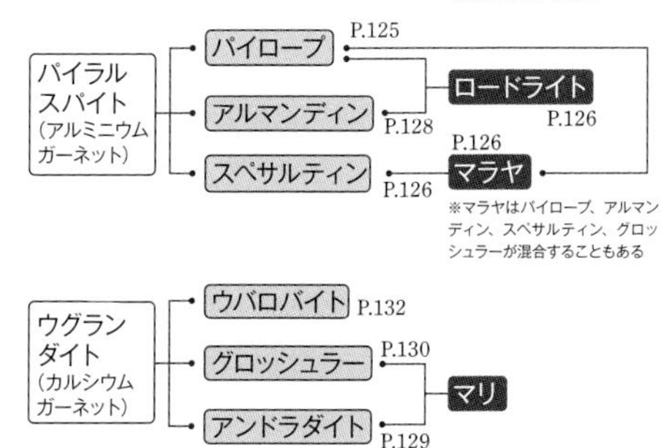

アルマンディン・ガーネット　茨城県 桜川市産 No.2050

ダイオプサイド上のグロッシュラー・ガーネット　カナダ ケベック州アスベストス産　No.8645

グロッシュラー・ガーネット　メキシコ産 No.2042

ツァボライト タンザニア産　No.8314

パイロープ・ガーネット
Pyrope garnet

鉱物名(和名)	pyrope（パイロープ・苦礬石榴石）		
主要化学成分	ケイ酸マグネシウムアルミニウム		
化学式	$Mg_3Al_2(SiO_4)_3$		
光沢	ガラス光沢		
晶系	立方晶系	へき開	なし
比重	3.6–3.9	硬度	7-7½
屈折率	1.72–1.76	分散	0.022

赤いガーネットの代表格

パイロープという名称は、ギリシャ語で「火のような」という意味のピロポスから。深い赤色のパイロープ・ガーネットはルビーと混同されることもある。マグネシウムとアルミニウムを主成分とするガーネットで、純粋なものは無色であるが、天然に産するものは常に他のガーネット種との中間的成分であり、鉄やクロムが鮮やかな赤色の発色原因。16世紀から19世紀後半まで、ボヘミア（チェコ共和国）の鉱床が世界の主要なガーネットの供給源で、ボヘミアにおける宝石産業の繁栄の基盤となった。パイロープ・ガーネットは地球深部でできた変成岩や火成岩に含まれるが、鉱床としては、それらの岩石が風化した砂の中から採掘をする漂砂鉱床が主体である。

チェコ産

米国 アリゾナ州産 No.8123

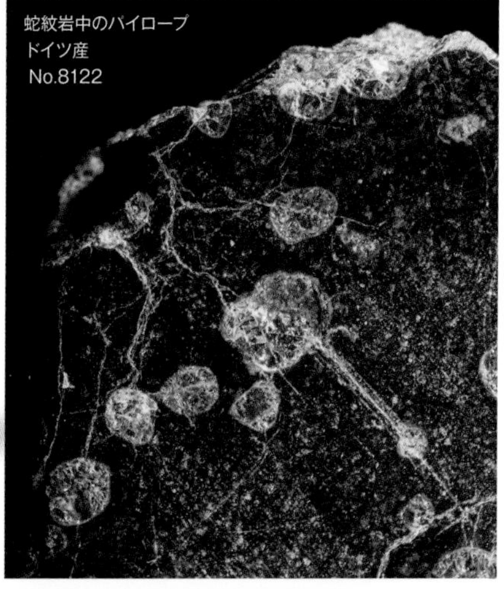
蛇紋岩中のパイロープ　ドイツ産　No.8122

マラヤ・ガーネット
Malaya garnet

カラーチェンジ効果が見られるものも

パイロープとスペサルティンの中間的な成分から成る20世紀後半に見つかった比較的新しい品種。鉄やマンガンにより豊かな赤みを帯びた山吹色から朱色を見せる。光源によって異なる色合いに見えるカラーチェンジ効果が見られるものもある。東アフリカでロードライト・ガーネットの探査の目的外で見いだされ、当初は価値を認められず、スワヒリ語で「追放者」や「売春婦」を意味するマライアと蔑称された。ところが、名前はそのままで米国で人気を呼んだ。

タンザニア産 No.2077

トライアングル ステップ
タンザニア産
3.81ct No.7657

ロードライト・ガーネット
Rhodolite garnet

19世紀に登場した薔薇色のガーネット

パイロープとアルマンディンの中間的成分で、薔薇色からやや紫を帯びた赤色のガーネットをロードライト・ガーネットと呼ぶ。1882年に米国のノースカロライナ州から発見された。独特の紫がかった赤が魅力的で、自然光の下で見ると美しさが際立つ。

米国 ノースカロライナ州産
No.2076

ラウンド スター
米国 アリゾナ州産 1.87ct No.7124

クオリティスケール

ロードライト・ガーネット（無処理）

濃淡＼美しさ	S	A	B	C	D
7					
6					
5					
4					
3					
2					
1					

クオリティスケール上でみた品質の３ゾーン

〈 価値比較表 〉

ct size	GQ	JQ	AQ
10	70	25	10
3	7	3	1
1	1	0.7	0.3
0.5			

〈 品質の見分け方 〉

パイロープ・ガーネットとアルマンディン・ガーネットが地味な赤であるのに対し、ロードライト・ガーネットはバラを思わせる華やかな色。パイロープ・ガーネットやアルマンディン・ガーネットは濃すぎて黒くなったり、茶色がかりすぎない限りはよしとする。比較的産出が多いので、品質による価値の差は少ないと判定する。

ロードライト・ガーネットは4、5、6、SAをGQと判定する。1カラットサイズのGQとAQの差は3倍で差が小さい理由は低品質のものをカットしないからと考えられる。

一方、大粒の良いものは少なくGQの10ctは70、1ctは1と70倍の差がある。大粒でパープルみの美しいロードライト・ガーネットは稀少。

ロードライト・ガーネットの赤はルビーの赤とは異なる。パープルみの赤はルビーでは好まれない赤だが、ロードライト・ガーネットではもっとも大切な美しさのポイントになる。透明度については、針状のインクルージョンが少なく、素材がシルキーでないものが条件。濃い赤のロードライト・ガーネットは濃すぎると魅力が欠ける。

高品質の原石供給があるので、美しくする処理の必要性は低い。市場では処理したガーネットは見られない。

類似宝石

人工石	模造
市場になし	No.7770 ガラス

アルマンディン・ガーネット
Almandine garnet

鉱物名(和名)	almandine(アルマンディン・鉄礬石榴石)		
主要化学成分	ケイ酸鉄アルミニウム		
化学式	$Fe_3Al_2(SiO_4)_3$		
光 沢	ガラス光沢		
晶 系	立方晶系	へき開	なし
比 重	4.0–4.3	硬 度	7-7½
屈折率	1.77–1.82	分 散	0.027

もうひとつの赤色系ガーネット

鉄とアルミニウムを主成分とする朱色から赤紫のガーネット。豊かな赤紫色のものが最高級と評価される。鉱物としては黒色不透明なものも多く、宝石質のものはパイロープやスペサルティンとの中間的成分が多い。

アルマンディン・ガーネットの中には、結晶内部に繊維状結晶の内包物を含むものもあり、カボションカットの方位によって4条または6条のスター効果を顕す。

茨城県 桜川市産 No.2043

スター・アルマンディン・ガーネット
ラウンド カボション インド産
143.65ct No.7181

マンダリン・ガーネット
Mandarin garnet

鉱物名(和名)	spessartine(スペサルティン・満礬石榴石)		
主要化学成分	ケイ酸マンガンアルミニウム		
化学式	$Mn_3Al_2(SiO_4)_3$		
光 沢	ガラス光沢		
晶 系	立方晶系	へき開	なし
比 重	4.1–4.2	硬 度	7-7½
屈折率	1.79–1.82	分 散	0.027

かつては稀少だった橙色のガーネット

マンガンを主成分とする橙色のガーネット。鉱物種はスペサルティンに相当する。鉄の含有量が増加すると山吹色はより赤味を帯びる。色が薄いものはカットされると、ヘソナイトと区別しづらい。現在は豊富に見つかるようになり、昔ほどの希少性はなくなった。

ナイジェリア産 No.8368

ハート スター
ナイジェリア産 5.26ct No.7369

アンドラダイト・ガーネット
Andradite garnet

鉱物名(和名)	andradite（アンドラダイト・灰鉄石榴石）		
主要化学成分	ケイ酸カルシウム鉄		
化学式	$Ca_3Fe_2(SiO_4)_3$		
光 沢	ガラス光沢		
晶 系	立方晶系	へき開	なし
比 重	3.7–4.1	硬 度	6½-7
屈折率	1.88–1.94	分 散	0.057

ダイヤモンドを上回る輝きとファイア

カルシウムと鉄を主成分とするガーネット。黒、暗緑色、暗褐色などの濃い色合いから鮮やかな黄色や緑まであり、グロッシュラーとの中間的成分を持つものも多い。ダイヤモンドを上回る分散のために最高の輝きとファイアを持ち、緑の結晶は特に素晴らしい。トパーズのような黄から山吹色のアンドラダイト・ガーネットをトパゾライト・ガーネットと言う。イエロー・デマントイドとも言われ、デマントイド・ガーネットのようなファイアもみることがでる。

イタリア産 No.8438

スクエア ステップ スター

オクタゴン ステップ スター

デマントイド・ガーネット
Demantoid garnet

ダイヤモンドに由来する名称を持つ

クロムによる緑から黄緑の最高の輝きとファイアが際立つアンドラダイト。「ダイヤモンドに似た」という意味で、その輝きに由来して名づけられた。

135

「ハーフ・フープ・リング」 5つのデマントイド・ガーネットがセットされたゴールドリング。
19世紀後期
国立西洋美術館
橋本コレクション
（OA.2012-0330）

191

「デマントイドガーネットの指輪」よく見るとデマンドイド特有のインクルージョン（内包物）であるクリソタイルが確認できる。現代
国立西洋美術館
橋本コレクション
（OA.2012-0579）

アフガニスタン産 No.4027

オーバル ミックス
ロシア ボブロフカ河産
1.20ct No.7251

ラウンド ミックス
ロシア ボブロフカ河産
0.61ct No.7250

グロッシュラー・ガーネット
Grossular garnet

鉱物名(和名)	grossular(グロッシュラー・灰礬石榴石)		
主要化学成分	ケイ酸カルシウムアルミニウム		
化学式	$Ca_3Al_2(SiO_4)_3$		
光沢	ガラス光沢		
晶系	立方晶系	へき開	なし
比重	3.6–3.7	硬度	7-7½
屈折率	1.73–1.76	分散	0.020

多彩な色と多様な呼び名を持つ

カルシウムとアルミニウムを主成分とするガーネット。本質的には無色だが、鉄、マンガン、クロムなどを含むと、橙、ピンク、茶とさまざまな色を見せる。マンガンや鉄による橙から朱のグロッシュラーはヘソナイトと言う。「シナモンストーン」と呼ばれることもある。細粒で緑色のグロッシュラーの塊で小さな黒い斑点状の内包物を含むものはひすいに似ており、例えば南アフリカのプレトリア近郊で見つかった石はトランスバール・ジェードとして出回っている。ミャンマー産の白いグロッシュラー・ガーネットは彫刻され、ジェードとして販売されている。

メキシコ産 No.2040

クッション ステップ

ツァボライト・ガーネット
Tsavorite garnet

エメラルドに匹敵する美しい緑

グロッシュラー・ガーネットの中で、鮮やかな緑色から黄緑色のものはツァボライト・ガーネットと呼ばれる。エメラルドに匹敵する美しい緑色はバナジウムによる発色。1970年代にケニアのツァボ国立公園の近くで採掘され、その名前が付けられた。

オーバル スター
タンザニア産 1.61ct
No.7328

ペア スター/ステップ
1.86ct

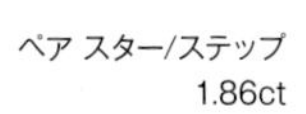

カナダ アスベストス産 No.8315

クオリティスケール
ツァボライト・ガーネット（無処理）

濃淡＼美しさ	S	A	B	C	D
7					
6					
5					
4					
3					
2					
1					

クオリティスケール上でみた品質の３ゾーン

	S	A	B	C	D
7					
6					
5					
4					
3					
2					
1					

〈 価値比較表 〉

ct size	GQ	JQ	AQ
10			
3	120	80	30
1	30	15	5
0.5	8	5	3

類似宝石

人工石	模造
市場になし	No.7772 ガラス

〈 品質の見分け方 〉

4、5、6のSAがGQ。5ctを超える大粒のものは稀少だが、1ct以下の品質の良いものは比較的多く、品質の良い原石が研磨されるため、通常、処理されたものを見ることはない。

濃い目の6のグリーンと、淡めの4の黄緑は印象が異なる。ジュエリーの仕立てを考えての選択になってくいくと考えられる。

大粒石では、濃淡6の濃い目でモザイクが良く出た、特に美しいものに出会うことがある。

ツァボライト・ガーネットのクオリティスケールは1980年代に作成したもので、美しさ、濃淡に適合する石を数多くの品質のものから選定したと記憶している。数々の中からの選択で35マスがバランス良く並べられている。濃淡7の濃すぎるものでは、C、Dの透明度が低く、美しさに欠けた品質なのがわかる。黄色のAQは他の宝石を見るときにも当てはめることができる。

2㎜前後の小粒でも、ツァボライト・ガーネットは色がこもり、美しさを発揮する。トルマリンやアメシストは小粒では本来の美しさを発揮できない。エメラルドも小粒で色がこもり美しいものが手に入るが、エメラルドとはちがったツァボライト・ガーネットのグリーンは魅力的。小粒のGQでは、エメラルドの数分の一の価格で楽しめるが、並べて見るとまったく違うグリーンであるのがわかる。

ツァボライト・ガーネットの加熱はないが、デマントイド・ガーネットは加熱のものがある。

レインボー・ガーネット
Rainbow garnet

奈良県 天川村産 No.8447

宝石としてカットされることは少ない

ごくわずかなグロッシュラー成分を含むアンドラダイトの一種で、組成の違いにより屈折率の異なる2種のガーネット結晶が、光の波長と同程度の幅の薄い膜として交互に重なり合っているため、光の干渉が起こり、虹色を呈する。産出は非常に稀。地色が主に褐色であることと、虹色の層が薄いことから、宝石としてカットされることは少ない。

ウバロバイト Uvarovite

鉱物名(和名)	uvarovite(ウバロバイト・灰クロム石榴石)		
主要化学成分	ケイ酸カルシウムクロム		
化学式	$Ca_3Cr_2(SiO_4)_3$		
光沢	ガラス光沢		
晶系	立方晶系	へき開	なし
比重	3.8	硬度	6½-7½
屈折率	1.87	分散	0.014-0.021

小粒の結晶のため宝石になりにくい

カルシウムとクロムを主成分とし、エメラルドのような濃い緑色のガーネット。透明度の高い大粒の結晶がほとんど産出しないことから、宝石となることはほとんどない。通常は1～2㎜程度の結晶として産出する。ツァボライトやデマントイドは本種の成分を含む。

米国 カリフォルニア州産 No.2051

北海道 平取町産 No.8446

トルマリン Tourmaline

鉱物名(和名)	elbaite(リチア電気石)		
主要化学成分	ホウ酸ケイ酸ナトリウムアルミニウム		
化学式	$Na(Al,Li,Mg,Fe,Mn)_3Al_6(BO_3)_3Si_6O_{18}(OH,F)_4$		
光沢	ガラス光沢		
晶系	三方晶系	へき開	不明瞭
比重	2.9–3.1	硬度	7
屈折率	1.61–1.67	分散	0.017

静電気を発生させる「電気石」の宝石

トルマリンは、共通の結晶構造を持つアルミニウムとナトリウム（カルシウム）にさまざまな化学成分が加わったホウ酸塩ケイ酸塩鉱物の一族。リチウムが主成分のリチア電気石（エルバイト）、マグネシウムが主成分の苦土電気石（ドラバイト）、鉄が主成分の鉄電気石（ショール）など、成分によって分類される。しかし宝石には、近代鉱物学が発展するよりも前から主に色の特徴にもとづいて分類された名前が使われている。このため、宝石名と鉱物種名は完全に一致するわけではない。

リチア電気石は微量成分に応じて鮮やかな色彩を示すことが多い。それに対し、鉄電気石は黒くて不透明であり、苦土電気石の多くは茶色を帯びている。宝石になるものはほとんどがリチア電気石である。ナトリウムをカルシウムで置き換えたリディコート電気石も宝石になることがある。

発色因と微量成分の関連は単純ではないが、大まかには、ピンクはマンガン、緑は鉄やクロムまたはバナジウムによるもの。加熱や放射線照射によって色を改善できる場合もあるが、永続的な改善は保証されない。

多色性があり、カット工程を決める重要な要素となる。まれにカラーチェンジがあり、太陽光では黄褐色を帯びた緑色、白熱灯ではオレンジがかった赤色に見える。

ペグマタイト中や、花崗岩マグマによる接触変成作用を受けた結晶質石灰岩中に柱状結晶として産する。耐久性に優れ風化に耐え、砂礫として集積して漂砂鉱床を成すことも多い。シンハラ語で「宝石の砂礫」を意味するトゥラマリが名の由来となった所以である。和名、電気石は、圧電性と焦電性の特性により、発生した静電気が柱状結晶の端にほこりを吸い付けることから。

アフガニスタン産 No.8448

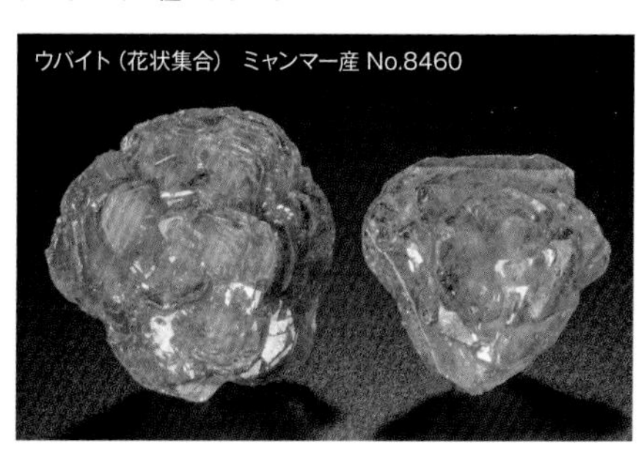
ウバイト（花状集合） ミャンマー産 No.8460

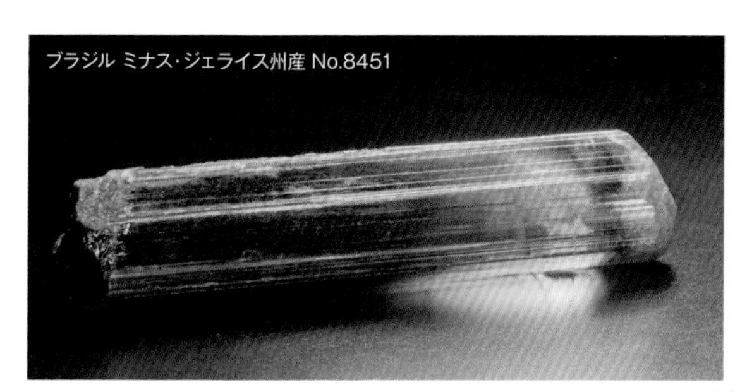
ブラジル ミナス・ジェライス州産 No.8451

ステップカット
マラウイ産 1.58ct No.7284

グリーン・トルマリン
Green tourmaline

多色性のある緑色のトルマリン

エルバイト（リチア電気石）の中で緑色のものがグリーン・トルマリンである。その中でも美しいエメラルドグリーンのものは希少で評価も高く、18世紀まではエメラルドと混同されていた。このため、16世紀初めにグリーン・トルマリンがブラジルからヨーロッパに輸出されていた頃は、ブラジリアン・エメラルドと呼ばれた。最近ではヴェルデライトと呼ばれることもある。多色性があり、見る方向によって明るいグリーン～青色に変化するものは人気が高い。

アフガニスタン産 No.2075

オクタゴン ステップ
タンザニア産 2.89ct
No.7471

トルマリン・キャッツアイ
Tourmaline cats-eye

キャッツアイ効果が現れるトルマリン

カボションカットにすると光の筋（キャッツアイ効果）が現れるトルマリンがある。キャッツアイと呼ばれる他の宝石と同様に、結晶内部に細長い繊維状の内包物が並列している。トルマリンのカラーバリエーションが広いこともあり、トルマリン・キャッツアイにもさまざまな色のものがあるが、宝石にされるのは緑～青色のものが多い。内包物を含むため一般的に半透明から不透明である。

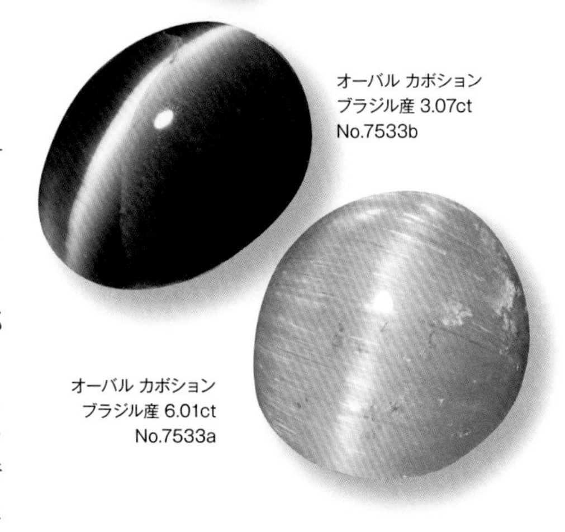
オーバル カボション
ブラジル産 3.07ct
No.7533b

オーバル カボション
ブラジル産 6.01ct
No.7533a

column

ネギに見える？トルマリン

この写真のトルマリンの原石は、白と緑という色の違いがたまたま野菜のネギのようになったもの。トルマリンは縦に筋のような線が入りやすい鉱物で、それが反射して、みずみずしさのような雰囲気を醸し出している。

ブラジル ミナス・ジェライス州産 神奈川県立生命の星・地球博物館 所蔵

クオリティスケール
グリーン・トルマリン（加熱）

濃淡＼美しさ	S	A	B	C	D
7					
6					
5					
4					
3					
2					
1					

クオリティスケール上でみた品質の３ゾーン

	S	A	B	C	D
7					
6					
5					
4					
3					
2					
1					

〈 価値比較表 〉

ct size	GQ	JQ	AQ
10	100	40	8
3	20	7	2
1	5	2	0.3
0.5			

硬度 7

類似宝石

〈 品質の見分け方 〉

濃淡5、4のSがGQ。グリーン・トルマリンは濃すぎて、黒色に近くなりすぎるものが多く、透明で、美しくグリーンが目に入る品質であることが重要。長辺と直角に石を見て、濃すぎてグリーンを感じないものはJQまたはAQ。

鉱物学が発展する200年前までは美しいグリーン・トルマリンはエメラルドと思われていた。並べて見るとほとんどのケースは判定できるが、グリーンの宝石として分類されていた時代は区別しないで、エメラルドとされていたようだ。

トルマリンは小さなヒビ割れの入ったものが多く、それを避けてカットされる。小さなヒビ割れは加熱や仕立ての時に拡大して宝石として使えなくなってしまうケースもある。肉眼で見て、小さいキズは美しさを損なうことがなければ不完全だが許容されると考える。ただ、明らかにヒビ割れが肉眼で見えるものは美しいグリーンでもJQ、AQとする。

トルマリンは極薄い亀裂のあるものが多い。完全に亀裂を避けて研磨仕上げすれば、加熱して色の改良が可能。亀裂のインクルージョンのある研磨石は無処理と推察できる。

人工石	模造
市場になし	No.7764 ガラス（酒類瓶）

ルベライト Rubellite
ピンク・トルマリン Pink tourmaline

マンガンによるピンクの発色

微量成分のマンガンが発色因。1世紀の古代ローマのプリニイの時代、「カーバンクル」は赤い石を指したが、ルビー、スピネル、ガーネットに加え赤いトルマリンも含まれていたと考えられる。中国では赤とピンクのトルマリンが好まれ、彫刻して調度品として使われた。

> 赤のトルマリンは放射線照射処理が施されている場合がある。

ピンク・トルマリン ブラジル ミナス・ジェライス州産
No.8449

ルベライト(パープル・トルマリン)
クッション ステップ
アフガニスタン産 2.37ct No.7475

ルベライト(レッド・トルマリン)
オクタゴン ステップ
ブラジル産 2.66ct No.7474

バイカラー・トルマリン
Bi-color tourmaline

ピンクと緑のグラデーション

結晶成長中の条件の変化に応じて同一結晶内で微量成分の化学組成も変化し、その境界で色合いが異なるゾーニング(累帯)が見られる。一方の端が緑、他方がピンクの二色の柱状結晶が一般的。また、緑の外周部で囲まれたピンクの内部の組織を持つ結晶は「ウォーターメロン(スイカ)」と呼ばれる。

米国 カリフォルニア州産 No.2072

ウォーターメロン・トルマリン
ブラジル産 No.8535

リディコータイト(板)
マダガスカル産
No.8537

オクタゴン ステップ
ブラジル産 9.58ct
No.7534d

オクタゴン ステップ
ブラジル産 6.42ct
No.7534b

クオリティスケール
バイカラー・トルマリン（無処理）

濃淡＼美しさ	S	A	B	C	D
7					
6					
5					
4					
3					
2					
1					

クオリティスケール上でみた品質の３ゾーン

	S	A	B	C	D
7					
6					
5					
4					
3					
2					
1					

〈 価値比較表 〉

ct size	GQ	JQ	AQ
10	100	30	10
3	20	10	3
1	7	3	1
0.5			

〈 品質の見分け方 〉

透明で2色（通常赤と緑）がよく分かれているものがGQ。各々の色は薄すぎたり、濃すぎたりしない濃淡5、4が高品質。結晶は長手のものが多いため、カット石も長手が多く見られるが、ジュエリーの仕立てに適したものかどうかで、GQかJQの判定がされる。縦横の比率について、厳密な判定はできないが、より多くの人が好むであろう、通常の他の条件が同じなら、1対1.3に近い方が価値は高いと判定する。

結晶時に縦方向に別の色で結晶したのが、バイカラー・トルマリンで、木目のように、別の色が結晶したトルマリンがウォーターメロン・トルマリン。ウォーターメロン・トルマリンの品質は各々の色の鮮やかさ、分かれ方、全体のバランスで善し悪しを判定する。ウォーターメロンは通常、ファセットせずにスライスして研磨し、面を平らに整える。

類似宝石

No.7801

バイカラー・ガーネット

No.7036 ➡P.146

アメトリン

人工石

なし

模造

ガラスのコップ

パライバ・トルマリン
Paraiba tourmaline

鮮やかな青〜緑のトルマリン

パライバ・トルマリンが宝石として流通しはじめたのは比較的最近である。従来のトルマリン（エルバイト）に見られない非常に鮮やかな青または緑の色味で”ネオンブルー“と呼ばれ、たぐいまれな美しさが大きな特徴。その独特の色は、微量成分として銅やマンガンを含むためと考えられている。

1987年に、ブラジルの北東の端に位置するパライバ州のペグマタイト中から発見され、宝石名の由来となった。1989年の1年間には大量に産出したが、それ以後はほとんど産出しておらず、1カラット以上のサイズのパライバ産トルマリンを見ることはめったにない。

しかし、その後、ブラジルのリオグランデ・ド・ノルテ州、アフリカのモザンビーク、ナイジェリアでも発見され、入手しやすくなったことにより普及した。最初の発見地であるパライバ鉱山は、深さ60メートル、縦坑と数キロに及ぶトンネルが掘られ、その内部は迷宮のようになっているという。注意深く手掘りで鉱床を見つけていくのがパライバ・トルマリンの採掘方法のようだ。

ブラジル パライバ州産 No.4024

ブラジル パライバ州産 No.4023

ペア スター
No.7744

オーバル スター

ペア スター

クオリティスケール

パライバ・トルマリン（加熱）

濃淡＼美しさ	S	A	B	C	D
7					
6					
5					
4					
3					
2					
1					

類似宝石

クオリティスケール上でみた品質の３ゾーン

	S	A	B	C	D
7					
6					
5					
4					
3					
2					
1					

〈 価値比較表 〉

ct size	GQ	JQ	AQ
10	1,200	150	12
3	150	40	4
1	30	8	2
0.5			

〈 品質の見分け方 〉

パライバ・トルマリンの色相はブルーからグリーンまで幅広く存在する。パライバ・トルマリンのベストな色相はネオンブルー。もちろん彩度が高く、美しく輝いていることが高品質の条件。ネオンブルーのＧＱは他の色相の3倍の価値があると判定する。

パライバ・トルマリンは濃淡4近辺でほぼ一定している。透明度と彩度がどれほど高いかが、品質判定のポイント。

パライバタイプの銅を含んだトルマリンは、その後、ブラジルのリオグランデ・ド・ノルテ州とアフリカのモザンビークとナイジェリアからも産出しているが、私（諏訪）が知る限り、パライバ州以外からのGQの品質相当のものは見たことがない。

多くのパライバ・トルマリンは低温加熱して色の改良をしている。樹脂含浸もある。現在、価格変動が著しい宝石のひとつである。

人工石	模造
市場になし	No.7767 ガラス

カナリー・トルマリン
Canary tourmaline

カナリア色のトルマリン

エルバイト（リチア電気石）のうち、鮮やかな黄色のもの。1983年にザンビア共和国で発見され、カナリヤのような色合いであることから命名された。ペグマタイト中から産出し、もともとはオレンジ色のような色合いであるが、加熱することでカナリア色に変わる。その発色は微量成分のマンガンによるものと考えられている。大粒の石は少なく、1カラットを超えるものは極めて稀である。

ザンビア産

オクタゴン ステップ マラウイ産 1.58ct No.7284

加熱前後のエルバイト（カナリー・トルマリン）

加熱前　加熱後

マラウイ産
（前/ペア スター 1.93ct 後/スクエア ステップ 1.20ct）No.7646

インディコライト　Indicolite

藍色のトルマリン

エルバイト（リチア電気石）のうち、濃青色～藍色であるもの。パライバ・トルマリンの鮮やかさとは対照的な、落ち着いた深みのあるブルーであり、その発色因は微量成分の鉄と考えられている。ブラジルのミナス・ジェライス州のペグマタイト中に産するが、大粒のものは稀。

このようにトルマリンには多様な色を楽しめる一方で無色のトルマリンもあり、アクロアイトと呼ばれる。

ブラジル産 No.8452

ペア ステップ

ペリドット　Peridot

鉱物名(和名)	forsterite（苦土橄欖石）		
主要化学成分	ケイ酸マグネシウム		
化学式	$(Mg,Fe)_2SiO_4$		
光沢	ガラス光沢～脂肪光沢		
晶系	直方晶系	へき開	明瞭～不明瞭
比重	3.3	硬度	7
屈折率	1.64–1.77	分散	0.020

上部マントルを占める太陽の象徴

独特のオリーブグリーンが美しい石。ペリドットという宝石名は、ラテン語のオリーブのほかに、「宝石」を意味するアラビア語のファリダットとする説もある。オリビン（橄欖石（かんらんせき））族のマグネシウムケイ酸塩鉱物。本質的には無色だが、マグネシウムを置き換える鉄が増えると緑色が増し、鉄が多くなりすぎると黒っぽくなる。地下深く、地殻より下にある上部マントルの大部分はペリドットで占められていると考えられている。

産地としては、エジプトのアスワンの東300kmの紅海に浮かぶザバルガッド島（現在のセントジョンズ島）が有名で、3500年以上も前から19世紀前半までペリドットの産地として活況を見せた。ギリシャ人とローマ人はその島をトパゾスと呼び、（現在のトパーズとはまったく別物の）そこでとれた石を「トパーズ」と名づけた。一方、緑色の宝石は「エメラルド」と呼ばれていた時期も続いた。古代ローマ人は夕暮れの光すらとらえる明るい色調のペリドットを「夕べのエメラルド」と呼んだ。このためか、ペリドットは長いあいだ、エメラルドと混同されてきた。クレオパトラのエメラルドのコレクションは、今はペリドットだと考えられている。ドイツのケルンにある「東方の三博士」の豪奢な聖遺物箱の頂点に飾られた200カラットのペリドットは何世紀もの間、エメラルドだと思われていた。エジプトでは紀元前16～14世紀にペリドットのビーズが磨かれていた。古代ギリシャ・ローマに受け継がれ、中世には十字軍によりヨーロッパへもたらされた。

中国吉林省白石産 No.8038

オーバル ステップ
ミャンマー産 3.40ct No.7039

オクタゴン ステップ 89.88ct No.1110

49

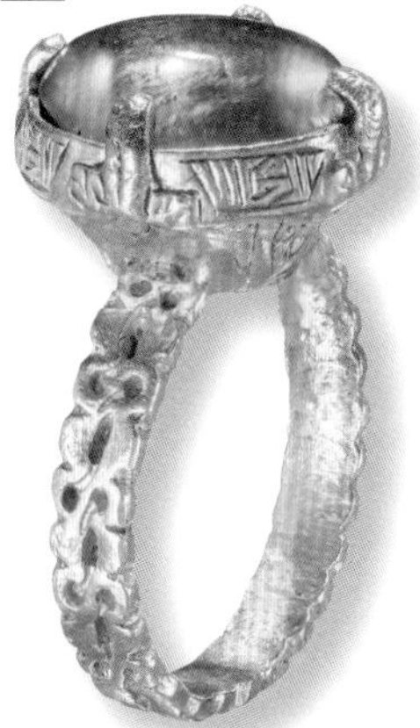
「金製指輪」 オーバル カボションのペリドットリング　色の濃さがほど良く仕立ても細やか。14世紀
国立西洋美術館 橋本コレクション
（OA.2012-0769）

190

「フレッド製クロスオーバー・リング」
ぶどうの房のようなブリオレットカットのペリドットが2個セットされている
現代
国立西洋美術館 橋本コレクション
（OA.2012-0515）

硬度 7

均整とダブリング

ミャンマー産の大粒のペリドットには右の写真のようにカットがいびつなものもあり、原石の目減りを抑えた意図が感じられる。左右対称に研磨したものを良いとすると、いびつなカットは劣った品質ということになってしまうが、宝石は地球が生み出したもの。このペリドットのように美しいグリーンで均整がとれていれば、品質はGQとしても良いのかもしれない。

多方向から見ると、いびつな形にカットされていることがわかる。しかしジュエリーにセットされたときに美しく見えるように、テーブル面だけはしっかりと整えられている。

複屈折が大きいので、テーブル面から見ると反対側の稜線が二重に見える。
宝石に厚みがあればあるほど顕著になり肉眼でも確認できる。

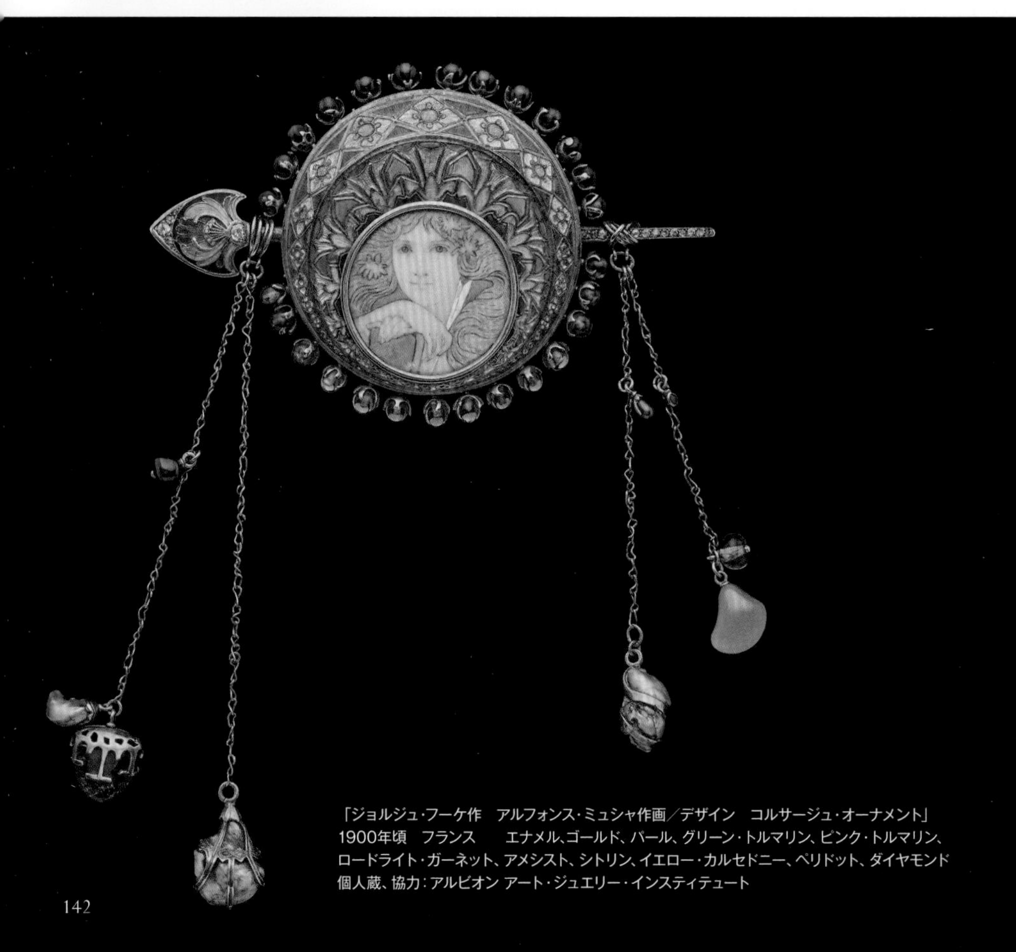

「ジョルジュ・フーケ作　アルフォンス・ミュシャ作画／デザイン　コルサージュ・オーナメント」
1900年頃　フランス　　エナメル、ゴールド、パール、グリーン・トルマリン、ピンク・トルマリン、ロードライト・ガーネット、アメシスト、シトリン、イエロー・カルセドニー、ペリドット、ダイヤモンド
個人蔵、協力：アルビオン アート・ジュエリー・インスティテュート

クオリティスケール
ペリドット（無処理）

濃淡＼美しさ	S	A	B	C	D
7					
6					
5					
4					
3					
2					
1					

クオリティスケール上でみた品質の３ゾーン

	S	A	B	C	D
7					
6					
5					
4					
3					
2					
1					

〈 価値比較表 〉

ct size	GQ	JQ	AQ
10	70	20	3
3	8	3	0.7
1	2	0.7	0.3
0.5			

〈 品質の見分け方 〉

産地によって必ずしも品質が決まるわけではないが、色合いや濃さに産地による特徴がある。SAは彩度が高く、ミャンマー産に多く見られる。右になるほど（C、D）ブラウンみがかかったり不透明になっていくのがわかる。また、米国アリゾナ産は5カラット以上のものは産出が少なく、一方ミャンマー産は大粒なものがある。

ペリドットのグリーンが渋くダークインクルージョンが肉眼で見えるものはAQと判定する。処理は通常、行われない。

類似宝石

人工石

市場になし

模造

No.7761

ガラス（酒類瓶）

古くから宝石として加工されてきた

クォーツ（石英） Quartz

姿を変えてあちこちに現れる石

ケイ素と酸素からなる単純な成分の鉱物。酸素とケイ素は地球表層（地殻）での存在量がそれぞれ1位と2位なので、石英は長石類に次いで産出が多く、また単一種としては最も多産する普遍的な鉱物である。世界中の変成岩、堆積岩、火成岩に見つかる。石英の硬度は一般的な岩石を構成する鉱物（造岩鉱物）中では最も硬く、化学的にも安定であるため、岩石が風化しても砂粒として残る。そのため、砂粒の多くは石英で、細かなものは空気中を舞うので身の回りの至る所に溢れている。それらの砂粒により傷がつくかどうか、つまり石英より硬いか軟らかいかが、宝石の耐久性のひとつの指標となる。

石英はその外観により、無色透明で形の整ったロッククリスタル（水晶）、紫色のアメシスト（紫水晶・P.146）、黄色のシトリン（黄水晶・P.148）、ピンク色で半透明のローズ・クォーツ（薔薇石英・P.150）、灰色や黒褐色のスモーキー・クォーツ（煙水晶・P.150）、黒のモリオン（カンゴーム、黒水晶）など、多くの名称を持つ。ローズ・クォーツを除き、それらの発色原因はケイ素原子の一部を置き換えて含まれる微量元素と天然の放射線との相互作用である。

光学的に粒が見分けられないほど微細な石英の結晶を主体とする塊はカルセドニー（玉髄（ぎょくずい）・P.152）と総称され、色や模様などによってアゲート（P.154）、オニキス（P.153）、カーネリアン（P.152）、ジャスパー（P.156）など多くの宝石名が与えられている。また、特定の内包物を含むもの、特定の形態的特徴を持つもの、特定産地のものに付けられた名称も多く、全てをあげればきりがない。

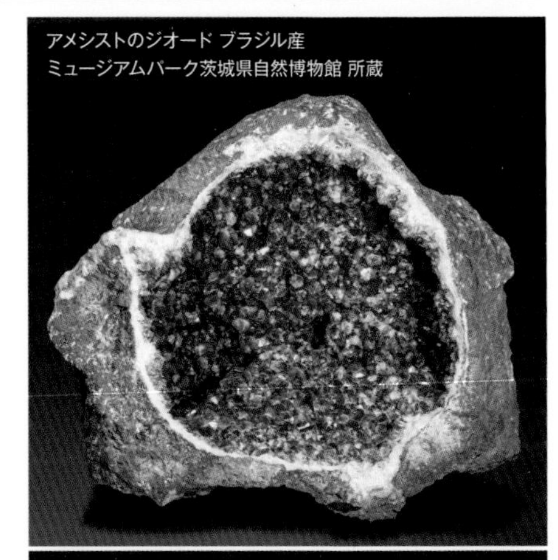
アメシストのジオード ブラジル産
ミュージアムパーク茨城県自然博物館 所蔵

スモーキー・クォーツ ロシア ウラル産
ミュージアムパーク茨城県自然博物館 所蔵

ピンク・クォーツ ブラジル ミナス・ジェライス州産
ミュージアムパーク茨城県自然博物館 所蔵

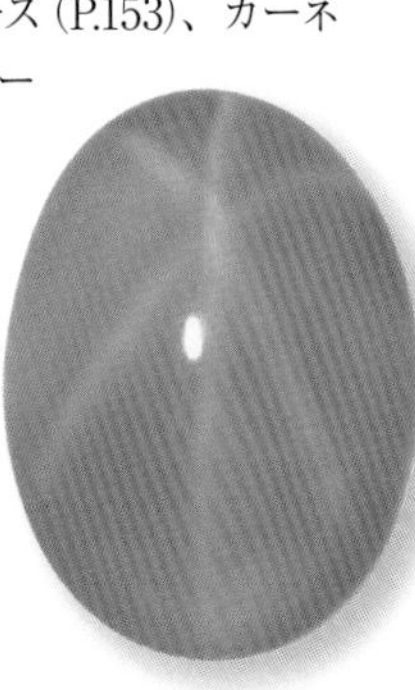
オーバル カボション
301.36ct 翡翠原石館 所蔵

ロッククリスタル（水晶） Rock Crystal

鉱物名(和名)	quartz（石英）		
主要化学成分	酸化ケイ素		
化学式	SiO_2		
光沢	ガラス光沢		
晶系	三方晶系	へき開	なし
比重	2.7	硬度	7
屈折率	1.54–1.55	分散	0.013

「氷の化石」と信じられていたことも

無色透明で結晶面の整った石英はロッククリスタル、水晶と呼ばれる。「クォーツ」という名称は16世紀頃から使われ出し、一説には鉱床学に関連するドイツ語の単語から転じたとされるが、一方のロッククリスタルの語源は2000年以上の歴史を持つ。「クリスタル」は、「氷」を意味するギリシャ語のクリスタロスに由来し、「ロッククリスタル」は直訳すれば「氷の岩」であるが、これは水晶が氷の化石だと信じられていたことに由来する。日本語の「水晶」が水精（すいしょう）に由来するのと通じるところがあり、興味深い。

石英は屈折率も分散も高くなく、宝石としては中庸で特に秀逸でもない。しかし、劈開（へきかい）が無いことは、カット工程ではむしろ有利になる。透明なガラスが製作できるようになるまでは、透明な素材として、ビーズや器、レンズなどに使われた。透明ガラスが出回るようになった後も、普通のガラスを凌ぐ硬度で重宝された。

米国 ニューヨーク州 ハーキマー産 No.8076

ハーキマー・ダイヤモンドは、米国 ニューヨーク州ハーキマー郡の苦灰石中に産する両錐単柱状の水晶（ロッククリスタル）。結晶面の輝きと透明度が非常によく、ハーキマー・ダイヤモンドの名称で知られる。

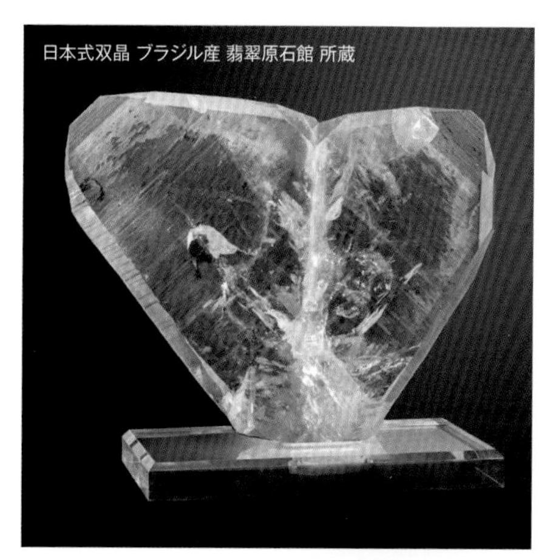
日本式双晶 ブラジル産 翡翠原石館 所蔵

54

「鍍金されたブロンズ製指輪」
ブロンズをメッキしたベゼルにピラミッド形に研磨された水晶がセットされている。15世紀
国立西洋美術館
橋本コレクション
（OA.2012-0142）

イレギュラー（麻の葉）
ブラジル産 201.59ct
No.7149

アメシスト（紫水晶）Amethyst

鉱物名（和名） quartz（クォーツ・石英）→P.145参照

ブラジル産 No.8155

古くから使われた紫のクォーツ

紫色の水晶はアメシスト（紫水晶）と呼ばれ、新石器時代から装飾に使われた歴史がある。紀元前3100年頃のエジプトでは、ビーズ、お守りに使われた。イスラエルの大祭司の胸当の9番目の石であり、中世には、王冠と司教の指輪を飾り、兵士のお守りとなった。ギリシャ神話では、ワインの神バッカスが虎に少女アメシストを襲わせようとしたところ、女神ダイアナが少女を透明な石（水晶）に変えて助け、反省したバッカスは水晶にワインを注いで紫に染めた、とされ、その神話から酩酊を防ぐとの迷信が広まった。また、大英自然史博物館に収蔵されているヘーロン・アレンのアメシストの飾りは持ち主に呪いをもたらすとの逸話で有名であるなど、話題に事欠かない。18世紀にブラジルやウラル山脈の鉱床が開発されたことにより供給が増え、価格は下落した。

紫色は微量成分の鉄に放射線が作用した結果で、直射日光に長期間さらすと紫外線により退色する。宝石の原石となるような結晶は、ジオード（晶洞、P.18、P.144）のような岩石の隙間で成長する。

トリリアント スター
ブラジル バイーア州
ブレジニョ産
44.57ct No.7156

クッション ミックス
ブラジル リオグランデ・ド・スル州 イライ産 34.20ct No.7157

1

「スカラベ」 再生や復活の象徴とされたスカラベ（甲虫）の形に彫られたアメシストのゴールドリング。中王国時代、12-13王朝、紀元前1991-1650年頃
国立西洋美術館 橋本コレクション
（OA.2012-0002）

アメトリン

Ametrine

ボリビア アナイ産 No.8037

オクタゴン ステップ
ボリビア アナイ産 32.37ct No.7036

ひとつの結晶で紫色と黄色の部分が混ざったバイカラーの水晶はアメトリンと呼ばれる。ブラジルやカナダなど数カ所で産出が知られるが、宝石質の原石を産出するのはボリビアだけである。20世紀半ばに市場に出始めた頃には処理や合成が疑われた。実際、現在では合成も可能である。

クオリティスケール
アメシスト（無処理）

濃淡 \ 美しさ	S	A	B	C	D
7					
6					
5					
4					
3					
2					
1					

類似宝石

No.7750 ➡P.86
バイオレット・サファイア

No.7747 ➡P.211
バイオレット・スキャポライト

No.7748 ➡P.214
バイオレット・アパタイト

No.7749 ➡P.219
バイオレット・フローライト

クオリティスケール上でみた品質の３ゾーン

	S	A	B	C	D
7					
6					
5					
4					
3					
2					
1					

〈 価値比較表 〉

ct size	GQ	JQ	AQ
10	15	6	2
3	4	2	0.6
1	0.8	0.6	0.4
0.5			

〈 品質の見分け方 〉

日本では紫水晶と呼ばれることもあるが、透明な紫（パープル）の色合いが特徴で、Sの6、5がGQ。黒みがかかったり、濃淡が上がり（7）濃くなると青紫（バイオレット）に見えるケースもあるが、バイオレット・サファイアと比較して見ると、アメシストのパープル（青みの紫）が確かめられる。

アメシストやシトリンなどの比較的大粒で美しい原石によるファセットカットの宝石は、光の屈折と反射を優先したバランスのよいモザイク模様を発揮させたかどうかが高品質のポイント。

アメシストの6Sやシトリン（→P.149）の6Sを見ると、モザイクの濃淡の数々のバランスが良く、動かすとそれが変化して美しさを発揮していくことがわかる。

カボションカットではトーン（濃淡）は多少淡目でも透明度が高いことと姿の良さが宝石としての魅力を高める。アメシストの処理は通常行われないが、加熱により黄色（シトリン）に変化するものがある。

※アメシストのクオリティスケールにCとDがないのは、美しさに欠けるものを研磨しないため。通常の産出量が多いためS、A、Bのみ研磨される。

人工石	模造

No.7751
人工アメシスト

No.7752
ガラス

シトリン（黄水晶）Citrine

鉱物名（和名）quartz（クォーツ・石英）→P.145参照

無処理のものはアメシストより珍しい

ギリシャのヘレニズム時代（紀元前3世紀頃）から宝石として扱われ、2世紀頃のギリシャ・ローマではインタリオやカボションの指輪石として用いられた。しかしアメシストのように広まらなかったのは、その産出が限られているためだろう。天然のシトリンはアメシストより珍しく、また色が淡いものが多い。シトリンの名は、その色からレモンの原種、「シトロン」に因む。発色因は微量成分の鉄の場合とアルミニウムの場合があり、後者は前者ほど彩度が高くない。ロシアのウラル地方、ブラジルに加え、最近ではザイールやザンビアから淡い黄褐色のシトリンが多産している。

ブラジル リオグランデ・ド・スル州 イライ産（加熱） No.8158

オーバル ミックス
ブラジル リオグランデ・ド・スル州 イライ産（加熱）
100.06ct No.7159

10

「シトリンの指輪」 無処理のシトリンがセットされ、表面に美しい艶が見られる。約2000年前に仕立てられた。紀元前2-1世紀
国立西洋美術館
橋本コレクション
（OA.2012-0032）

アメシストの加熱

アメシストを500℃超の温度まで加熱すると、紫色の発色因子である鉄の電子状態が変化し、黄色のシトリンになる。ただし、全てのアメシストが同様ではなく、産地によって適切な加熱温度が少し違ったり、黄色を経ずに別の色に変わる場合もある。現在市場に出回るシトリンの多くはアメシストを加熱処理したものである。

加熱後

クオリティスケール
シトリン（加熱アメシスト）

濃淡＼美しさ	S	A	B	C	D
7					
6					
5					
4					
3					
2					
1					

類似宝石

クオリティスケール上でみた品質の３ゾーン

	S	A	B	C	D
7					
6					
5					
4					
3					
2					
1					

〈 価値比較表 〉

ct size	GQ	JQ	AQ
10	12	4	1
3	3	1.5	0.4
1	0.5	0.4	0.3
0.5			

〈 品質の見分け方 〉

1ctのGQ0.5、JQ0.4、AQ0.3からわかるように、品質による価値の差は2倍しかない。現在、市場のシトリンはほとんどが加熱アメシスト。彩度が高くモザイクの模様のバランスがとれているものがカット石の良いものである。

シトリンは産地により濃淡の特徴がある。濃淡7はマディラ（スペインのマディラ産ワインの色が名称の由来）、濃淡5はパルメイラ（ブラジル産）、濃淡3、2はバイーア（ブラジル産）。この濃淡には幅がある。マディラはGQとされる。

このクオリティスケールはさまざまな産地のシトリン（加熱アメシスト）で構成したもの。S、B、Dをアメシストのクオリティスケールのように S、A、Bに集中させることが適切であるかもしれない。

その背景にはアメシストもシトリンも原石が豊富なので、低品質の素材は手間をかけて研磨しないということがある。そのまま手つかずにするか、タンブル等にされる。シトリンのBはA、DはBとしてアメシストのクオリティスケールのようにまとめるのが適切とも考えるが、原石の評価と研磨の可否について明らかにするのに役立つと考え、あえてアメシストとは別の表現をした。

人工石	模造

No.7756

人工シトリン（米国）

No.7757

ガラス

ローズ・クォーツ
Rose quartz

鉱物名(和名) quartz(クォーツ・石英)→P.145参照

アッシリア人も使ったピンクの石英

ピンク色で半透明の石英。アッシリア人（紀元前800～紀元前600年）による使用が史上最古。ビーズのネックレス、小さな彫刻、カボションに仕立てられる。石英の中に分散しているデュモルティエライト（P.175）の非常に細かな結晶が色の原因であるため、他の色の水晶のように透明度が高くなく、形の整った水晶になることもほぼない。産地によってはスター効果を示すものもある。透明で形の整ったピンク・クォーツはブラジルから産出し、それもローズ・クォーツと呼ばれることがあるが、発色因子は全く異なり、微量のリンとアルミニウムが原因である。

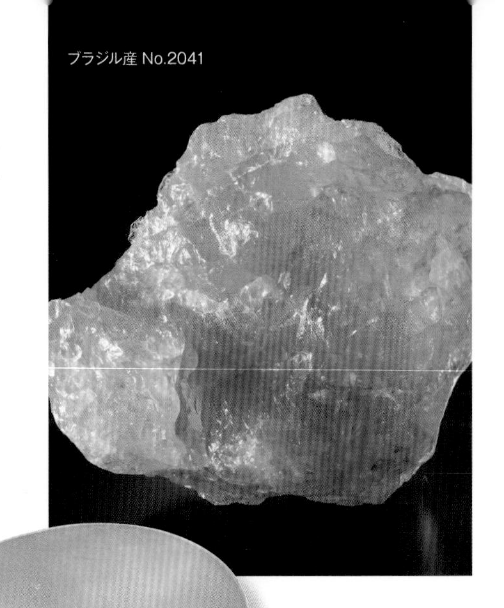

ブラジル産 No.2041

オーバル カボション
ブラジル産
50.31ct No.7104

スモーキー・クォーツ
Smoky quartz

鉱物名(和名) quartz(クォーツ・石英)→P.145参照

古い歴史を持つ濃く褐色の石英

紀元前3000年頃、シュメール人やエジプト人によって使われ始め、ローマ時代のビーズが数多く残っている。色合いによって、黒褐色のカンゴーム（スコットランドのカンゴーム山に因む)、黒色のモリオン（黒水晶）などと呼ばれることもあるが、基本的に同じものである。微量のアルミニウムを含む水晶に天然の放射線が作用することででき、数百度に加熱すると無色あるいは白色に戻る。アルミニウムは水晶の生成温度が高いほど取り込まれやすく、高温で周囲に放射性鉱物の多い環境、例えばペグマタイト中の水晶（P.18）はスモーキー・クォーツであることが多い。

ブラジル産 No.8585

オクタゴン シザーズ
ブラジル バイーア州産
38.35ct No.7160

その他のクォーツ

●タイガーズアイ　Tiger's eye

リーベック閃石などの繊維状集合体（青石綿）の隙間を石英が充填したもので、リーベック閃石中の鉄が酸化し、黄褐色の濃淡の縞模様となっている。繊維が平行に揃った束となっており、それに沿った研磨面で黄金色の光彩（虎目）が現れる。リーベック閃石が変質していないものは青色でホークスアイ（鷹目石）と呼ばれる。

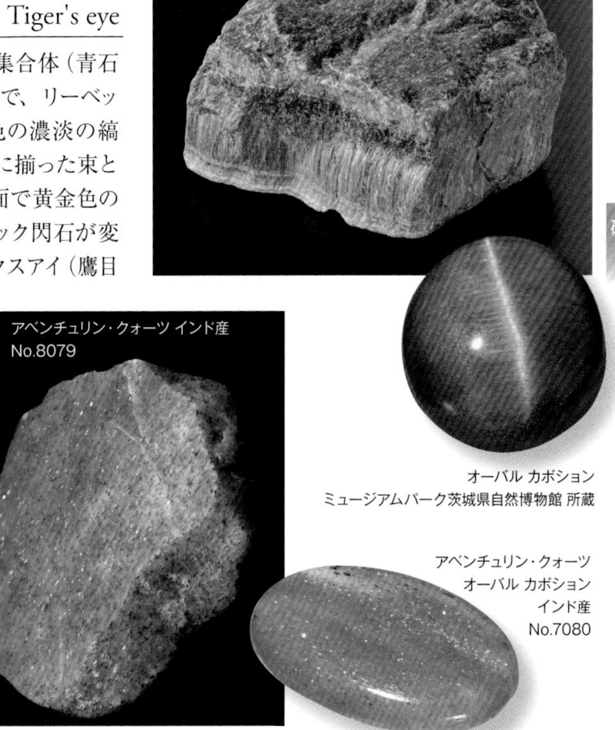

南アフリカ産 ミュージアムパーク茨城県自然博物館 所蔵

オーバル カボション
ミュージアムパーク茨城県自然博物館 所蔵

アベンチュリン・クォーツ インド産
No.8079

アベンチュリン・クォーツ
オーバル カボション
インド産
No.7080

●アベンチュリン・クォーツ　Aventurine quartz

雲母や赤鉄鉱の微小な鱗片状の内包物による内部反射でアベンチュリングラスに似た輝きを持つ石英。内包物の色に応じて、褐色、赤褐色、黄色、緑色、青緑色などさまざまな色があり、カボションやタンブルに研磨される。

●クォーツ・キャッツアイ　Quartz cats-eye

石英の結晶の中に非常に細かい繊維状の角閃石や空隙が入ったものは、カボションカットにすると繊維による反射でキャッツアイ効果を示す。

クォーツ・キャッツアイ ブラジル産
No.8529

クォーツ・キャッツアイ
オーバル カボション
インド産
22.68ct No.7417

●ルチル・クォーツ　Rutilated quartz

ルチルの細い針状結晶が水晶の中に入ったもので、針要り水晶とも呼ばれ、ルチルによる金色の反射光が美しい。電気石や角閃石の針状結晶が同様に入ったものは草入水晶やススキ入水晶として知られる。

ブラジル バイーア州産 個人蔵

カルセドニー（玉髄）
Chalcedony

鉱物名（和名）	quartz（石英）		
主要化学成分	酸化ケイ素		
化学式	SiO_2		
光沢	ガラス光沢		
晶系	三方晶系	へき開	なし
比重	2.7	硬度	7
屈折率	1.54–1.55	分散	なし

石英の微細結晶集合体

微晶質（極微小の結晶）から隠微晶質（さらに細かく通常の光学顕微鏡では見分けがつかない結晶）の石英を主体とする塊はカルセドニーと総称され、さまざまな色や模様のものがそれぞれの宝石名を持つ。微細な結晶が絡み合うことで、水晶よりも割れにくく、高い靭性を持つことから、何千年も昔からビーズ、彫刻、印章などに使われてきた。シリカ（ケイ酸成分）を豊富に含んだ低温（常温～数十℃）の水が、岩石、特に火山岩の空洞や割れ目に浸透し、シリカの析出、沈殿により生成する。カルセドニーの語源は古代ギリシャ時代の港「カルセドン」。

ブルー・カルセドニー ナミビア トロイ産 No.8512

24

「サーサーン朝時代の印章指輪」ササン朝ペルシャの印章に使われたリング。カルセドニーをくりぬいている。3-7世紀
国立西洋美術館
橋本コレクション
（OA.2012-0734）

ブルー・カルセドニー
オーバル カボション
ナミビア トロイ産 10.93ct No.7513

カーネリアン（紅玉髄）
Carnelian

赤みを帯びたカルセドニー

酸化鉄や水酸化鉄を含み、血のような赤からオレンジの半透明のカルセドニー。加熱すると内部の水酸化鉄が酸化鉄に変化し、黄褐色の石が濃い赤系に変わる。

北海道 歌登産 No.8505

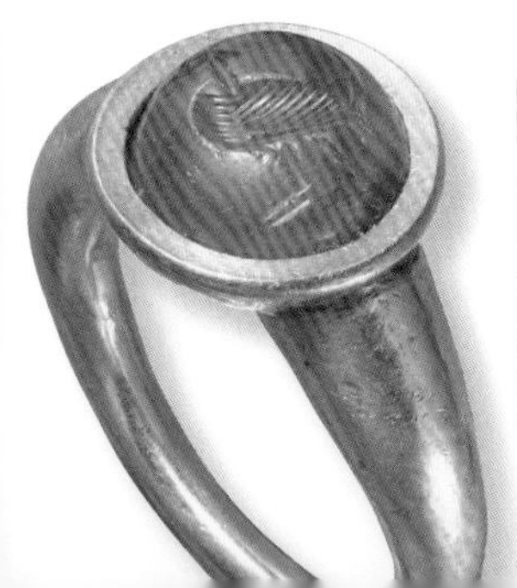

21

「サーサーン朝時代の金製指輪」 ササン朝ペルシャのリングで右を向いた鳥が沈み彫りされている。3-5世紀
国立西洋美術館
橋本コレクション
（OA.2012-0733）

オーバル カボション
北海道 歌登産
10.53ct No.7506

オニキス（縞瑪瑙） Onyx

明暗のはっきりした縞模様

黒と白の縞模様のカルセドニー。白と赤の縞模様を持つカーネリアン・オニキスや、白と茶の縞模様を持つサードニクスと区別される。オニキスの層の色のコントラストを活かして彫刻される。色付きの層を背景として白い層を浮き彫りにしたのがカメオ、暗い層を彫り込み白い層を見せる、あるいはその逆で影像を表現するのがインタリオ（沈み彫り）。

19世紀のカメオ用オニキス
ブラジル産 No.8589

硬度 7

現代のカメオ
産地不詳
73.17ct
No.7590b

6

「スカラベ」 石を回転できるオニキスのリング　表側はスカラベ。裏側は獅子が彫られている。紀元前4世紀
国立西洋美術館
橋本コレクション
（OA.2012-0026）

サードニクス（紅縞瑪瑙） Sardonyx

赤褐色に白い縞模様

地色が暗褐色のカルセドニーはサードと呼ばれる。一方、サードよりもう少し明るい橙から赤褐色の中に白色の縞目を持つオニキスがサードニクスである。色味によってカーネリアン・オニキスと呼び分けることもあるが、ほぼ同義である。

オーバル カボション
ブラジル産 10.07ct
No.7507

オーバル カボション
ブラジル産 21.19ct
No.7508

板状に加工されたサードニクス
ブラジル産 No.8516

現代のカメオ 産地不詳
64.70ct No.7590c

クリソプレーズ（緑玉髄） Chrysoprase

緑色のカルセドニー

粒間に介在する微細なニッケル鉱物によりアップルグリーン色をしたカルセドニー。ニッケルを含む蛇紋岩中などに生じる。似た色の玉髄として、クロム鉱物により暗緑色をしたムトロライト、クリソコーラを含むクリソコーラ・カルセドニー（別名ジェムシリカ）などもある。

オーストラリア クイーンズランド州産 No.8077

オーバル カボション
オーストラリア
クイーンズランド州産
25.54ct No.7078

アゲート（瑪瑙）　Agate

縞模様のあるカルセドニー

はっきりした縞模様を見せるカルセドニーはアゲート（瑪瑙）と呼ばれる。縞模様は結晶粒の荒い部分と細かい部分が層状に繰り返すことで生まれ、鉄分を含む地下水がアゲートに染み込むと、粒が細かく隙間の多い層だけが染色されて、より明瞭な縞模様になる。また、マンガンや鉄の酸化物がアゲートの内部に部分的に染み込んで風景のような模様を生じたランドスケープ・アゲート（シーニック・アゲート）、樹枝状の模様を生じたデンドリティック・アゲート、緑泥石などの緑色の鉱物が苔のように含まれるモス・アゲートなど、模様の魅力によって評価されるものも多い。稀に、細かな縞模様によって光の干渉を起こし、光に透かすと虹色に見えるアゲートがあり、アイリス・アゲートと呼ばれる。

ブラジル産 No.8510

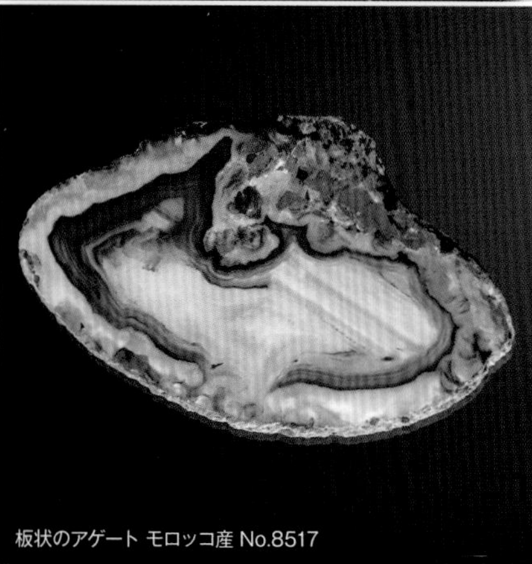
板状のアゲート モロッコ産 No.8517

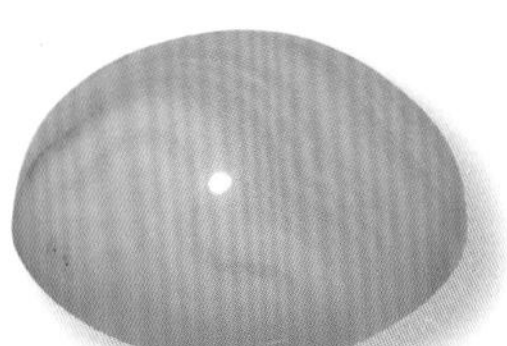
ブルーレース・アゲート
ラウンド カボション
ローデシア産 10.05ct
No.7511

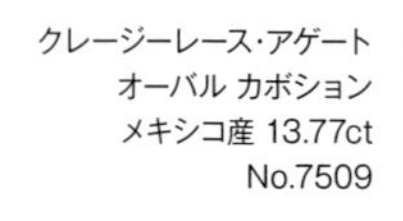
クレージーレース・アゲート
オーバル カボション
メキシコ産 13.77ct
No.7509

アイリス・アゲート（板）ブラジル産 No.8588

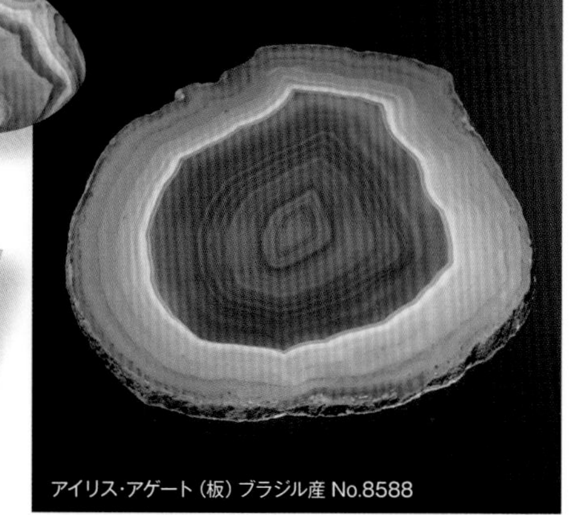
板状に研磨したアイリス・アゲート
米国 モンタナ州産 36.03ct
No.7366

染色アゲート（カルセドニー）

一枚のアゲートを切り分けて別々の色に染色したもの。
左下が染色前の自然のままの色。

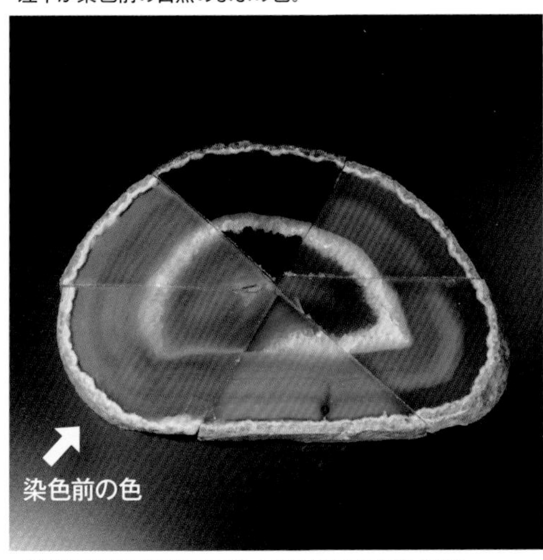

山梨県甲府市で着色されたアゲートの板 ブラジル産 No.8515

蜂蜜を使った手法など、2000年以上前からあった染色

カルセドニーは結晶粒の間にわずかな隙間があり、浸透性があるため、染色が可能である。カーネリアンのように自然に鉄分が染み込んだものは加熱だけで赤色を濃くできる。蜂蜜を溶かした水に漬け込み、その後加熱すると、染み込んだ有機物が炭化し、黒いオニキスが得られる。これらの手法は2000年以上昔から用いられていたようである。その他、現在では各種の染料で染めたアゲートが広く流通している。染色の際、結晶粒が粗く隙間がない部分は染まらないため、層状の模様がより明瞭になる。

ブラッドストーン（血玉髄（けつぎょくずい））
Bloodstone

赤い斑点がある暗色カルセドニー

暗緑色の玉髄の中に赤い斑点模様が入ったもので、ヘリオトロープ（古代ギリシャ語で太陽を呼び戻すという語に由来）という古い別名も使われる。地色は緑色の角閃石（緑閃石など）の微細な結晶によるもので、赤は赤鉄鉱などの微粒子の色。不透明なのでジャスパーに似るが、カルセドニーの一種である。

メキシコ産 ミュージアムパーク茨城県自然博物館 所蔵

タンブル

ジャスパー(碧玉) Jasper

鉱物名(和名)	quartz(石英)		
主要化学成分	酸化ケイ素		
化学式	SiO_2		
光沢	ガラス光沢		
晶系	三方晶系	へき開	なし
比重	2.7	硬度	7
屈折率	1.54–1.55	分散	なし

多くの内包物を含む微細石英集合体

微晶質の石英を主体とする塊のうち、微細な内包物を多量に含み、不透明なものはジャスパー（碧玉）と呼ばれる。玉髄の一種として扱われることもあるが、他の玉髄とは質感がやや異なる。一般的な玉髄は微細な繊維状石英の集合体であるが、ジャスパーは粒状の石英の集合であることが多い。チャートやフリント（燧石）も同様であるが、それらの名称は宝石名というより特定の成因をもつ岩石名として用いられる。さまざまな色があり、緑色は粘土鉱物（緑泥石）、赤色は酸化鉄（赤鉄鉱）、黄色は水酸化鉄（針鉄鉱）などが主な発色因である。石英以外のそれら内包物の量は、多いものでは20%ほどにもなる。

旧石器時代から装飾品に使われてきた伝統があり、日本国内では島根県花仙山の出雲石、佐渡の赤玉石、津軽半島の錦石などが有名である。

レッド・ジャスパー 新潟県産 No.8495

イエロー・ジャスパー 新潟県 佐渡島産 No.8494

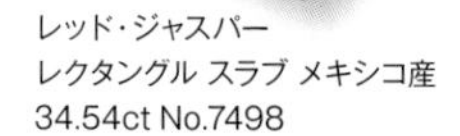
レッド・ジャスパー レクタングル スラブ メキシコ産 34.54ct No.7498

ポピー・ジャスパー ペア カボション 米国 カリフォルニア州 モルガンヒル産 34.41ct No.7502

青森県産 79.49ct No.7579

グリーン・ジャスパー 島根県 花仙山産 No.8496

17

「勝利の冠を授かるセラピス」 ヘレニズム期のプロレマイオス王朝で崇められたセラピス神が彫られている。2世紀、帝政ローマ時代 国立西洋美術館 橋本コレクション（OA.2012-0018）

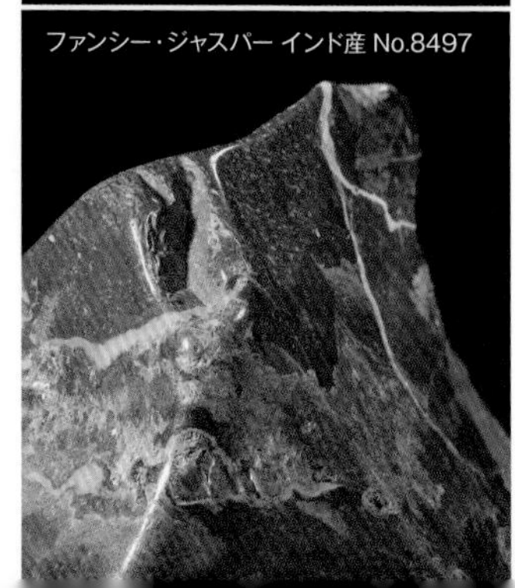
ファンシー・ジャスパー インド産 No.8497

スタウロライト Staurolite

鉱物名(和名)	staurolite(十字石)		
主要化学成分	ケイ酸アルミニウム鉄		
化学式	$Fe^{2+}{}_2Al_9Si_4O_{23}(OH)$		
光沢	亜ガラス光沢〜樹脂光沢		
晶系	単斜晶系	へき開	明瞭(1方向)
比重	3.7–3.8	硬度	7 –7½
屈折率	1.74–1.75	分散	–

十字型の結晶で見つかる褐色の石

茶色の十字（X）形に交わる双晶として、雲母片岩や片麻岩などの変成岩中に生成する。双晶の形状に因み、ギリシャ語の「スタウロス（十字）」から命名。宗教的な宝飾品としてシルバーにセットされて使われることが多い。生成する温度や圧力が限定されるので、変成岩の成り立ちを知る手がかりになる。

スタウロライト双晶 十字型及びX字
ロシア コラ半島産 No.8242

オーバル カボション
ブラジル ミナス・ジェライス州産
10.84ct No.7165

ダンビュライト Danburite

鉱物名(和名)	danburite(ダンブリ石)		
主要化学成分	ホウ酸ケイ酸カルシウム		
化学式	$CaB_2Si_2O_8$		
光沢	ガラス光沢〜脂肪光沢		
晶系	直方晶系	へき開	不明瞭(1方向)
比重	2.9–3.0	硬度	7 –7½
屈折率	1.63–1.64	分散	0.017

トパーズや水晶に似た石

見かけはトパーズや水晶に似た鉱物で、本来は無色だが、琥珀色、灰色、ピンク、黄などのカラーバリエーションがある。ガラス光沢の柱状結晶で条線がある点はトパーズと共通するが、明瞭な劈開(へきかい)がない点は水晶と共通する。変成岩や、比較的高温で形成されたペグマタイトからも見つかる。無色で透明度が高い結晶はファセットをつけられ、かつてはダイヤモンドの代用とされたこともある。名前は、発見地の米国コネチカット州ダンベリーに因む。

メキシコ サン・ルイス・ポトシ州産 No.4019

オーバル スター タンザニア産 18.92ct No.3017

オクタゴン ステップ
大分 土呂久産 5.56ct No.7106

オーバル スター
メキシコ サン・ルイス・ポトシ州産
9.48ct No.3018

クンツァイト Kunzite

鉱物名(和名)	spodumene(リチア輝石)		
主要化学成分	ケイ酸リチウムアルミニウム		
化学式	$Li(Al,Mn)Si_2O_6$		
光沢	ガラス光沢		
晶系	単斜晶系	へき開	良好(2方向)
比重	3.0–3.2	硬度	6½–7
屈折率	1.65–1.68	分散	0.017

スポジュメン アフガニスタン ヌーリスタン産 No.8190

ピンク〜ライラック色のリチア輝石

リチウムを含む輝石（リチア輝石）の一種で、明るいピンク色からライラック色をした宝石はクンツァイトと呼ばれる。この名称は、米国の鉱物学者でティファニー社の宝石鑑定士だったG・F・クンツ（1856〜1932）にちなむ。強い多色性（観る方位により色が異なる性質）があり、柱状結晶の側面から眺めると色が薄く、伸長方向から眺めると濃い色に見えるため、カットの際には方位の見極めが重要である。また、劈開（へきかい）が顕著なため注意して取り扱わなければならない。

リチア輝石は、本質的には無色だが灰色のものが最も多く、ギリシャ語の"spodoumenos"（「灰と化す」の意）に因んで鉱物名が付けられたが、微量成分としてマンガンを含むとピンクやライラック色に発色する。他にも緑色のものはヒデナイト（P.160）の宝石名で知られ、青色や黄色のものもある。

リチウムを含んだペグマタイト中に、リチア雲母などのリチウムを含む鉱物に伴われて産出する。リチウムの重要な資源でもあり、米国のサウスダコタ州では長さ14.3m、重さ90tの世界最大級の単結晶が見つかっている。宝石質の比較的大きな結晶も多産するため、10ctを超えるルースも数多く流通している。

オーバル スター 522.09ct
翡翠原石館 所蔵

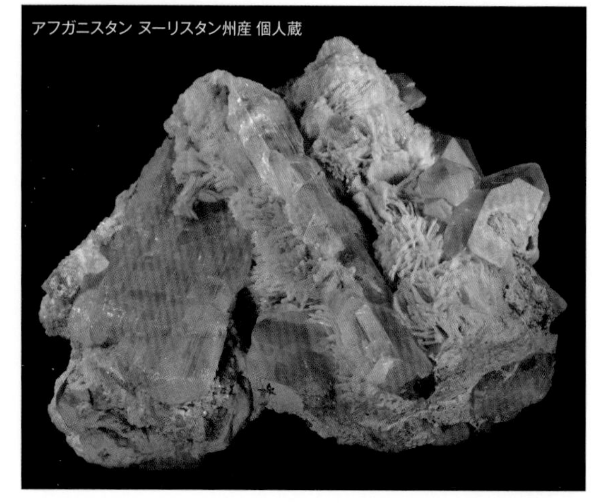
アフガニスタン ヌーリスタン州産 個人蔵

ラウンド ミックス ブラジル産 10.76ct No.7269

クンツァイトの選び方

クンツァイトは大粒でも比較的安価だが、淡い色が多いので、厚みをつけて色がこもるように、石取りして仕上げるのが一般的だ。その結果、右のように「ゴロ石」と呼ばれる厚くなりすぎた姿の悪いものが多い。小さくすると色が抜けて見えるので、むしろ小粒で色の濃いものは相対的に価値が高い。

さらに紫外線により褪色する性質があるため、日光などの強い光に長時間さらしてはいけない。米国、ブラジルなどから産するが、マンガンの含有量が多く色鮮やかで退色の少ないアフガニスタン、ナイジェリア産のものが近年、注目されている。

Smithsonian Institution
多色性があるため、結晶面に対してファセット（面）が平行になるステップカットに施されることが多い。米国、スミソニアン博物館に所蔵されている164.11ctのクンツァイト。

column

数々のカラーストーンを世に送り出した著名なジェモロジスト

クンツァイトはどのようにして世に出たのか、少しだけ解説する。

クンツ博士は1902年、カリフォルニア州サンディエゴ群に分布するペグマタイト鉱床からトルマリンと共に発見されたピンクやパープルの結晶に注目。詳しく調べたところ、リチア輝石（スポジュメン）の新たな変種であることが判明した。その翌年、ノースカロライナ大学のチャールズ・バスカビル教授によって米国科学振興協会が発行するサイエンス誌に、この石が紹介され、クンツ博士に敬意を表してクンツァイトと命名されたのだった。

クンツ博士は、その後もモンタナで一大ブームを巻き起こした「モンタナサファイア」を鑑別し、1911年にマダガスカルで発見された新種のベリルに「モルガナイト」と命名。ティファニー社で数々の輝かしい功績を残した。

結晶を手にとって眺めるクンツ博士。20世紀を代表するジェモロジストだ。

クンツ博士が鑑別した実際のクンツァイトの結晶。伸長方向に条線が見られる。

ヒデナイト Hiddenite

鉱物名(和名)	spodumene(リチア輝石)		
主要化学成分	ケイ酸リチウムアルミニウム		
化学式	$Li(Al,Cr)Si_2O_6$		
光沢	ガラス光沢		
晶系	単斜晶系	へき開	良好(2方向)
比重	3.0–3.2	硬度	6½–7
屈折率	1.65–1.68	分散	0.017

緑色のリチア輝石

緑色のリチア輝石(スポジュメン)で、発色原因は主に微量成分のクロムによる。地質学者ウィリアム・アール・ヒドゥンは、当初、透輝石の亜種と考えたが、化学者で鉱物学者のJ・ローレンス・スミスに分析を依頼し、リチア輝石であることが突き止められた。この功績によりヒドゥンに因む宝石名となった。エメラルドと共生していたため、採掘の全盛期には「リチアエメラルド」とも呼ばれていた。ペグマタイトに産する。観る方位により緑の色調が異なる多色性を示す。

スポジュメン ブラジル ミナス・ジェライス州 ウルカム産
No.8191

オクタゴン ステップ
ブラジル産
8.20ct No.7270

ダイオプサイド Diopside

鉱物名(和名)	diopside(透輝石)		
主要化学成分	ケイ酸カルシウムマグネシウム		
化学式	$Ca(Mg,Fe,Cr)Si_2O_6$		
光沢	ガラス光沢		
晶系	単斜晶系	へき開	明瞭(2方向)
比重	3.2–3.4	硬度	5½–6½
屈折率	1.66–1.72	分散	0.017–0.020

カルシウムを含む輝石

カルシウムとマグネシウムを主成分とする輝石の一種。純粋なものは無色だが、通常、鉄やクロムを含み、黄緑、緑、褐色の結晶として産する。中でもクロムを含むクロミアンダイオプサイドは鮮緑色を呈し宝石になる。また、マンガンによって菫青色(きんせいしょく)を呈したものはビオラン(violane)の宝石名で知られる。マグマと接して熱変成を受けた結晶質石灰岩や苦灰岩(くかいがん)中や、火成岩(玄武岩、橄欖岩(かんらんがん)やキンバーライトなど)、鉄に富む変成岩中などから産する。柱状や厚板状の透明結晶が蒐集家向けにファセットをつけられる。カボションカットにするとキャッツアイ効果やスター効果が現れることもある。

産地不詳 No.4050

オーバル スター
スリランカ ラトナプラ産
2.06ct No.7027

エンスタタイト Enstatite

鉱物名(和名)	enstatite(頑火輝石)		
主要化学成分	ケイ酸マグネシウム		
化学式	$(Mg,Fe)_2Si_2O_6$		
光沢	ガラス光沢		
晶系	直方晶系	へき開	良好(2方向)
比重	3.2–3.9	硬度	5–6
屈折率	1.65–1.68	分散	–(小さい)

マグマからうまれた美しい輝石

カルシウムを含まない輝石のうち、マグネシウムを主成分とするものがエンスタタイト（頑火輝石）で、鉄を主成分とするものがフェロシライト（鉄珪輝石）である。マグネシウムと鉄の量比は連続的に変動し、かつてはその量比によりブロンザイトやハイパーシーンなどの6種に細分されていたため、宝石名としてそれらの古い呼称で流通していることがある。鉄を含まないエンスタタイトは無色だが、鉄の含有量に応じ、淡黄、淡緑、濃緑、褐色から黒と濃色になる。マグネシウムや鉄に富んだ（苦鉄質の）火成岩中に生成し、隕石にも含まれる。インドのマイソアで産するスター・エンスタタイトや、カナダで産するイリデッセント・エンスタタイトなどが知られる。

エンスタタイト タンザニア産 No.8316

オーバル ミックス ブラジル ミナス・ジェライス州産 2.59ct No.7317

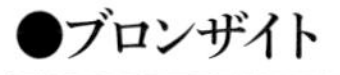

●ブロンザイト Bronzite

やや鉄を含む緑色から茶色のエンスタタイトで、劈開面にしばしばブロンズのようなシーン（金属閃光）が現れることから命名された。カボションカットや彫刻に用いられ、キャッツアイやスターに似た光彩が見られるものもある。

ブロンザイト 米国 ニューヨーク州 バルマット産 No.2014

●ハイパーシーン Hypersthene

ブロンザイトよりさらに鉄を多く含むエンスタタイトで、色が濃く透明性に乏しいため、主にカボションカットされる。黒い地色の中にしばしば赤銅色のシーンが見られる。

ひすい（硬玉） Jadeite

鉱物名(和名)	jadeite（ひすい輝石）		
主要化学成分	ケイ酸ナトリウムアルミニウム		
化学式	$Na(Al,Cr,Fe,Ti)Si_2O_6$		
光沢	ガラス光沢〜脂肪光沢		
晶系	単斜晶系	へき開	良好（2方向）
比重	3.2–3.4	硬度	6–7
屈折率	1.64–1.69	分散	なし

ジェードと呼ばれる石はさまざま

ひすい（硬玉）は、ひとつの鉱物結晶ではなく、主にひすい輝石の微細結晶が密に絡み合った塊（「ひすい輝石岩」という岩石）である。ひすい輝石は、ナトリウムとアルミニウムを主成分とする輝石の一種で、その生成には高い圧力とほどほどの温度が必要なため、海洋プレートの沈み込みが関係している。緑色の印象が強いが、ひすい輝石は、本来、無色（白色）であり、クロム、マンガン、鉄、チタンなどの微量成分が含まれることにより、緑、紫、青などに発色する。また、ひすい輝石の微細結晶の隙間に有色の鉱物が介在することで発色し、茶、黒はそれぞれ赤鉄鉱や褐鉄鉱、石墨が発色因である。

日本で「ひすい」といえば、ひすい輝石岩（硬玉）を指すのが一般的であるが、「ひすい」の語の発祥地であり、翡翠文化の歴史も長い中国では、翡（赤／茶）と翠（緑）の2色の硬玉だけを、「翡翠」と呼んでいる。

「ジェード」と呼ばれる石には、ひすい（硬玉）だけでなくネフライト（軟玉、P.168）、クリソプレーズ（P.153）、アベンチュリン・クォーツ（P.151）、フクサイト（バーダイト）、サーペンティン（P.217）、トランスバール・ジェード（グロッシュラー・ガーネット、P.130）など、不透明から半透明かつ塊状で、緑色の石（翠玉）を総称している場合が一般的である。緑色の石に限ることなく、より広義にジェードと呼んでいることもある。ちなみにジェードの語源はスペイン語で「脇腹の石」を意味する言葉で、緑色の石を赤子のお腹に添えると腹痛を癒す効果があると信じられていたことに由来する。また、ネフライトの語源もギリシャ語で「腎臓の石」つまり腎臓結石のことであり、やはりネフライトが結石を癒す効果があると信じられていたらしい。

ジェダイト ミャンマー カチン州産
No.8356

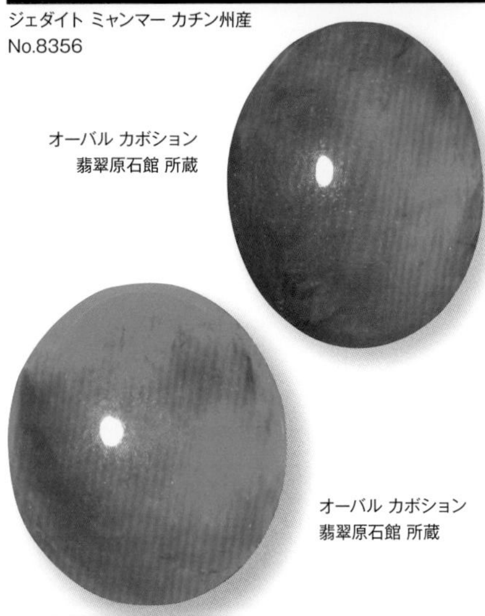

オーバル カボション
翡翠原石館 所蔵

オーバル カボション
翡翠原石館 所蔵

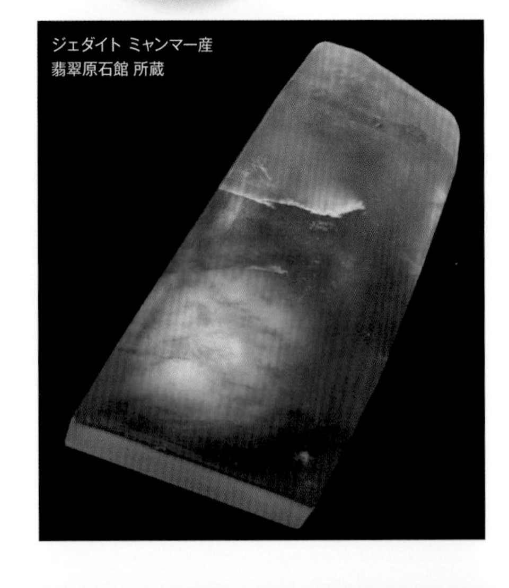

ジェダイト ミャンマー産
翡翠原石館 所蔵

日本産ひすい　Jadeite, Japan

硬度
7

日本の国石、ひすい

ひすい輝石が生成するのは地質学的に高圧（5000気圧程度、地下約20㎞に相当）・低温（250℃程度）の条件下で主成分のナトリウム、アルミニウム、ケイ素、酸素が適度の比率で揃う場所である。そのような場所は、海洋プレートが潜り込んだ先の大陸プレートの周縁部地下深部である。地下深部で生成したひすいは、断層のような割れ目に沿って地表に押し出される蛇紋岩に伴われ、地表付近にもたらされる。このため、ひすいの産地はプレート沈み込み帯がある古い大陸の周囲や環太平洋帯などに分布している。日本では、北海道から九州まで、蛇紋岩を伴う高圧変成帯に沿って、各地でひすい輝石が見つかるが、宝石となるような美しいひすいの産出は、ほぼ糸魚川に限られる。糸魚川では約7000年前に道具（敲石）としてひすいの利用が始まり、5000年前ごろから研磨や削孔が始まり大珠や垂飾のような「道具ではないもの」へ加工されている。勾玉と同様、多くが副葬されたことは、現代の宝飾とは異なる意味合いを示唆する。

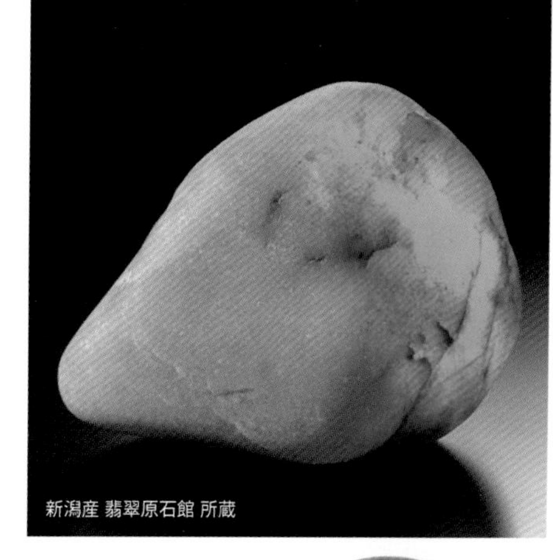

新潟産 翡翠原石館 所蔵

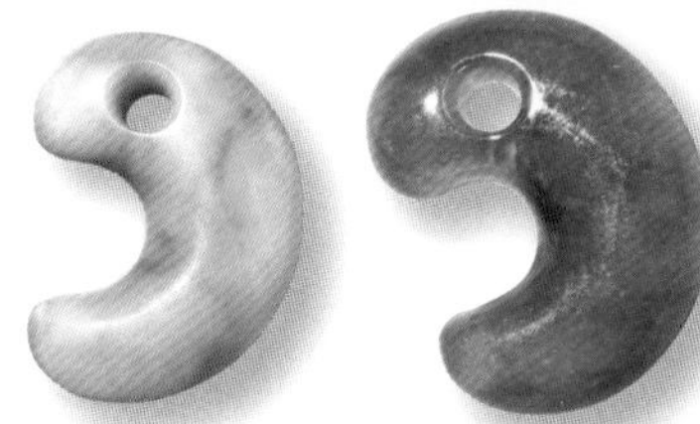

勾玉 翡翠原石館 所蔵　　勾玉 翡翠原石館 所蔵

新潟県糸魚川市の青海川上流に位置する橋立ヒスイ峡。 ©宮島宏

23

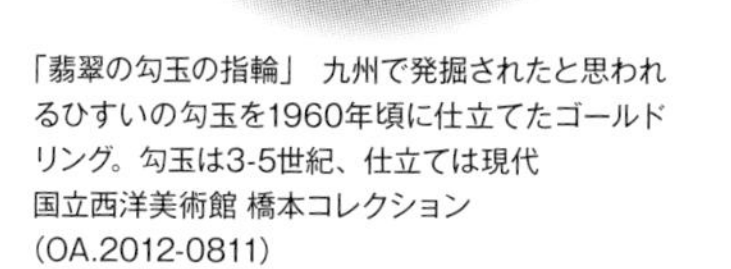

「翡翠の勾玉の指輪」 九州で発掘されたと思われるひすいの勾玉を1960年頃に仕立てたゴールドリング。勾玉は3-5世紀、仕立ては現代
国立西洋美術館 橋本コレクション
（OA.2012-0811）

姫川と青海川の間にある青海海岸にもひすいが産出する。©宮島宏

富山県にある宮崎海岸。海水浴場として人気だが、ひすいの産地でもある。 ©宮島宏

ミャンマー産ひすい

Jadeite, Myanmar

赤い微粒子を含むひすいの名産地

ミャンマーは他を圧倒するひすい宝石の世界的な主要産地である。ミャンマー産ひすいは、風化した赤土に囲まれて産するため、石の表面ではひすい輝石結晶の粒間に酸化鉄の微粒子が染み込み、文字通り表面の「翡（赤/茶）」と内部の「翠（緑）」から成り、特に中国で人気がある。緑の発色は、微量成分のクロムや鉄による。中国の4000年を超える「玉」の歴史において、ひすい（硬玉）が登場するのは18世紀の清朝の時代、ビルマ（現ミャンマー）で発見されて以降である。御物（ぎょもつ）として宮中に留まったものが、清朝の衰退とともに国内外に流出し、日本でも和装品に再加工され、人々に中国由来のひすいの印象を残した。

ジェダイト（二つ割りにしたボルダー礫）
ミャンマー カチン州産 No.8136

宝石名「ひすい」はカワセミの羽の色に由来。カワセミは漢字で「翡翠」と書く。鮮やかな水色の羽と長いくちばしが特徴。2019年12月23日、六義園にて撮影。

ⓒ都市鳥研究会 井上裕由

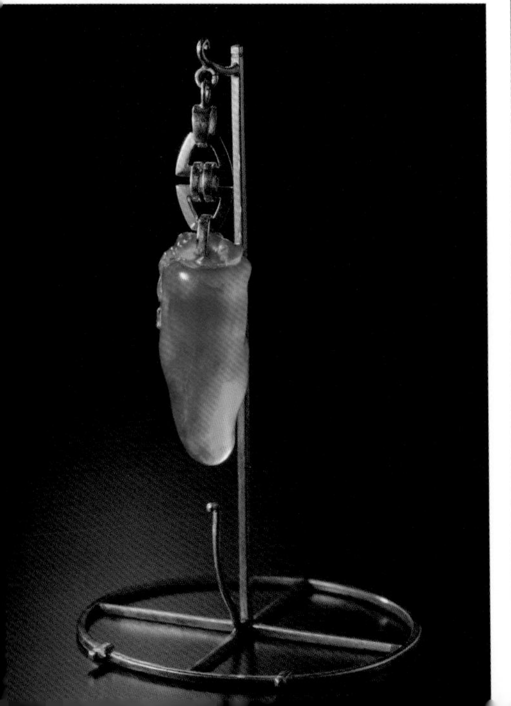

最高品質の透明度と緑の発色の彫刻。清の時代の作品で、1969年、諏訪喜久男氏から国立科学博物館に寄贈。「琅玕（ろうかん）」は最上質のひすいの形容で、唐宋の詩では緑竹の形容修辞。ビルマの初期の良質な鉱脈、「老坑」の韻を踏むとの説もある。翠はひすいの典型色であり、その透明感はまさに「インペリアル・ジェード」の名にふさわしい。

column

旅する宝石

このひすいは、植物の彫刻が施されている。旧ビルマ（現ミャンマー）で採掘され、中国に渡って彫刻がなされ、米国に“旅”して、20世紀初頭にティファニー社によって仕立てられたもの。

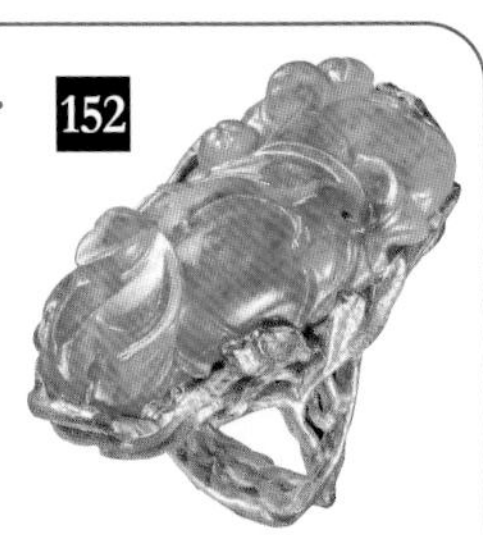

152

「東洋的な植物モチーフの指輪」 エメラルドのように透明なグリーンのひすいの彫刻がセットされている。1910年頃 国立西洋美術館 橋本コレクション（OA.2012-0474）

1995年、香港のクリスティーズオークションで橋本貫志氏が落札し、現在、国立西洋美術館が所蔵している。1世紀以上かけて、ミャンマーから中国、そして米国から日本にあるのだ。宝石は色々な旅をしていまがある。

クオリティスケール
ひすい（無処理）

濃淡 \ 美しさ	S	A	B	C	D
7					
6					
5					
4					
3					
2					
1					

クオリティスケール上でみた品質の３ゾーン

	S	A	B	C	D
7					
6					
5					
4					
3					
2					
1					

〈 価値比較表 〉

ct size	GQ	JQ	AQ
10	1,800	180	30
3	220	60	12
1	60	12	3
0.5			

〈 品質の見分け方 〉

ひすいの品質と価値の幅は大きく、半透明の中の透明さと色が品質判定のポイント。彩度が高く、均質なグリーンで透明感のあるバランスの取れた山高のカボションが指輪用のひすいの品質の要点。彫刻は素材の善し悪しとデザイン、製作年代などの要素を加えて判定する。

GQ、JQ、AQの差を写真で見比べていただきたい。同じくらいの大きさとして、その価値の差（GQとAQ）は数百倍になる。

ひすいはワックスをかけ艶を出しているケースが見られるが極端なケースを除き市場では容認されている。

類似宝石

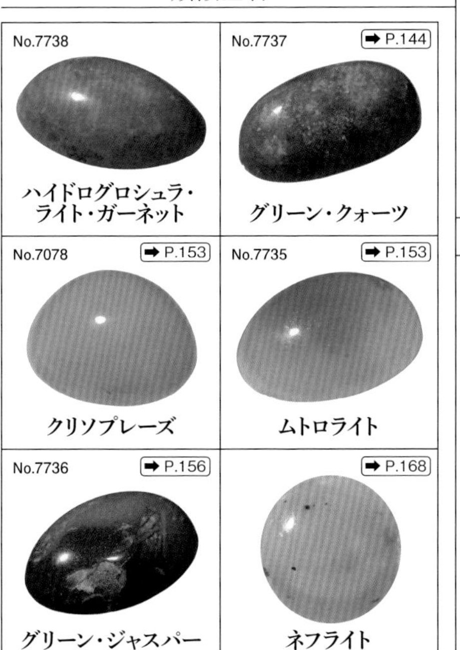

市場が宝石としての価値を認めない処理

樹脂含浸

樹脂含浸ひすい

透明な樹脂などを染みこませて、透明度を上げ、美しく装う。

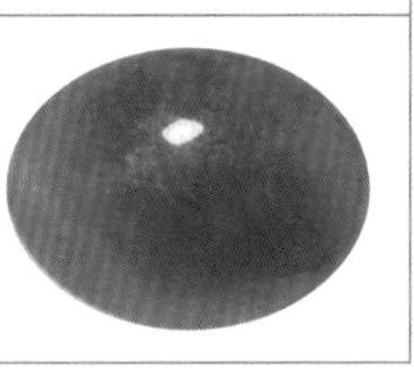

人工石

市場になし

模造

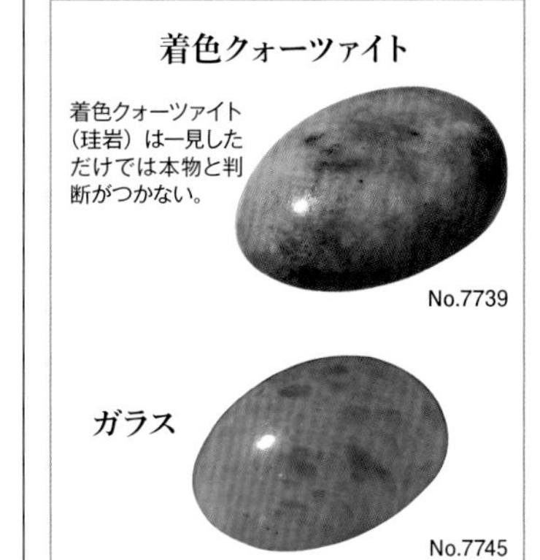

ラベンダー・ジェード

Lavender jade

紫色の珍しいひすい

緑色以外のひすいとして、鮮やかな紫色のものは「ラベンダーひすい」、落ち着いた青色のものは「コバルトひすい」と呼ばれる。ラベンダーひすいの発色原因は諸説あり、鉄とチタンの組み合わせやマンガンによる発色との説が有力であるが、鉄やマンガンが検出されないものもあって、謎に包まれている。コバルトブルーに因んだコバルトひすいにはコバルトは検出されず、その発色因はサファイアと同様、鉄とチタンであると考えられている。いずれも緑色のひすいよりも産出が稀である。

新潟県 糸魚川市産 翡翠原石館 所蔵

オーバル カボション
翡翠原石館 所蔵

column

ひすいのカラーバリエーション

ひすいの色は、前述の通り、微量元素や別の鉱物の介在によってさまざまである。緑と白、緑と赤など、ひとつの石の中に異なる色がある場合は、その配色を活かし彫刻される。中国で縁起物とされる白菜の彫刻が代表的。

角閃石類や蛇紋石類が介在していると深い緑色となるし、赤鉄鉱や褐鉄鉱などの酸化鉄が介在すると赤や茶色〜黄色に、石墨のような黒い鉱物が介在すれば黒くなる。このような石の染色は人工的にも可能であるため、「天然石」を人工的に染めたひすいも出回っている。

a	イエロー・ジェード
b, d	ブルー・ジェード
c	アイス・ジェード
e, j	ひすい
f, i, l	オレンジ・ジェード
g	グレイ・ジェード
h	レッド・ジェード
k	バイオレット・ジェード（ラベンダー・ジェード）
m	ブラック・ジェード

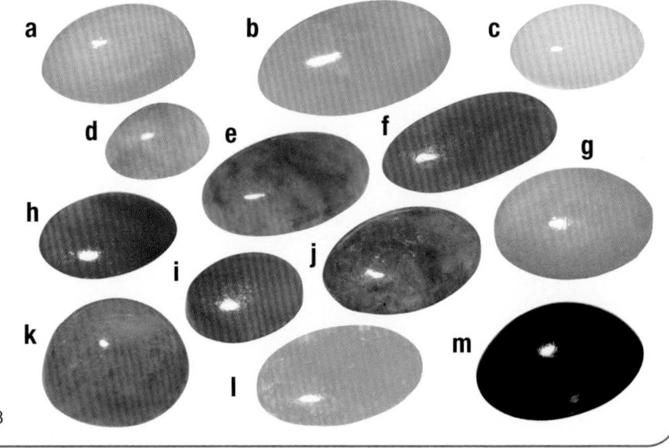

No.7138

column

ひすい輝石と輝石

火山岩の中で輝く黒い鉱物とそのなかま

「輝石」は、代表的な造岩鉱物として知られるが、鉱物名ではなく、鉱物族（グループ）の名称である。宝石となる輝石族の鉱物には、ひすい輝石・オンファス輝石・コスモクロア輝石（ひすい）の他、リチア輝石（クンツァイト、ヒデナイト）、透輝石（ダイオプサイド）、頑火輝石（エンスタタイト、ハイパーシーン、ブロンザイト）などが挙げられる。いずれも原子の並びに共通性があり、ケイ素と酸素が一方向の鎖状に並び、鎖と鎖の間をカルシウム、マグネシウム、ナトリウム、リチウムなどの原子が結びついた構造をしている。それら原子の種類（元素）の違いにより、鉱物種も異なる。造岩鉱物として多産するのは普通輝石や頑火輝石（エンスタタイト）で、どちらも成分に比較的多くの鉄を含んで不透明なものが多いため宝石にはされない。しかし、火山岩の中にしばしば輝きの強い結晶として見られ、その佇まいは「輝石」の名にふさわしい。

マウシシ（コスモクロア輝石と曹長石）
ミャンマー産 No.2078

ラベンダー・ジェード ミャンマー カチン州産 No.8135

ひすい輝石 ミャンマー産 翡翠原石館 所蔵

ダイオプサイド ブラジル産 No.8300

ネフライト（軟玉）

Nephrite

鉱物名（和名）	tremolite（透閃石）		
主要化学成分	水酸化ケイ酸カルシウムマグネシウム		
化学式	$Ca_2(Mg,Fe^{2+})_5Si_8O_{22}(OH)_2$		
光沢	ガラス光沢		
晶系	単斜晶系	へき開	完全（2方向）
比重	2.9–3.1	硬度	5–6
屈折率	1.60-1.64	分散	なし

新疆ウイグル自治区から高品質を産出

硬玉（ひすい；ひすい輝石）と双璧をなす「ジェード」の代表格。硬玉が輝石の一種であるひすい輝石を主体とするのに対し、軟玉は角閃石の一種であるトレモライト（透閃石・P.170）やアクチノライト（緑閃石・P.170）を主体とする岩石である。透閃石はカルシウム、マグネシウム、ケイ素を主成分に含み、アクチノライトとトレモライト中のマグネシウムの一部を鉄に置き換えた鉱物に相当する。いずれも鉄を多く含むと暗緑色になり、少ないとクリーム色など、色が白っぽくなる。ネフライトの名前は、ギリシャ語の「腎臓の石」を意味する語に由来し、腎臓の病に効くとされていた。そのような伝承が生まれた経緯は謎であるが、軟玉の中には腎臓状の外見をなすものがあることと無関係ではないかもしれない。

石綿を含むネフライト 台湾 花蓮県産 No.8143

カナダ産 No.8142

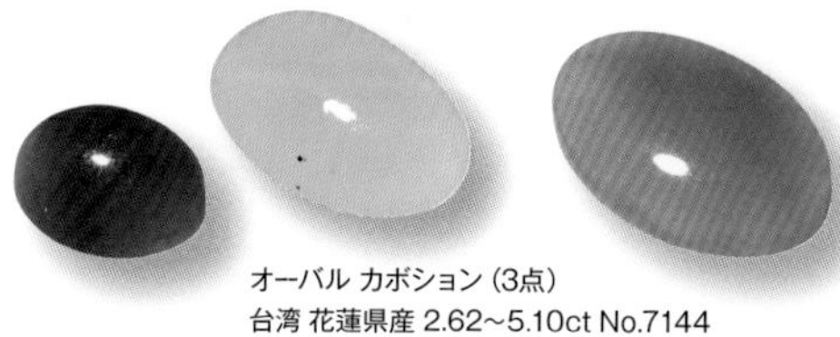

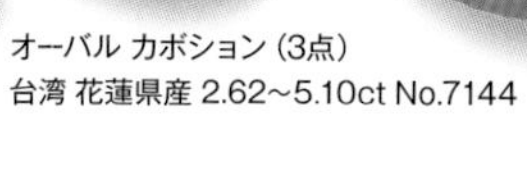

オーバル カボション（3点）
台湾 花蓮県産 2.62~5.10ct No.7144

ネフライト・キャッツアイ
オーバル カボション
カナダ ブリティッシュコロンビア州産
10.27ct No.7145

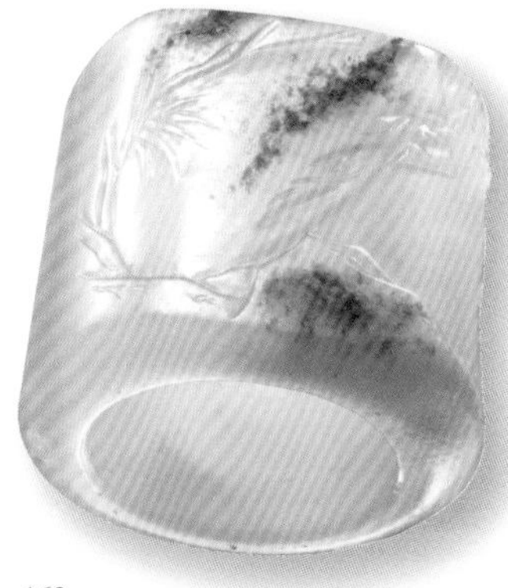

78

「ネフライトのサムリング」
白いネフライトをくりぬいて仕立てられたアーチャーズリング。漢詩が彫刻されている。おそらく康熙帝時代（1662-1722年）
国立西洋美術館
橋本コレクション
（OA.2012-0835）

オーバル カボション
新疆ウイグル自治区 ホータン ユルンカシ河産
8.66ct No.7173

角閃石の一種には石綿として知られている種もあり、しばしば非常に細くて長い繊維状の集合体になる。軟玉もそのような繊維状のアクチノライトやトレモライトが緻密に絡み合っているため、非常に割れにくく彫刻に適した材質で、上質のものは靭性の点において硬玉をも上回ると言われているが、軟玉の名前の通り、硬度の点では硬玉には及ばない。角閃石の繊維が平行に揃っているものもあり、それらは半円形のカボションカットにするとシャトヤンシー（キャッツアイ効果）が現れる。ただし、靭性の点で通常の軟玉に劣り、繊維と平行に比較的割れやすい。

軟玉も硬玉と同様、変成作用によって生成し、同一地域から両方が産出することもあるが、生成条件は硬玉よりも広いため産地も多く、硬玉より遥かに多産する。具体的には変成作用を受けた苦鉄質火成岩（橄欖岩や玄武岩など）中や、苦鉄質火成岩が貫入して接触変成作用を受けた苦灰岩に生成する。変成度の指標になる鉱物である。

中国では玉として、硬玉よりも長い歴史があり、西域のトルキスタンの和田産の高品質な石は「和田玉」として珍重され、中でも白色で蝋光沢のある純粋な透閃石の塊は最高級で「羊脂玉」と呼ばれる。台湾、ニュージーランド、オーストラリアなども軟玉の産地として有名で、これらの地名を冠して「〜〜ひすい」と呼ばれる石は硬玉ではなく軟玉である。その他にもロシアのシベリア、カナダのブリティッシュコロンビア州、パキスタン、メキシコなど世界各地で産出する。ニュージーランドでは先住民族マオリの言葉でポウナム（Pounamu）と呼ばれる緑色の石が、斧や生活の道具、また装身具として古くから利用されており、それらは軟玉または緑色のサーペンティン（蛇紋岩、P.217）である。

礫の形状を利用した彫刻
新疆ウイグル自治区
カラカシ河産
197.81ct No.7355

白玉 新疆ウイグル自治区
ホータン ユルンカシ河産 No.8172

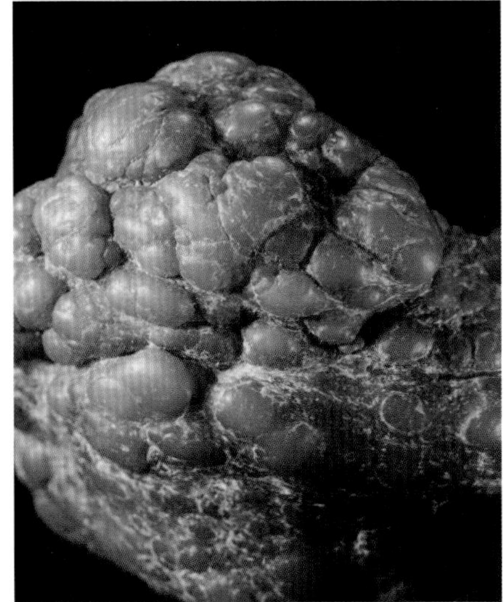
米国 カリフォルニア州 モントレー産 No.8141

トレモライト Tremolite

鉱物名(和名)	tremolite(透閃石)		
主要化学成分	水酸化ケイ酸カルシウムマグネシウム		
化学式	$Ca_2(Mg,Fe^{2+})_5Si_8O_{22}(OH)_2$		
光沢	ガラス光沢		
晶系	単斜晶系	へき開	完全(2方向)
比重	3.0	硬度	5–6
屈折率	1.60-1.64	分散	–

多様な色の美しい角閃石

トレモライトは軟玉を構成する鉱物だが、透明感のある単結晶として産出することもあり、ファセットカットにされる。ただし軟玉のような耐久性はなく劈開(へきかい)により割れやすいので注意が必要である。典型的なものは白から灰色だが、シエラレオネではクロムを含む鮮緑色の結晶として、またタンザニアではタンザナイトと共生して、それぞれ産出する。マンガンを含みライラック色を呈するトレモライトはヘキサゴナイト(hexagonite)の宝石名で知られ、米国ニューヨーク州が代表的産地である。ヘキサゴナイトは多色性が顕著である。

米国 ニューヨーク州産 No.8419

アフガニスタン クナール産 No.8426

ロングヘキサゴン ステップ
米国 ニューヨーク州産
0.38ct No.7418

アクチノライト Actinolite

鉱物名(和名)	actinolite(緑閃石)		
主要化学成分	水酸化ケイ酸カルシウムマグネシウム		
化学式	$Ca_2(Mg,Fe^{2+})_5Si_8O_{22}(OH)_2$		
光沢	ガラス光沢		
晶系	単斜晶系	へき開	完全(2方向)
比重	3.0	硬度	5½–6
屈折率	1.60-1.63	分散	–

緑〜褐色の角閃石

トレモライトと同様、軟玉を構成する鉱物であるが、肉眼サイズの結晶として産出することも多い。主成分の鉄により緑色を呈する。クロムを含むトレモライトのような鮮緑色ではなく、もっと沈んだ色合いで、茶褐色のものもある。透明なものはファセットカットされ、キャッツアイ効果が見られる石もある。軟玉のような靭性がないのはトレモライト単結晶と同様である。

愛媛県 四国中央市産 No.2081

アクチノライト・キャッツアイ
オーバル カボション
スリランカ産
1.46ct No.7312

シリマナイト Sillimanite

鉱物名(和名)	sillimanite(珪線石)		
主要化学成分	酸化ケイ酸アルミニウム		
化学式	$(Al,Fe)_2OSiO_4$		
光沢	ガラス光沢〜亜ダイヤモンド光沢		
晶系	直方晶系	へき開	完全(1方向)
比重	3.2–3.3	硬度	6½–7½
屈折率	1.66–1.68	分散	-

高温下で生まれた結晶

本質的に無色（白色）だが、微量成分による黄、青、緑、紫などもある。高温変成作用を受けた片岩や片麻岩に含まれることが多い。米国の科学者ベンジャミン・シリマンに因み命名。青や紫の透明結晶にエメラルドカット、シザーズカットなどのファセットをつけると魅力的な宝石になる。明瞭な多色性を示し、方位により、黄緑、緑、青など異なる色を呈する。繊維状結晶の集合体のものはフィブロライトと呼ばれ、カボションカットされる。

スリランカ産 No.8212

南アフリカ パラ産 No.8085

オクタゴン ステップ
スリランカ産 1.59ct
No.7086

アンダリュサイト Andalusite

鉱物名(和名)	andalusite(紅柱石)		
主要化学成分	ケイ酸アルミニウム		
化学式	Al_2OSiO_4		
光沢	ガラス光沢		
晶系	直方晶系	へき開	良好(2方向)
比重	3.1–3.2	硬度	6½–7½
屈折率	1.63–1.64	分散	0.016

アンダルシアで発見された石

和名である紅柱石（こうちゅうせき）の文字通り、鉄などの微量成分によるピンクから赤茶をはじめ、紫、黄、緑、青などさまざまな色がある。変成岩や、花崗岩、花崗岩ペグマタイトから産する。透明の結晶はきわめて稀だが、驚くほど美しい。発見されたスペインのアンダルシアに因み命名。シリマナイトやカイアナイトと同質異像（同じ成分だが原子配列が異なる）。

多色性（たしきせい）があり、角度を変えて見ると色が変化する。アンダリュサイトは「見抜く石」として知られている。

ブラジル ミナス・ジェライス州産
No.8226

多色性が強いペア スター
ブラジル産 13.16ct No.7227

赤みが強いオーバル ミックス
ブラジル産 2.34ct No.7228

硬度 6

コーネルピン Kornerupine

鉱物名(和名)	kornerupine(コーネルピン)		
主要化学成分	ホウケイ酸マグネシウム–アルミニウム		
化学式	$(Mg,Fe^{2+},Al,\square)_{10}(Si,Al,B)_5O_{21}(OH,F)_2$		
光沢	ガラス光沢		
晶系	直方晶系	へき開	良好(2方向)
比重	3.3–3.4	硬度	6–7
屈折率	1.66–1.69	分散	0.018

幅広い化学組成のレアストーン

デンマークの地質学者アンドレアス・ニコラウス・コーネルプに因んで命名された。化学組成の幅広さから色のバリエーションも広く、濃い緑のほか、無色(白色)、クリーム、青、ピンク、黒とさまざま。結晶形もさまざまで、トルマリンのような柱状結晶のほか、針状結晶の放射状あるいは繊維状集合体でも見つかる。稀少な透明結晶にファセットをつける場合は、緑や青の最高の色を引き出すために、細心の注意を払ってテーブル面の方位を定める。産地は限られ、世界で60箇所にも満たない。シリカに乏しくアルミニウムに富んだ変成岩中に産する。

マダガスカル産 No.8319

オーバル ミックス
スリランカ ラトナプラ産
1.26ct No.7277g

オーバル ミックス
タンザニア産
0.61ct No.7277b

シンハライト Sinhalite

鉱物名(和名)	sinhalite(シンハラ石)		
主要化学成分	ホウ酸マグネシウムアルミニウム		
化学式	$Mg(Al,Fe)(BO_4)$		
光沢	ガラス光沢		
晶系	直方晶系	へき開	良好(2方向)
比重	3.5	硬度	6½–7
屈折率	1.67–1.71	分散	0.018

スリランカで発見されたホウ素を含む鉱物

1952年にスリランカ(セイロン)で発見され、スリランカを意味するサンスクリット語「シンハラ」にちなんで名付けられた。宝石品質のシンハライトは、マダガスカル、タンザニア、ミャンマー(旧ビルマ)などで産する。最も一般的に見られる色は、無色(白)から灰色、灰色がかった青、または淡黄色から濃褐色などだが、タンザニアではクロムを含んで淡いピンクと茶色がかったピンクの結晶も見つかっている。石灰岩と花崗岩との接触部に形成されたホウ素が豊富なスカルン中に産する希少な付随鉱物である。

スリランカ産 No.4039

ペア ミックス
スリランカ エンビリピティア産
8.45ct No.7302

ランバス ステップ スリランカ産
30.25ct No.7582

ルチル Rutile

鉱物名(和名)	rutile(ルチル・金紅石)		
主要化学成分	酸化チタン		
化学式	TiO_2		
光沢	ダイヤモンド光沢〜亜金属光沢		
晶系	正方晶系	へき開	良好(2方向)
比重	4.2–4.3	硬度	6 –6½
屈折率	2.61–2.90	分散	-(非常に大きい)

赤みを帯びたチタン鉱物

チタンの酸化物鉱物の1種。花崗岩、ペグマタイト、片麻岩、片岩の付随鉱物として見つかるほか、熱水脈に産する。高密度のため漂砂鉱床を成す。ラテン語の「赤」または「輝き」が命名由来。赤みを帯び僅かに透明感のある大粒の結晶が蒐集家向けにファセットをつけられることもあるが、石英の結晶中に見られる金色の針状結晶として知られ、装飾品として使われる。微細な針状晶が内包すると、キャッツアイ効果やスター効果を及ぼす。

トリリアント ミックス
スリランカ産 1.13ct No.7309

米国 ノースカロライナ州産 No.8308

キャシテライト Cassiterite

鉱物名(和名)	cassiterite(錫石・カシテライト)		
主要化学成分	酸化スズ		
化学式	SnO_2		
光沢	ダイヤモンド光沢〜金属光沢		
晶系	正方晶系	へき開	不明瞭
比重	6.9–7.1	硬度	6 –7
屈折率	1.99–2.10	分散	0.071

赤みを帯びたスズ鉱物

スズの酸化物。名はギリシャ語のスズ、「カシテロス」から。本質的には無色だが、微量の鉄を含み茶や黒色を帯びる。花崗岩に伴う熱水脈に生成する。風化に強く、比較的重いので、川底や砂浜に集まり漂砂鉱床を成す。光沢のない黒か茶色が一般的だが、赤みがかった透明結晶が蒐集家向けにファセットをつけられることがある。スズのほぼ唯一の資源である。

ロシア産 No.8281

オーバル ミックス オーストラリア産
6.80ct No.7088

グランディディエライト
Grandidierite

鉱物名(和名)	grandidierite(グランディディエ石)		
主要化学成分	ホウ酸ケイ酸アルミニウムマグネシウム		
化学式	$(Mg,Fe^{2+})(Al,Fe^{3+})_3O_2(BO_3)(SiO_4)$		
光沢	ガラス光沢		
晶系	直方晶系	へき開	完全(2方向)
比重	3.0	硬度	7½
屈折率	1.58–1.64	分散	–

20世紀になって発見された青緑色の石

20世紀初頭にマダガスカルから発見された青緑色の新鉱物。その美しい色と希少性、そして十分な硬さがあることから宝石とされるものの、多くは透明度が低いためカボションカットやビーズに使われる程度に過ぎない。しかし、透明性の高い結晶が、2000年にスリランカで、2014年にはマダガスカルの原産地近くで新たに発見された鉱床から見つかり、近年注目を集めている。ホウ素とアルミニウムに富む片麻岩、アプライトやペグマタイト中に産出。フランス人博物学者で探検家アルフレッド・グランディディエにちなんで命名。

マダガスカル アノジー トラノマロ産 No.4044

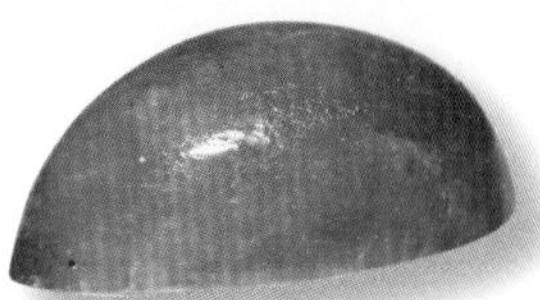
ペア カボション
マダガスカル アンドラ ホマナ産
1.32ct No.7279

ラウンド ミックス
マダガスカル産
0.22ct No.7280

エレメエファイト
Jeremejevite

鉱物名(和名)	jeremejevite(エレメエフ石)		
主要化学成分	フッ化ホウ酸アルミニウム		
化学式	$Al_6(BO_3)_5F_3$		
光沢	ガラス光沢		
晶系	六方晶系	へき開	なし
比重	3.3	硬度	6½–7½
屈折率	1.64–1.65	分散	–(大きい)

シベリアで発見されたレアストーン

観る方位により色が異なる二色性を伴うフッ化ホウ酸塩。青紫、黄、無色などさまざまだが、青色が知られる。花崗岩ペグマタイトの晩期熱水作用で生成。1883年にフランスの鉱物学者アレクシス・ダモーがシベリアのザバイカリエ地方ネルチンスク地区で発見し、ロシアの鉱物学者パーベル・V・エレメエフ(ドイツ語：Jeremejev)にちなんで命名。1970年代に、ナミビアで柱状の透明結晶が僅かに産出し、カットされる。

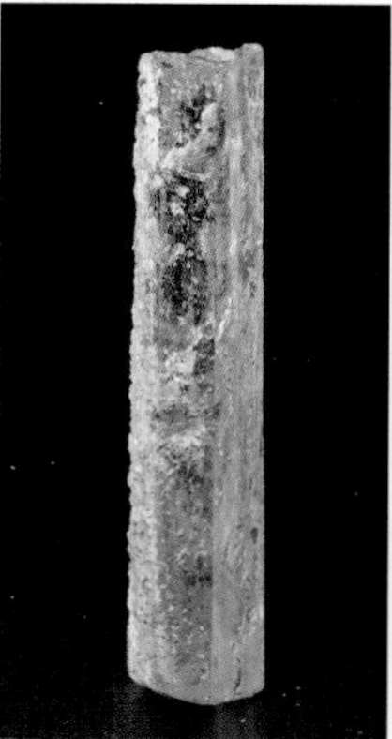
ナミビア エロンゴ産 No.4043

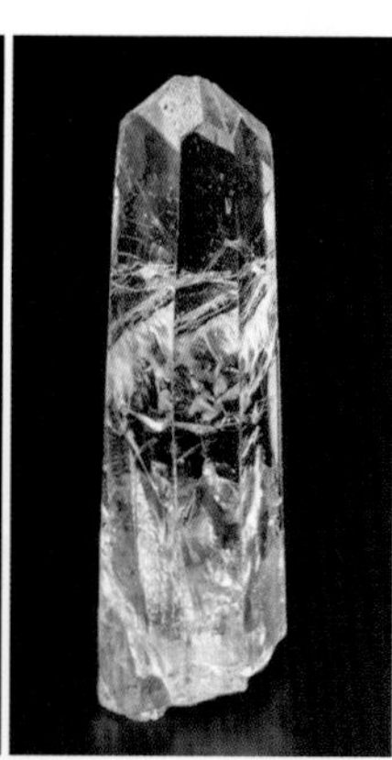
ナミビア エロンゴ産 No.4045

ナミビア エロンゴ産
No.8285

レクタングル ステップ
マダガスカル産 2.50ct No.7304

ナミビア エロンゴ産 1.74ct No.3016

アイオライト Iolite

鉱物名(和名)	cordierite(菫青石/コーディエライト)		
主要化学成分	ケイ酸アルミニウムマグネシウム		
化学式	$(Mg,Fe)_2Al_4Si_5O_{18}$		
光沢	ガラス光沢		
晶系	直方晶系(擬六方晶系)	へき開	不明瞭(1方向)
比重	2.6–2.7	硬度	7-7½
屈折率	1.53–1.58	分散	0.017

サファイアに似た多色性が顕著な宝石

「菫青石」の和名の通り菫色の宝石で、宝石名もギリシャ語の「スミレ」にちなむ。ただし観る方位により、深い菫色から、淡い青灰色～黄灰色と、違う色に変様する（多色性）。このため、ファセットをつける際には、テーブル面から見たときに濃い菫色になるようカットされる。透明度の低いものはカボションカットに仕立てられ、また、シャトヤンシー（キャッツアイ効果）を示すものもある。ウォーター・サファイアの異名や、ギリシャ語で「2色の石」を意味するダイクロアイトという別名もある。アルミニウムに富む変成岩中や花崗岩質の岩石中などに生成する。

ブラジル ミナス・ジェライス州産 No.8265

オーバル ミックス
3.43ct No.7266

デュモルティエライト Dumortierite

鉱物名(和名)	dumortierite(デュモルティエ石)		
主要化学成分	ホウ酸ケイ酸アルミニウム		
化学式	$(Al,Ti,Fe)_7BSi_3O_{18}$		
光沢	ガラス光沢		
晶系	直方晶系	へき開	明瞭(1方向)
比重	3.2–3.4	硬度	7-8½
屈折率	1.66–1.72	分散	-

暗い青が特徴でビーズやカボションにされる

藍色から紫の繊維状や針状結晶の集合体がカボションカットや彫刻に用いられるのが一般的。透明な大型結晶は極めて稀だが、観る方位によって赤から青、紫に色が変様する多色性を示し、蒐集家向けにファセットをつけられることもある。透明な水晶の中に本鉱物の青色針状結晶が入ったブラジル産のものはカボションにされる。青系の色の原因は微量成分のチタンと鉄。ホウ素とアルミニウムを主成分に含み、変成岩のほか、花崗岩質のペグマタイト脈などに産する。フランスの考古学者ウジェーヌ・デュモルティエにちなんで命名。

ミャンマーモゴック産 No.8224

オーバル カボション
モザンビーク産 15.50ct
No.7194

オーバル ミックス マダガスカル産 0.27ct No.7276

ベニトアイト Benitoite

鉱物名(和名) benitoite(ベニト石)
主要化学成分 ケイ酸バリウムチタン
化学式 $BaTiSi_3O_9$
光沢 ガラス光沢

晶系	六方晶系	へき開	不完全(6方向)
比重	3.7	硬度	6-6½
屈折率	1.76–1.80	分散	0.039–0.046

1ctを超えるクリアなルースは超希少

カリフォルニア州のサン・ベニト川の近くで発見されたサファイアのような青い石。世界各地で十数カ所の産地が知られているが、宝石品質の結晶は極めて稀少。カットに適したサイズのものは原産地のみで、変成岩中の白いソーダ沸石脈中に産したが、既に絶産した。観る方位で青色の濃淡が異なる(二色性)。光の分散がダイヤモンドに匹敵するほど大きいが、濃い青色に隠れてしまい、彩りと煌めきがなかなか両立しない。カリフォルニア州の宝石(California's State Gem)に指定されている。

米国 カリフォルニア州 サンベニト産 No.2048

クッション スター

ネプチュナイト Neptunite

鉱物名(和名) neptunite(海王石)
主要化学成分 ケイ酸鉄チタンナトリウムカリウムリチウム
化学式 $KNa_2Li(Fe^{2+},Mn^{2+})_2Ti_2Si_8O_{24}$
光沢 ガラス光沢

晶系	単斜晶系	へき開	完全(2方向)
比重	3.2	硬度	5-6
屈折率	1.69–1.73	分散	-(非常に大きい)

ベニトアイトとの共生鉱物として有名

黒色不透明から半透明で、強い光に透かすと暗褐色や紺色に透けることもある。鱗片状(りんぺんじょう)に剥がれる劈開(へきかい)が著しく、カットは困難。カットに適したサイズの結晶はカリフォルニア州サン・ベニトがほぼ唯一の産地で、ベニト石と共に白いソーダ沸石の脈に埋もれて多産したが、既に産出を絶っている。模式産地のグリーンランドでエジリン輝石と密接に共生して発見されたため、スカンジナビア語の海神エーギルにちなむエジリン輝石に呼応して、ローマ神話の海神ネプチューンから名付けられた。

米国 カリフォルニア州 サンベニト産 No.2090

オクタゴン ステップ 米国 カリフォルニア州 サンベニト産 2.82ct No.3022

ズルタナイト Zultanite

鉱物名(和名)	diaspore(ダイアスポア)		
主要化学成分	水酸化酸化アルミニウム		
化学式	$AlO(OH)$		
光沢	ガラス光沢		
晶系	直方晶系	へき開	完全(1方向)、明瞭(2方向)
比重	3.2-3.5	硬度	6½–7
屈折率	1.68–1.75	分散	–

宝石質のアルミニウム鉱石

ボーキサイトなどのアルミニウム鉱石に含まれるダイアスポアという鉱物のうち美しいもの。多色性が著しく、観る方位によってさまざまな色に変様し、自然光では薄い緑色を帯び、ロウソクの光ではラズベリーのような紅紫を帯びる。1970年代後半から、レアな宝石としてダイアスポアの名で流通していたが、2000年代半ば以降、ズルタナイト（あるいはツァーライト）というブランド名が定着した。ダイアスポア自体はありふれた鉱物だが、ズルタナイトと呼べる宝石質のものはトルコでのみ見つかっている。

トルコ産 No.8061

クッション スター
トルコ産 2.53ct
No.7062

エピドート Epidote

鉱物名(和名)	epidote(緑簾石)		
主要化学成分	水酸化ケイ酸カルシウムアルミニウム鉄		
化学式	$Ca_2(Al_2Fe^{3+})[Si_2O_7][SiO_4]O(OH)$		
光沢	ガラス光沢		
晶系	単斜晶系	へき開	完全(1方向)
比重	3.3-3.5	硬度	6–7
屈折率	1.73–1.77	分散	0.030

結晶面の細かい筋が特徴

タンザナイト（ゾイサイト）と類縁のソロケイ酸塩鉱物。薄い緑から濃いピスタチオグリーンが典型。多色性（観る方位により色が異なる性質）も強い。劈開により割れやすく、透明結晶が蒐集家向けにカットされるに留まる。鮮やかな緑色のタウマウライトは、クロムを含む変種である。ユナカイトは、緑のエピドート、ピンクの正長石、無色の石英からなる変質花崗岩で、タンブル研磨やカボションカットなどで仕立てられ、ビーズや彫刻にも使われる。変成岩、珪長質(けいちょうしつ)火成岩、火成岩と石灰岩の接触部、熱水変質帯に広く産出する。柱状の結晶面のひとつが他の面よりも必ず長く成長する性質から、ギリシャ語の「増える」に因み命名。和名は「緑簾石(りょくれんせき)」。

オーストリア ザルツブルク産 No.2067

オーバル ミックス
ケニア産
2.02ct No.7303

タンザナイト Tanzanite

鉱物名(和名)	zoisite（灰簾石）		
主要化学成分	水酸化ケイ酸カルシウムアルミニウム		
化学式	$Ca_2Al_3[Si_2O_7][SiO_4]O(OH)$		
光沢	ガラス光沢		
晶系	直方晶系	へき開	完全（1方向）
比重	3.2–3.4	硬度	6–7
屈折率	1.69–1.73	分散	0.030

印象的な青色と多色性

タンザニアで発見されたライラックブルーからサファイアブルーのゾイサイト（灰簾石）。強い多色性を示し、観る方位によって灰色や紫や青と色が異なる。ピンクの灰簾石は、チューライト（桃簾石）という変種名を持つ。ふつうの灰簾石の塊状集合体は、カボションカットや彫刻を施されたり、ビーズ加工される。灰簾石は、広域変成作用や熱水変成作用を受けた火成岩中に産し、カルシウムに富んだ岩石の変成で生じた中度の片岩や片麻岩、角閃岩やペグマタイトなどから見つかる。ルビー原石の母岩となる鮮やかな緑の灰簾石はアニュライトと呼ばれ、彫刻やオーナメント用の石として人気がある。

緑色のものはグリーン・ゾイサイトと呼ばれ、1805年にオーストラリアで発見されたが、宝石品質のものは近年になって市場に出回るようになった。

タンザニア産 No.4037

タンザニア産 No.8133

オーバル ミックス
タンザニア産 1.61ct No.7580

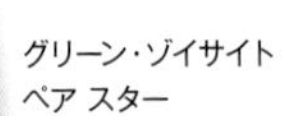

グリーン・ゾイサイト
ペア スター

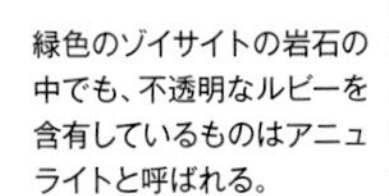

緑色のゾイサイトの岩石の中でも、不透明なルビーを含有しているものはアニュライトと呼ばれる。

クオリティスケール
タンザナイト（加熱）

濃淡 \ 美しさ	S	A	B	C	D
7					
6					
5					
4					
3					
2					
1					

類似宝石

クオリティスケール上でみた品質の３ゾーン

	S	A	B	C	D
7					
6					
5					
4					
3					
2					
1					

〈 価値比較表 〉

ct size	GQ	JQ	AQ
10	200	100	50
3	50	25	12
1	10	5	3
0.5			

〈 品質の見分け方 〉

タンザナイトはサファイアをしのぐ美しく大粒のものが入手できる。バイオレットブルーかブルーかは好みの問題だが、カットされた大粒石は淡いモザイクが出て、コクのある美しいブルーを発揮する。特に大粒でS、A、6、5をGQの中でも美しいと判定する。

その美しさゆえに引き込まれるが、タンザナイトはモース硬度6で比較的軟らかいので、そのことを知った上で宝石としての価値判断が必要だ。指輪にセットしてはめていると、知らず知らずに物に当てて角がボロボロになってしまうケースも見られる。

グレイ味のもの、濃淡2より淡いものはAQ。カボションカットで楽しみ破損を避けることができる。

市場のほとんどのゾイサイトは、ブラウンのゾイサイトを加熱処理したものである。

人工石

産出もあり、安価な石なので人工石は作らない。

模造

No.7734

ガラス

アイドクレース Idocrase

鉱物名(和名)	vesuvianite(ベスブ石)		
主要化学成分	水酸ケイ酸カルシウムアルミニウム		
化学式	$(Ca,Na)_{19}(Al,Mg,Fe)_{13}(SiO_4)_{10}(Si_2O_7)_4(OH,F,O)_{10}$		
光 沢	ガラス光沢〜樹脂光沢		
晶 系	正方晶系、単斜晶系	へき開	不明瞭(2方向)
比 重	3.3-3.4	硬 度	6–7
屈折率	1.70–1.75	分 散	0.019–0.025

かつての鉱物名が宝石名として残った

透明な宝石品質のベスビアナイトは今もアイドクレースと呼ばれている。大理石や白粒岩など、変成作用を受けた石灰岩に生成する。緑か明るい薄黄緑色（シャトルーズイエロー）に加え、錫、鉛、マンガン、クロム、亜鉛、硫黄をはじめ、さまざまな微量成分による多様な色の結晶が知られている。たとえば、ビスマスによる鮮やかな赤（スウェーデンのラングバン産）、銅による緑がかった青（シプリン）など。塊状の集合体は「カリフォルナイト」という別名で流通している。

ラウンド ミックス ケニア産
0.80ct No.7102

カナダ ケベック州産
No.4004

カナダ アスベストス ジェフリー産
No.4003

アキシナイト Axinite

鉱物名(和名)	axinite-(Fe)(鉄斧石)、axinite-(Mg)(苦土斧石)		
主要化学成分	ホウケイ酸カルシウムアルミニウム鉄		
化学式	$Ca_4(Fe^{2+},Mg,Mn^{2+})_2Al_4[B_2Si_8O_{30}](OH)_2$		
光 沢	ガラス光沢		
晶 系	三斜晶系	へき開	良好(1方向)
比 重	3.2-3.3	硬 度	6½–7
屈折率	1.66–1.70	分 散	0.018–0.020

斧のような平らな結晶

斧石は鉄斧石、マンガン斧石など4種の鉱物種の仲間を指し、見分けがつかない。結晶が鋭く硬いことからギリシャ語の「斧」に由来。変成岩やペグマタイトに産する。一般的な濃い茶色の他、灰色、青紫色、黄色、オレンジ、赤までさまざま。欠けやすく、ファセットは蒐集家向けに限られる。

オーバル スター
フランス （旧ドーフィネ）産
4.88ct No.7178

パキスタン ギルギット産 No.8177

オブシディアン Obsidian

岩石名(和名)	obsidian(黒曜岩)		
主要化学成分	酸化ケイ素		
化学式	SiO_2 他		
光沢	ガラス光沢		
晶系	非晶質	へき開	なし
比重	2.3–2.6	硬度	5-6
屈折率	1.45–1.55	分散	0.010

古くから鋭利な破断面を刃物に利用

粘性の高いマグマがほとんど結晶化せずに固まってできた天然のガラスで、流紋岩質溶岩の一部に形成される。旧石器時代〜縄文時代に矢じりやナイフなどの石器として利用された。黒〜灰色が一般的だが、暗緑色や赤褐色のものもある。微細な気泡や内包物により、金色のシャトヤンシー（キャッツアイ効果）やシーン（ムーンストーン効果）、虹色を生み出すこともある。赤鉄鉱などの内包物によって赤や茶の模様が入ったものは「マホガニー黒曜石」、クリストバライト（方珪石(ほうけいせき)）の白い放射状集合体を伴うものは、「雪花黒曜石(せっかこくようせき)（スノーフレーク）」と呼ばれる。

米国 コロラド州産 No.8050

ハート カボション
96.26ct No.7171B

オーバル カボション
56.20ct No.7171A

左の2点はメキシコ ハリスコ州 マグダレーナ産

オーバル カボション
北海道 遠軽町（旧白滝村）産
18.05ct No.7051

モルダバイト Moldavite

岩石名(和名)	tektite(テクタイト)		
主要化学成分	含アルミニウム酸化ケイ素		
化学式	$SiO_2(+Al_2O_3)$		
光沢	ガラス光沢		
晶系	非晶質	へき開	なし
比重	2.4	硬度	5½
屈折率	1.48–1.54	分散	-

隕石衝突で生じた天然ガラス

大きな隕石が地球に衝突したときの衝撃で地表の岩石が融けて空中に飛び散り、瞬時に冷えてできる天然ガラス「テクタイト」の一種。テクタイトは世界各地で見つかっているが、黒色不透明なものが多い。約1500万年前にドイツ・バイエルン州リースに落下した隕石の衝撃で生じたテクタイトはオリーブグリーンの色とともに、原石の表面の凹凸模様が特徴的で、モルダバイトと呼ばれる。産出範囲はリース・クレーターから450㎞も離れた場所まで及ぶ。リビア砂漠で見つかる淡黄色のガラスもテクタイトの一種でリビアガラスと呼ばれる。

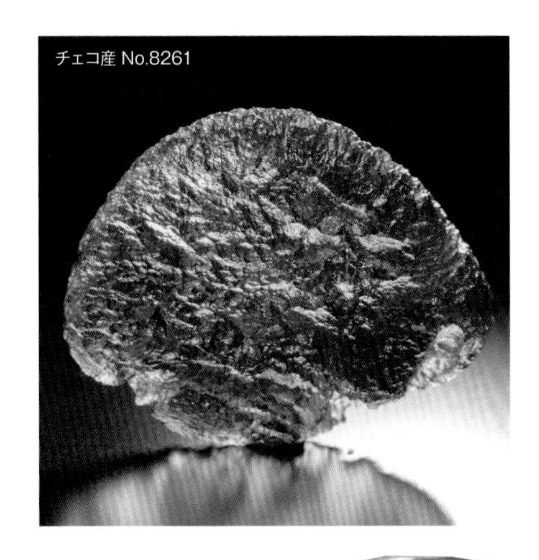

チェコ産 No.8261

オーバル ミックス
チェコ産
5.02ct No.7264

column

岩石もジュエリーになる？ 美しい岩石

鉱物の集合体である岩石の宝石の代表といえば「ラピスラズリ（P.192）」だが、ほかにも美しい岩石は存在する。ブローチやリングにすると独特の模様と風合いが楽しめる４種の岩石を紹介。

ライムストーン limestone

岩石名（和名）　limestone（石灰岩）
主要構成鉱物　方解石

温暖な海に生息していた生物の遺骸などが堆積してできた炭酸カルシウムを主成分とする堆積岩。通常、白～灰色だが、鉄分を含んで赤みを帯びていたり、黄鉄鉱や石墨などで黒っぽくなっていたりするなど、色のバリエーションが広い。しばしば化石を含み、独特の模様となっている。海外では、サンゴやウミユリの化石を含む石灰岩を磨いて宝石として用いることもあるらしい。宝石・石材としては「マーブル」に含めることもある。日本では、ウミユリの化石が梅の花のような白い模様となっているものを「梅花石」と呼んで観賞用の石にされる。

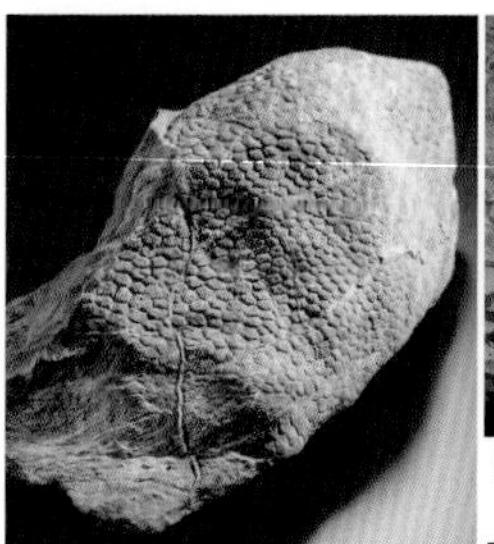

"蛇紋石"と呼ばれるサンゴ化石を含む石灰岩。岩手県産 個人蔵

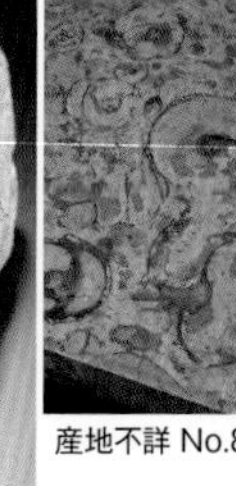

産地不詳 No.8636

オーバル カボション
米国産 73.01ct No.7635

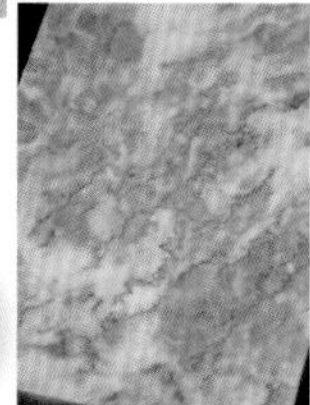

岩手県産 No.8641

マーブル Marble

岩石名（和名）　crystalline limestone（結晶質石灰岩），
crystalline dolostone（結晶質苦灰岩），
serpentinite（蛇紋岩）
主要構成鉱物　方解石

日本語では「大理石」と呼ばれ、再結晶した石灰岩あるいは苦灰岩などである。純粋なものであれば白亜だが、わずかな鉄分で褐色味を帯びていたり、黄鉄鉱や石墨などで黒っぽくなっていたりするなど、色のバリエーションが広い。また、アイルランド産「コネマラマーブル（Connemara marble）」のような緑～黄色のマーブルは、蛇紋岩であることが多い。このように「マーブル」と呼ばれていても、地質学的には多様な岩石を含んでおり、見かけのバリエーションも広い。古くから宝石として使われてきたらしく、メソポタミアの遺跡から発見された宝飾品はマーブルを彫ったものである。大きな原石が得やすく加工や彫刻が施しやすいため、現在では装飾用石材としての利用が主となっている。

ギリシャ産 No.8469

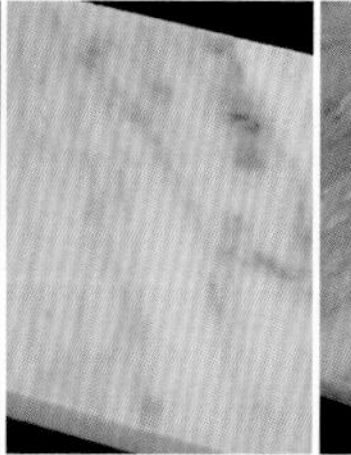

イタリア産 No.8470b

ノルウェー産 No.8470c

オーバル カボション
パキスタン産 16.39ct
No.7632

オーバル カボション
パキスタン産 78.88ct
No.7633

コネマラマーブルのリング
アイルランド産 個人蔵

グラニット　Granite

岩石名(和名) granite (花崗岩)
主要構成鉱物 石英、カリ長石、斜長石、雲母

地下深部でマグマがゆっくりと固まってできた岩石で、石英、カリ長石、斜長石、黒雲母など複数の鉱物の集合体である。微量の赤鉄鉱によりカリ長石が赤味を帯びていることがあり、岩石全体が赤っぽく見えることもある。日本では御影石(みかげいし)と呼ばれ、石材としての利用が一般的であるが、ビクトリア期の英国では、スコットランド・アバディーン地域で採掘された白っぽい花崗岩と赤っぽい花崗岩を組み合わせたジュエリーが盛んに作られた。最近では、微細な割れ目にアズライトが沈澱しているパキスタン産花崗岩が「K2グラニット」としてアクセサリーに使われている。

岡山県 岡山市 万成産
No.8463

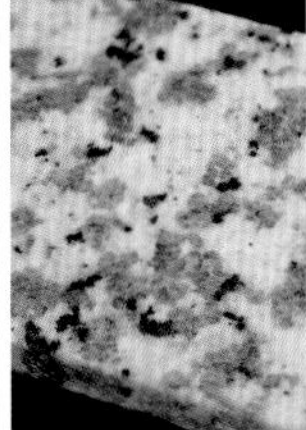

愛知県 豊田市産
No.8466a

フィンランド産
No.8466d

山口県 周南市産 個人蔵

茨城県 笠間市 稲田産 17.06ct
No.7465

アズライト入りルース
パキスタン産
個人蔵

グラニットのブローチ 英国産 個人蔵

サンドストーン　Sandstone

岩石名(和名) sandstone (砂岩)
主要構成鉱物 石英

砂が固まった岩石。大陸で形成した砂岩には、ほとんど石英の粒子からできているものがあり真っ白であることもあるが、わずかに含まれる不純物により着色していることが多い。サンドストーンが変成作用を受けて再結晶したものは「クォーツァイト」といい、特に美しいものは「アベンチュリン」と呼ばれる。浸透した地下水に溶けていた鉄分が沈澱して、褐色の模様をつくっていることがあり「ピクチャーストーン」と呼ばれる。また、二酸化マンガンの樹枝状結晶ができているものを「デンドライト」といい、アクセサリーとして使うこともある。なお、「ゴールドサンドストーン」や「砂金石」などと呼ばれている石は、銅などを混ぜたガラスである。

ヨルダン産 個人蔵

オーストラリア アンダムーカ産
146.43ct No.7491

オーバル カボション
米国 オレゴン州産
61.04ct No.7493

ペタライト Petalite

鉱物名(和名)	petalite(葉長石)		
主要化学成分	アルミノケイ酸リチウム		
化学式	$LiAlSi_4O_{10}$		
光沢	ガラス光沢		
晶系	単斜晶系	へき開	完全(1方向)
比重	2.4	硬度	6-6½
屈折率	1.50-1.52	分散	0.0141

元素のリチウムが発見される鍵となった

見た目が長石グループに良く似た石で、無色透明なものが蒐集家向けにファセットカットされるが、脆いためジュエリーの仕立てには向かない。長石よりはるかに珍しく、リチウムの主要な資源でもあるが、通常は不透明な塊であって宝石質のものは更に稀。リチウムを含んだペグマタイト中にリチア輝石、リチア雲母、リチア電気石などとともに産する。劈開(へきかい)により薄い葉片状に剥がれることからギリシャ語の「葉」にちなみ命名。

トリリアント スター
ブラジル ミナス・ジェライス州
イチンガ産 51.79ct No.3014

ブラジル ミナス・ジェライス州産 No.8273

オーバル ミックス
ブラジル産 8.94ct
No.7313

ポルーサイト Pollucite

鉱物名(和名)	pollucite(ポルクス石)		
主要化学成分	水和アルミノケイ酸セシウム		
化学式	$Cs(Si_2Al)O_6 \cdot nH_2O$		
光沢	ガラス光沢		
晶系	立方晶系	へき開	なし
比重	2.7-3.0	硬度	6½-7
屈折率	1.51-1.53	分散	0.014

双子座の星と同じ名前の石

同時に発見された2つの鉱物が、ギリシャ神話に登場する双子の英雄で、ふたご座の星の名前にもなっているカストルとポルックスにちなんで命名。しかしカストル石のほうは葉長石(ようちょうせき)(ペタライト)と同一鉱物であることが判明し使われなくなった。希少な元素セシウムを主成分に含む数少ない鉱物のひとつで、堆積岩やペグマタイト中に見つかる。微細結晶の塊状集合体であることが普通で、大粒の結晶は稀。さらに透明度が高い大きな結晶となると極めて稀であるが、アフガニスタンのカムデシュでは直径60cmもある結晶が見つかっている。

アフガニスタン産 No.8075

オクタゴン ミックス
パキスタン シンガス産
3.79ct No.7147

長石族の宝石

Feldspar minerals

宝石名	鉱物名（亜種名）
ムーンストーン	オーソクレース（またはサニディン、マイクロクリン）、アルバイト、ラブラドライト
サンストーン	アルバイト（アンデシン、オリゴクレース）、アノーサイト（ラブラドライト）、オーソクレースなど
ラブラドライト	ラブラドライト
アマゾナイト	マイクロクリン

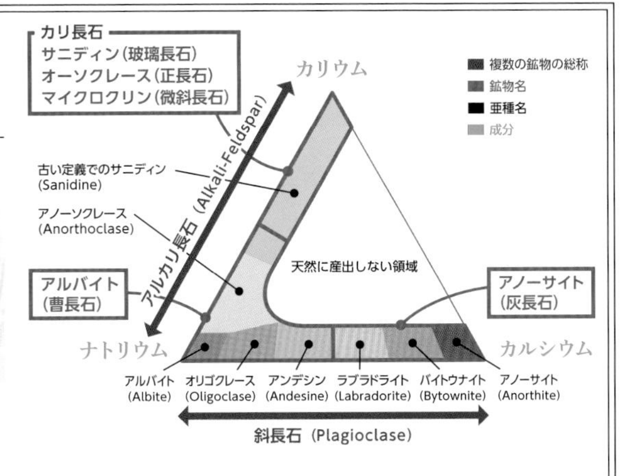

地殻に最も多く、種類も多様

長石は、地殻に最もたくさんある造岩鉱物で、ムーンストーンやサンストーンなども長石の一種にあたる。ケイ素、アルミニウム、酸素が共通して含まれるが、それ以外の元素によって、カリウムが多いカリ長石、ナトリウムが多い曹長石、カルシウムが多い灰長石の3つに大別される。カリ長石は原子の並び方によって、さらに玻璃長石、正長石、微斜長石の3種に分けられる。また、カリ長石と曹長石（カルシウムをあまり含まないもの）を総称してアルカリ長石、曹長石（カリウムをあまり含まないもの）と灰長石を総称して斜長石と呼ぶ。アルカリ長石は花崗岩、花崗閃緑岩、閃長岩などに、斜長石は斑糲岩、安山岩、玄武岩などに普通に含まれる。

かつて長石はもっと細かく分類されていたが（上図）、鉱物種の区分としては使われなくなった。しかし、それぞれの名称は宝石名としては今でも用いられており、ジュエリーに仕立てられることは少ないものの、透明度の高い長石が、以前の分類名のまま流通している。

一方、独自の宝石名が付けられた長石には、アマゾナイト、ムーンストーン、サンストーンなどがある。アマゾナイトは、鉱物種の微斜長石に対応するが、ムーンストーンやサンストーンは単に見た目による呼称で、どれか一種の長石だけに対応しているわけではない。

●サニディン

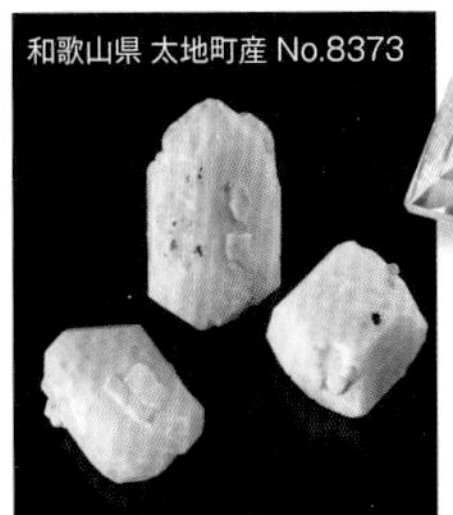

和歌山県 太地町産 No.8373

スクエア ステップ
ドイツ産
（旧西ドイツ）
1.13ct
No.7374

●アデュラリア（氷長石：特徴的な形を持つ低温生成のカリ長石の亜種名）

アフガニスタン産
No.8377

ステップ
オーストリア チロル産
14.98ct No.7378

●バイトウナイト

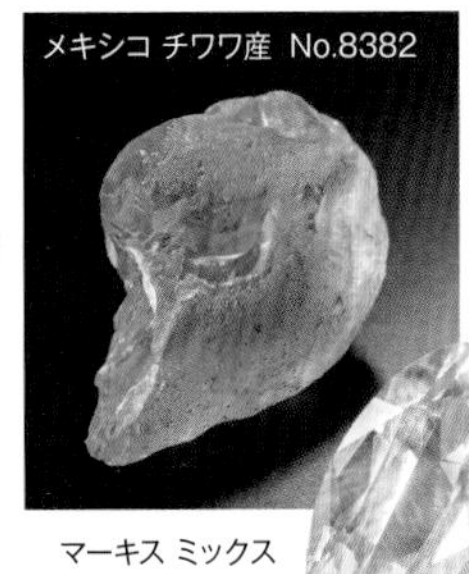

メキシコ チワワ産 No.8382

マーキス ミックス
5.31ct No.7383

●オーソクレース

マダガスカル産 No.8129

オーバル ミックス
（イエロー）
マダガスカル産
10.75ct No.7376

●オリゴクレース

ケニア スルタンハムッド産
No.8392

ラウンド ミックス
ケニア スルタンハミッド産 1.02ct No.7392

●アノーサイト

三宅島 赤場暁湾産 No.8386

ムーンストーン Moonstone

鉱物名(和名)	orthoclase(正長石・オーソクレース)		
主要化学成分	アルミノケイ酸カリウム		
化学式	$KAlSi_3O_8$		
光沢	ガラス光沢		
晶系	単斜晶系	へき開	完全(1方向)、良好(1方向)
比重	2.6	硬度	6 –6½
屈折率	1.52-1.53	分散	–

結晶の冷却過程でできた月光のような輝き

青みがかった月光のようなシーン（閃光）を持つ石。古代ローマ人はそれが月の光の固まったものだと信じて、この石を月の女神に結びつけた。このシーンは石の内部組織に由来する光の干渉現象であり、ナトリウムとカリウムの両方を含むカリ長石、オーソクレースやマイクロクリンに見られる。マグマから結晶となったばかりのカリ長石、オーソクレースやマイクロクリンの結晶は均質だが、冷えるに従って２種類の長石に分離（離溶）し、膜状の組織（曹長石とカリ長石の互層）をつくる。カルシウムとナトリウムの両方を含む中間的組成の斜長石（ラブラドライトやオリゴクレース）においても、しばしば同様の膜状組織ができる。それが光の干渉を引き起こし、シーンをつくりだす。ムーンストーンは明るい地色の石が多く、またシーンも青白いモノトーンであるのに対し、ラブラドライトは暗い地色の中に鮮やかな七色の干渉色を示すものが多い。しかし最近、マダガスカルなどから明るい地色で青白いシーンを持つ、ムーンストーンと区別しにくい見た目を持つラブラドライトが見つかり、レインボームーンストーンの名で流通している。また、成分が曹長石（主にオリゴクレース）に相当する石はブルームーンストーンやペリステライトと呼ばれることもある。

オーソクレース インド産 No.8405

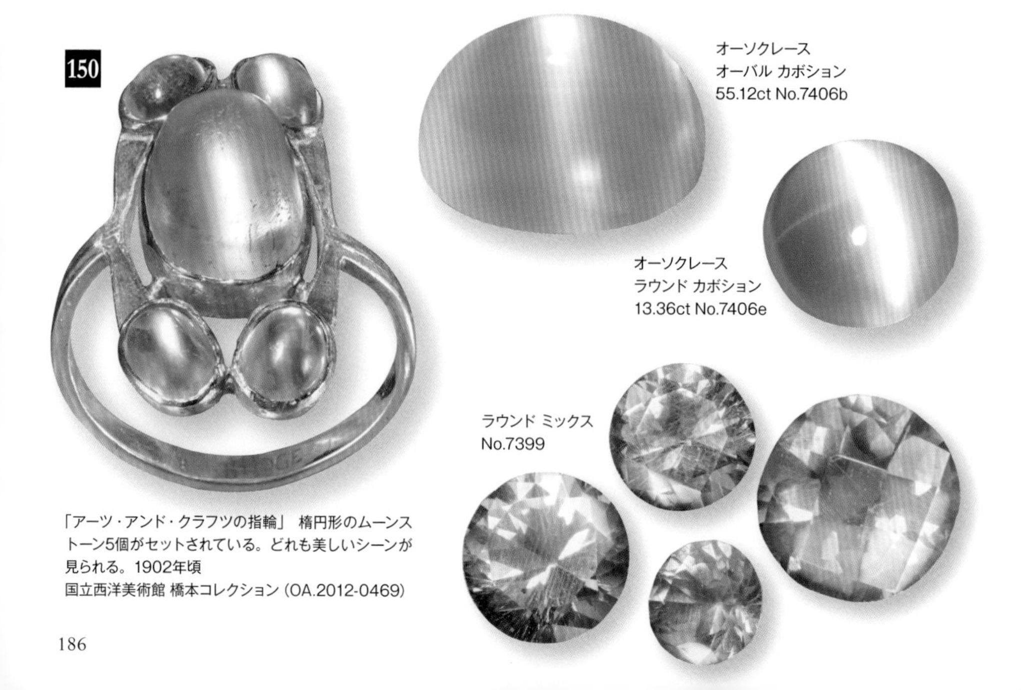

オーソクレース
オーバル カボション
55.12ct No.7406b

オーソクレース
ラウンド カボション
13.36ct No.7406e

ラウンド ミックス
No.7399

「アーツ・アンド・クラフツの指輪」 楕円形のムーンストーン5個がセットされている。どれも美しいシーンが見られる。1902年頃
国立西洋美術館 橋本コレクション（OA.2012-0469）

クオリティスケール
ムーンストーン（無処理）

濃淡＼美しさ	S	A	B	C	D
7					
6					
5					
4					
3					
2					
1					

類似宝石

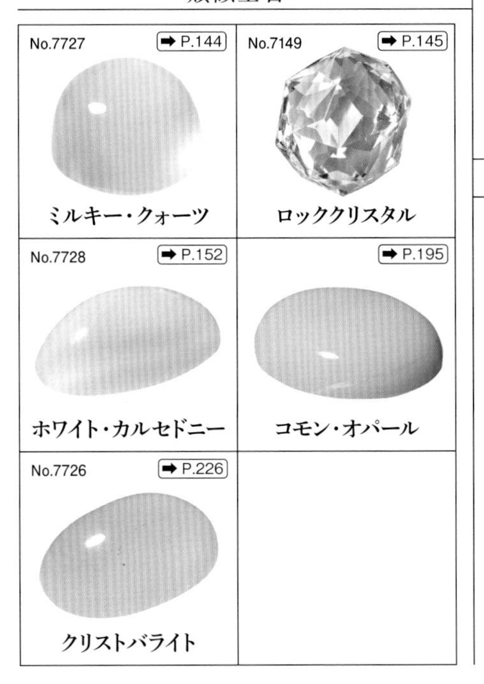

クオリティスケール上でみた品質の３ゾーン

	S	A	B	C	D
7					
6					
5					
4					
3					
2					
1					

〈 価値比較表 〉

ct size	GQ	JQ	AQ
10	25	3	1
3	3	1.5	0.5
1	1	0.6	0.3
0.5			

〈 品質の見分け方 〉

月の光のようにカボションの表面の上に優しくシーンの表れる2S、2Aのようなムーンストーンが良質と判定される。

2S、2Aを見ると、青みが見られる。透明度が高くブルーの色みであることがムーンストーンの美しさの要でもある。2B、2Cは灰色、うす茶が強くなり2Dは透明度が欠けている。青みがかかっていて、シーンの表れる大粒のスリランカ産のムーンストーンは破格のものも存在する。

カボションカットの宝石に共通することだが、輪郭、山の高さ、曲線の具合などバランスが大切。好きずきのこともあるが、ジュエリーの仕立て方によって大きく評価が異なることも留意が必要。長石類に共通するが、ムーンストーンは割れやすいので、特に指輪は固いものにぶつけて石を割ってしまわないように丁寧に使うことが大切だ。

人工石	模造
市場になし	ガラス No.7729 No.7730

ラブラドライト Labradorite

鉱物名(和名)	anorthite(灰長石・アノーサイト)		
主要化学成分	アルミノケイ酸ナトリウムカルシウム		
化学式	$(Ca,Na)(Si,Al)_4O_8$		
光沢	亜ガラス光沢		
晶系	三斜晶系	へき開	完全(1方向),良好(1方向)
比重	2.7	硬度	6-6½
屈折率	1.56–1.57	分散	-(小さい)

光の干渉で起こる閃光

青を基調とするシラー(閃光)や豊かな虹色のイリデッセンスが現れ、ラブラドレッセンスと呼ばれる。高温では均質だった結晶が冷えるに従い、ナトリウムが多い長石とカルシウムが多い長石に分離し(離溶)、それらが薄膜をつくっていることから光の干渉が起こる。初産地のカナダのラブラドール島に因み命名。フィンランド産のシラーが強いものはスペクトロライトとも呼ばれる。南インドやマダガスカルでも美しいイリデッセンスを持つ透明に近い石が産出する。イリデッセンスを示さない透明な黄、オレンジ、赤、グリーンの石もある。

マダガスカル産 No.2071

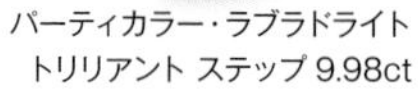

パーティカラー・ラブラドライト
トリリアント ステップ 9.98ct

ラブラドライト(板状に研磨)
カナダ ラブラドール産 No.8409

アマゾナイト Amazonite

鉱物名(和名)	microcline(微斜長石・マイクロクリン)		
主要化学成分	アルミノケイ酸カリウム		
化学式	$K(AlSi_3O_8)$		
光沢	ガラス光沢		
晶系	三斜晶系	へき開	完全(1方向),良好(1方向)
比重	2.6	硬度	6 -6½
屈折率	1.51-1.54	分散	-(小さい)

鮮やかなブルーグリーンは大河を思わせる

青緑色から緑色の微斜長石が、アマゾナイト(アマゾンストーン・天河石)と呼ばれる。古くからエジプト、メソポタミアで使われ、インドでも紀元前3世紀頃のものが知られる。微斜長石は本来、無色(白色)だが、黄、赤、青、緑などさまざまな色のものがある。緑色の発色因は微量成分の鉛と言われるが、鉛が検出されないこともあり、正確なところは不詳。劈開(へきかい)が顕著で、取り扱いに注意を要する。不透明で白色の細かなまだら模様が入っていることが多く、カボションカットにされる。主要産地はブラジルのミナス・ジェライス州で、アマゾン川の流域ではない。

米国 コロラド州 ハリオパーク産 No.8092

オーバル カボション
ロシア(旧ソビエト連邦)産
83.92ct No.7093

サンストーン Sunstone

鉱物名(和名)	albite(曹長石・アルバイト)		
主要化学成分	アルミノケイ酸ナトリウムカルシウム		
化学式	$(Na,Ca)Al(Si,Al)_3O_8$		
光沢	ガラス光沢〜真珠光沢		
晶系	三斜晶系	へき開	完全(1方向)、良好(1方向)
比重	2.6–2.7	硬度	6–6½
屈折率	1.53-1.56	分散	–

アベンチュレッセンスが見られる長石

長石グループの中で、アベンチュレッセンス(微細な酸化鉄や自然銅の内包物による煌めき)が見られる石を総称してサンストーンという。赤いものが一般的だが黄、緑、青味がかった色合いもあり、内包物の配列によっては、シャトヤンシー(キャッツアイのように白い光の帯ができる効果)が見られることもある。自然銅のインクルージョンがルーペで視認できるくらい大粒の場合は、赤銅色のアベンチュレッセンスが顕著である。しかし、同じ自然銅でも、光の波長よりも小さなコロイド状粒子として長石の中に分散して含まれている場合はアベンチュレッセンスは見えず、粒子サイズに応じてさまざまな色合いとなる。

鉱物種としては斜長石に属するものが多く、成分で細分化された亜種名(オリゴクレース、アンデシン、ラブラドライト)と組み合わせて呼ばれることもある。稀に正長石に属するオーソクレース・サンストーンもある。ロシア、ノルウェー、インドなどに加え、近年では米国オレゴン州のラブラドライト・サンストーンやチベット産のアンデシン・サンストーンも多く流通している。また、近年では色の薄い斜長石を銅と一緒に加熱処理して赤い色調に改変した石も出回っている。

オリゴクレース インド産 No.8400

オリゴクレース
オーバル カボション
インド カルナタカ州産
9.99ct No.7402

オーソクレース
オーバル バスケット ミックス
マダガスカル産 12.82ct No.7403

アンデシン
クッション ミックス
中国 チベット自治区産
2.98ct No.7390

アンデシン(5個) 中国産 No.8388

硬度6

ヘマタイト　Hematite

鉱物名(和名)	hematite(赤鉄鉱)		
主要化学成分	酸化鉄		
化学式	Fe_2O_3		
光沢	金属光沢、土状		
晶系	三方晶系	へき開	なし
比重	5.1–5.3	硬度	5–6
屈折率	2.87–3.22	分散	–(非常に大きい)

ローマ神話の戦いの神マルスの石

鉄鉱石として利用される鉱物で、化学成分は酸化鉄、いわゆる赤さびと同じである。緻密な結晶の塊は黒色あるいは暗赤褐色から鋼灰色で、研磨すると金属光沢を持ち黒光りする。大きな薄板状結晶として産出することもあり、その場合は研磨しなくても、結晶面で強く反射する。ところが、細かく砕いて粉にすると赤色となり、古くから顔料(弁柄・紅殻、レッドオーカー)として利用されてきた。約1300年前の古墳や2万年前のラスコー洞窟などの壁面に残されており、4万年前ごろから使われたらしい。「血」を意味するギリシア語に因んでhematiteと命名されているのは、傷をつけると赤くなることが血を連想させるためであろう。そのため、ローマ神話の戦いの神「マルス」を象徴する石とも言われる。和名は「赤鉄鉱」。火成岩、熱水脈、堆積岩中に見られる。

朝鮮半島産 No.2030

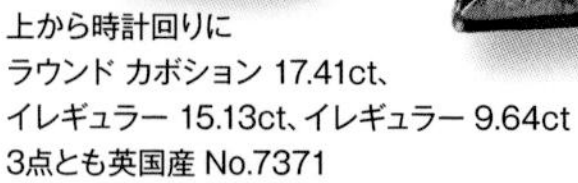

上から時計回りに
ラウンド カボション 17.41ct、
イレギュラー 15.13ct、イレギュラー 9.64ct
3点とも英国産 No.7371

19

「インタリオの指輪」 中央には子宮のシンボル、その上に3体の神々が彫られたヘマタイトのリング。2-3世紀、帝政ローマ時代
国立西洋美術館 橋本コレクション(OA.2012-0021)

171

「ハンズ・ハンセンのデザインによる銀とヘマタイトの指輪」 ヘマタイトでかたどったボールが回転するように仕立てられている。1960年頃
国立西洋美術館
橋本コレクション
(OA.2012-0625)

パイライト Pyrite
マーカサイト Marcasite

鉱物名(和名)	pyrite(黄鉄鉱)		
主要化学成分	硫化鉄		
化学式	FeS_2		
光沢	金属光沢		
晶系	立方晶系	へき開	不明瞭(3方向)
比重	5.0–5.2	硬度	6–6½
屈折率	1.81	分散	なし

ダイヤモンドの代用にされた金色の石

真鍮(しんちゅう)のような金属光沢の鉱物で、金と見間違えられることが多かったため、「愚者の金(Fool's Gold))」と呼ばれた。黄金あるいは真鍮色だが、主成分は金でも銅でもない。鉄の硫化物である。さまざまな環境で生成し、熱水脈、ペグマタイト、火成岩、変成岩、堆積岩などの中から、塊状、粒状、団塊状で産出する。大粒の結晶もそれほど珍しいわけではなく、立方体、正八面体、五角十二面体など、あたかもファセットカットしたような整った結晶形であることから、アンカットで宝飾品に使われたり、磨いてビーズにしたりされる。また、自然の結晶を楽しむための鉱物標本コレクションとしても人気がある。金槌などで強く叩くことで火花を散らすことから、「火」を意味するギリシャ語にちなんで「パイライト」と名付けられた。

金属光沢で光を強く反射することから、英国の19世紀（主にビクトリア朝時代）にダイヤモンドの安価な代用品として人気を博し、マーカサイト（マルカジット）と呼ばれた。「マーカサイト」は白鉄鉱の鉱物種名で、分解しやすいことからジュエリーには向かない鉱物なのだが、外見がパイライトと似ているため混同されていたらしい。このため、アンティークジュエリーでは「パイライト」より「マーカサイト（マルカジット）」と表記されていることが多い。現在では宝石とされることは稀だが、宝石の歴史の中で一世を風靡した石だと言えるだろう。

スペイン ログロナ産 No.8260

硬度 5

155

「白鉄鉱の指輪」 ふっくら盛り上がった小舟形のベゼルにパイライトが敷き詰められている。おそらく1920年頃
国立西洋美術館 橋本コレクション（OA.2012-0710）

オクタゴン ステップ
メキシコ産 10.80ct
No.7237

ラピスラズリ Lapis lazuli

鉱物名(和名)	lazurite(ラズライト・青金石)		
主要化学成分	アルミノケイ酸硫酸硫化ナトリウムカルシウム		
化学式	$Na_7Ca(Al_6Si_6O_{24})(SO_4)(S_3)^{-}\cdot nH_2O$		
光沢	無艶からガラス光沢		
晶系	立方晶系	へき開	不完全(6方向)
比重	2.4-2.5	硬度	5-5½
屈折率	1.50-1.52	分散	–

古代文明で珍重された

ラズライトという鉱物を主体に複数の鉱物から成る青色不透明の岩石で、青の中に真鍮色の黄鉄鉱と白い方解石などが混ざる。顔料のウルトラマリンの原料としても有名。非常に硬いというわけではないが、緻密なものは充分な堅牢性を備える。

宝石としては最古の歴史を持ち、メソポタミアでは紀元前4000年、古代エジプトでは紀元前3100年、中国では紀元前6～紀元前5世紀頃から、古代ギリシャ・ローマ（紀元前5～紀元前2世紀）でもビーズ、彫刻、象嵌、ペンダント等に用いられた。こうした用途にはさまざまな意味合いが込められており、例えば仏教徒にとっては心の平安と冷静を得て、邪悪な考えを払いのける石とされている。ヨーロッパのルネッサンス期にはカービングを施したオブジェが好まれ、現代では、リング、ペンダント、メンズ・ジュエリーなどに仕立てられる。青い宝石の代表格で古代ギリシャ・ローマではSapphirus（サフィルス）と呼ばれ、その名はサファイアに受け継がれた。青色に発色しているのは、含まれている硫黄の特異な電子状態による。

ラピスラズリは熱変成を受けた石灰岩の中に生成するが、その産地は非常に限られる。歴史的に用いられてきたのはほぼ全てアフガニスタンのバダフシャン地方のもので、ここは今日まで絶えることなく6000年以上にわたり原石を供給し続けている世界最古の宝石産地である。鉱物としてのラズライトは世界10か国以上から産出が報告されているが、今日でもアフガニスタン産のラピスラズリが最高の評価を受けている。

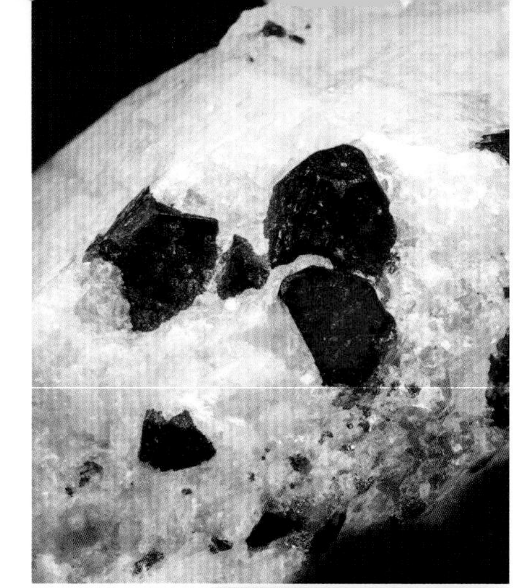

ラズライト
アフガニスタン
バダフシャン産
No.8174

ラピスラズリ
アフガニスタン バダフシャン産
No.8175A

オーバル カボション
アフガニスタン バダフシャン産
12.22ct No.7176A

12
「四頭立て馬車に乗るヘリオス」 二輪戦車に乗ってムチ打つヘリオスの姿が彫られていると考えられる。紀元前1世紀後期
国立西洋美術館
橋本コレクション
(OA.2012-0036)

57
「銀製印章指輪」 ラピスラズリの平板に「王を永遠に信じる」という意のことが彫られている
15世紀後期もしくは16世紀
国立西洋美術館
橋本コレクション
(OA.2012-0762)

クオリティスケール
ラピスラズリ（無処理）

濃淡 ＼ 美しさ	S	A	B	C	D
7					
6					
5					
4					
3					
2					
1					

クオリティスケール上でみた品質の３ゾーン

	S	A	B	C	D
7					
6					
5					
4					
3					
2					
1					

〈 価値比較表 〉

ct size	GQ	JQ	AQ
10	9	3	0.3
5	4.5	1.5	0.15
2.5	2	0.7	0.07
0.5			

〈 品質の見分け方 〉

真の瑠璃色、ラピスブルーは、濃淡5、6、美しさSのパープル味が豊富なものと判定。黒みや白み、グレイがかった色はラピスラズリでは美しさに欠けると考えられる。

パイライトは全く入っていないもの、入っているならば、バランスの良く適度に入ったものが好まれGQとされる。その前提に真のラピスブルーであることは言うに及ばない。

ラピスラズリはカボションよりもフラットのものに美しいものがより多く見られるほか、着色により色の改変が行われている場合があるので注意が必要だ。

類似宝石

No.7194 ➡ P175

デュモルティエライト

No.7742 ➡ P.194

ソーダライト

No.7024 ➡ P.210

ラズーライト

No.7741 ➡ P.223

アズライト

人工石

No.7743

人工ラピスラズリ

模造

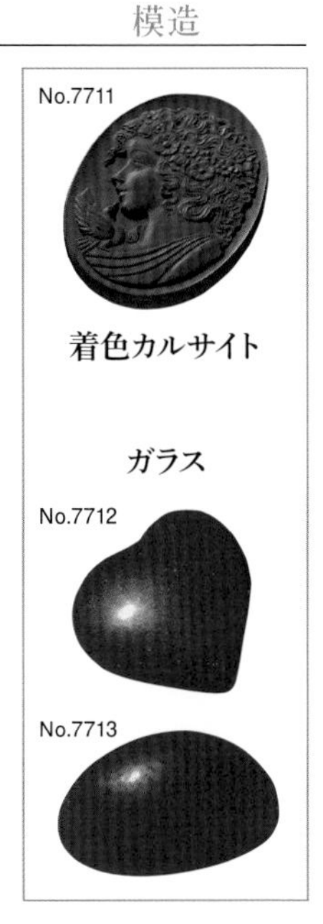

No.7711

着色カルサイト

ガラス

No.7712

No.7713

アウイナイト Hauynite

鉱物名(和名)	haüyne(藍方石)		
主要化学成分	アルミノケイ酸硫酸ナトリウムカルシウム		
化学式	$Na_3Ca(Si_3Al_3)O_{12}(SO_4)$		
光沢	ガラス光沢〜脂肪光沢		
晶系	立方晶系	へき開	明瞭(6方向)
比重	2.4–2.5	硬度	5½-6
屈折率	1.49–1.51	分散	なし

唯一無二の青

ラピスラズリに含まれる青い鉱物のひとつだが、ファセットカットに適した大粒の結晶は極めて珍しく、かつてはドイツのアイフェル地方が唯一の宝石質結晶の産地であった。青い結晶がもっとも一般的だが、白、灰色、黄、緑、ピンクもある。内部に傷や曇りが多く、透明度の高いものは稀産な上、割れやすく、カットが難しい。シリカ（ケイ酸）成分が少ない火山岩中や特定の変成岩中に産する。名は、結晶学の父、ルネ=ジュスト・アウイにちなむ。

ドイツ アイフェル産 No.2019

ペア ミックス
ドイツ アイフェル産 0.16ct No.7108

ソーダライト Sodalite

鉱物名(和名)	sodalite(方ソーダ石)		
主要化学成分	塩化アルミノケイ酸ナトリウム		
化学式	$Na_4(Si_3Al_3)O_{12}Cl$		
光沢	ガラス光沢〜脂肪光沢		
晶系	立方晶系	へき開	明瞭(6方向)
比重	2.3	硬度	5½-6
屈折率	1.48–1.49	分散	0.018

ラピスラズリに含まれる青い鉱物

ラピスラズリに含まれる青い鉱物のひとつだが、時にソーダライトだけの塊もあり、その場合は通常のラピスラズリとは色合いがやや異なる。ソーダライトの青地に方解石の白い網目模様の入ったものはカボションカットや彫刻に好まれる。無色や淡黄、ピンク、淡紫色などの結晶もあり、透明なものはファセットカットされることもある。紫外線照射で鮮やかな橙色の蛍光を発することがある。色の淡い結晶では光に反応して変色するものがあり、ハックマナイトの名で知られる。変色した結晶も遮光しておくと元の色に戻る。主成分のナトリウム（曹達）が命名由来。

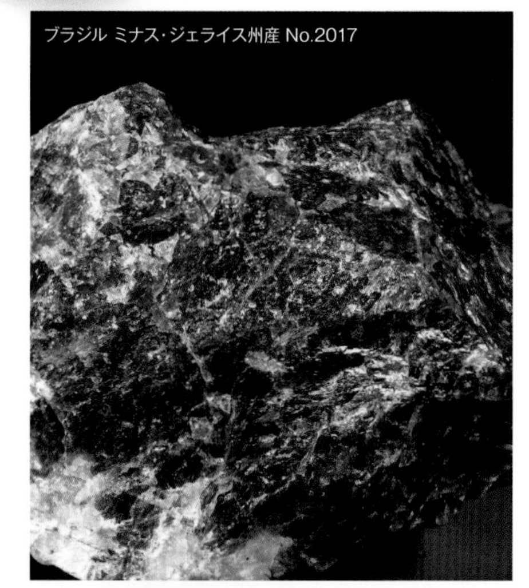

ブラジル ミナス・ジェライス州産 No.2017

オーバル カボション
チリ産 78.66ct
No.7167b

オパール　Opal

鉱物名(和名)	opal(蛋白石・オパール)		
主要化学成分	水和酸化ケイ素		
化学式	$SiO_2 \cdot nH_2O$		
光沢	ガラス光沢		
晶系	非晶質	へき開	なし
比重	1.9–2.5	硬度	5–6
屈折率	1.37–1.52	分散	-

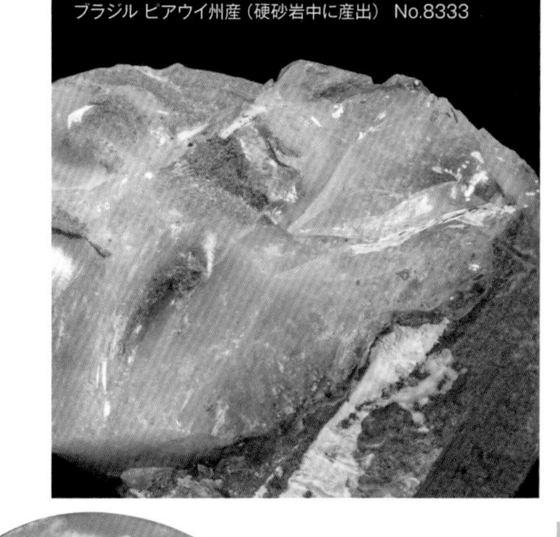

ブラジル ピアウイ州産（硬砂岩中に産出） No.8333

シェイクスピアいわく「宝石の女王」

虹色の遊色効果が魅力的なものはプレシャス・オパール、遊色を示さないものはコモン・オパールと呼ばれる。主成分はシリカ（ケイ素と酸素）と水。シリカ微粒子の集合体で、微粒子の隙間に水分子が吸着しており、極端な乾燥や急激な湿度変化により亀裂が生じるので注意を要する。シリカ成分を溶かし込んだ水が、地下の岩盤中にある空洞や割れ目、地層に埋もれた生物の遺骸（貝殻や樹木など）の隙間などに入り込み、その中で微細な球状シリカを沈殿させることで生成する。

プレシャス・オパールは、透明で微小な非晶質シリカ球から構成される。シリカ球の大きさが適度に揃い規則的に配列すると、光の干渉が起こり、遊色効果が生まれる。

コモン・オパールは、半透明から不透明が多く、透明度の良いものは地色を生かしてファセットカットされることもある。

宝石としての歴史は2000年以上前に遡る。カボションカットまたは彫刻としてカットされるが、ファセットに十分な透明度を持つ場合もある。名は、サンスクリット語とラテン語で「宝石」を意味する、それぞれ「upala」と「opalus」に由来。

ライト・オパール
オーバル カボション
ブラジル ピアウイ州産
0.91ct No.7346

ファイア・オパール エチオピア産
（流紋岩中の球顆（きゅうか）に形成）No.8336

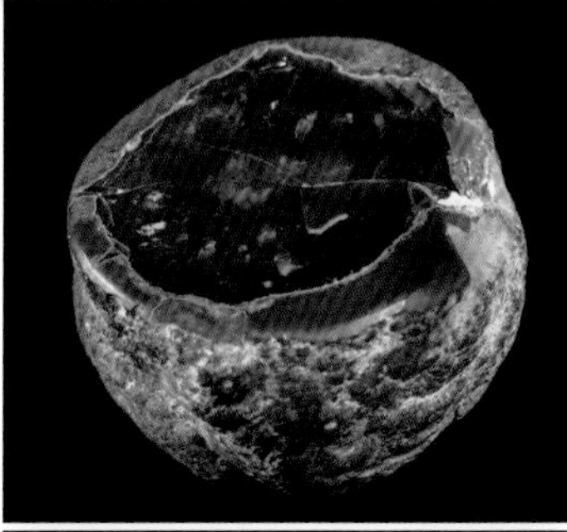

ピンク・オパール メキシコ産 No.8339

コモン・オパール ラウンド スター
米国 アイダホ州産（イエロー）、メキシコ産（ほか6種）
1.03〜3.16ct No.7349

189

「金とオパールの指輪」
オパール化した貝化石をセットしたゴールドリング。遊色効果が見られる。1999年
国立西洋美術館 橋本コレクション
（OA.2012-0679）

ライト・オパール　Light opal
ブラック・オパール　Black opal

地色による分類

オパールは地色によって、ライト・オパール（ホワイト・オパール）、ブラック・オパール、ファイア・オパール、ウォーター・オパールなどと呼ばれる。ライト・オパールは乳白色または白色の淡色な地色が特徴。半透明に半濁したものはミルキー・オパールとも。白い地色は、流体包有物に起因する。遊色効果を持つものはプレシャス・オパールの代表格。19世紀末まではスロバキアが主産地だったが、オーストラリアに取って代わられた。ブラック・オパールは1887年にオーストラリア・ニューサウスウェールズ州ライトニングリッジから発見され、現在も主要な産地。暗色の包有物による暗い背景は、遊色効果を際立たせる。

ファイア・オパールは、内包する酸化鉄による黄色、橙色、赤などの豊かな地色を持つ。透明なファイア・オパールはファセットカットに仕立てられる。遊色効果が顕著なものは光が炎の中に閉じ込められたように見える。ウォーター・オパールはジェリー・オパールとも呼ばれ、包有物がほとんど無く、遊色効果が透明な水中に閉じ込められたように見える。

ライト・オパール
オーストラリア サウスオーストラリア州 ミンタビー産 No.8330

ブラック・オパール
オーストラリア ニューサウスウェールズ州 ライトニングリッジ産
No.8329

ブラック・オパール
オーバル カボション
オーストラリア
ニューサウスウェールズ州
ライトニングリッジ産
1.15ct No.7344

109

「オパールの指輪」 主石のオパールの上部にはダイヤモンドがセットされ、周囲をサファイアが取り囲んでいる。
1840年頃
国立西洋美術館
橋本コレクション
（OA.2012-0340）

133

「マーキーズ形の指輪」 オーバル カボションのブラックオパールが煌めく。遊色効果が美しい。19世紀後期
国立西洋美術館 橋本コレクション
（OA.2012-0325）

メキシコ・オパール Mexican opal

火山岩の隙間から産する火のようなオパール

　メキシコではアステカ王国の時代から用いられており、16世紀初頭にスペインの征服者によってヨーロッパにもたらされた。1960年代には日本でも流行した。赤系の色合いが多いためファイア・オパールの代名詞ともなっている。オーストラリア産オパールがいずれも堆積岩の隙間に産するのに対し、メキシコ・オパールは火山岩の隙間に産することが特徴。堆積岩中のものに比べて湿度変化に弱く、乾燥によりひび割れを起こすため、取り扱いに注意が要る。

　近年、同様に火山岩中のオパールがエチオピアで見つかり、主力産地がオーストラリアから交替しつつある。

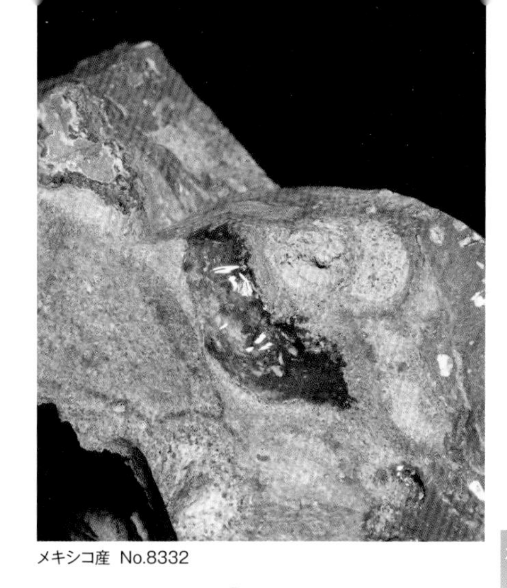

メキシコ産 No.8332

マトリクス・オパール
オーバル カボション
メキシコ産
11.07ct No.7350

145

「植物モチーフのアール・ヌーヴォー・リング」オーバル カボションのメキシコ・オパールが煌めく。赤系統の遊色効果が美しい。1900年頃
国立西洋美術館
橋本コレクション
(OA.2012-0462)

ボルダー・オパール Boulder opal

母岩が透けて見える薄さ故の美しさ

　地層をつくる堆積岩の中に薄い脈状に産するオパールはボルダー・オパールと呼ばれ、主にオーストラリア・クイーンズランド州に産する。オパールの層が薄いため、カボションではなく、母岩と共に平面的に磨かれることが多い。母岩の一部を紋様として見せる研磨をされることもある。濃い色あいの母岩が透けて、暗い地色の中に鮮やかな遊色が浮かび上がるものが評価が高い。オパールとしては比較的乾燥に強いことも特徴。人工的に母岩相当の背景を張り合わせたレイヤード（ダブレットやトリプレット）と見分けがつきにくいこともある。

オーストラリア クイーンズランド州（褐鉄鉱砂岩中）産
No.8334

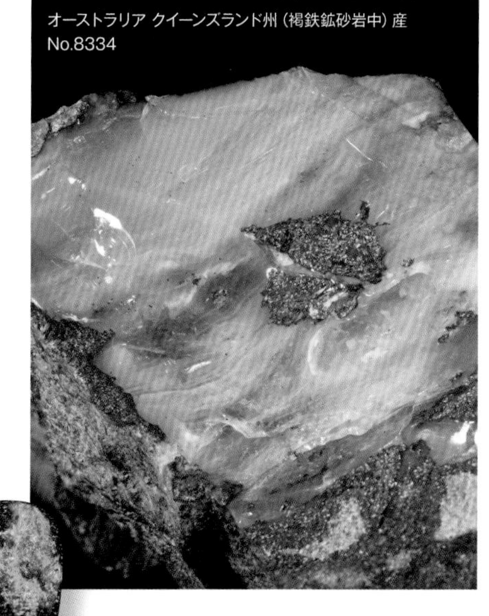

ボルダー・オパール
イレギュラー
オーストラリア クイーンズランド州産 15.15ct No.7345

クオリティスケール
ライト・オパール（無処理）

濃淡＼美しさ	S	A	B	C	D
7					
6					
5					
4					
3					
2					
1					

クオリティスケール
メキシコ・オパール（無処理）

濃淡＼美しさ	S	A	B	C	D
7					
6					
5					
4					
3					
2					
1					

クオリティスケール
ブラック・オパール（無処理）

濃淡＼美しさ	S	A	B	C	D
7					
6					
5					
4					
3					
2					
1					

クオリティスケール
ボルダー・オパール（無処理）

濃淡＼美しさ	S	A	B	C	D
7					
6					
5					
4					
3					
2					
1					

ライト・オパール

クオリティスケール上でみた品質の３ゾーン

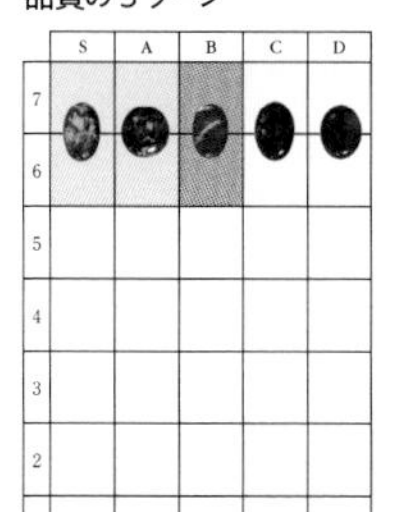

〈 価値比較表 〉

ct size	GQ	JQ	AQ
10	100	30	3
3	40	10	1
1	5	2	0.3
0.5			

メキシコ・オパール

クオリティスケール上でみた品質の３ゾーン

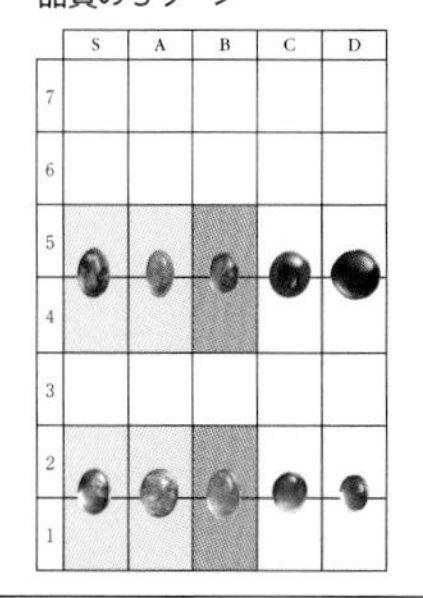

〈 価値比較表 〉

ct size	GQ	JQ	AQ
10	400	120	25
3	100	30	7
1	15	7	2
0.5			

ブラック・オパール

クオリティスケール上でみた品質の３ゾーン

〈 価値比較表 〉

ct size	GQ	JQ	AQ
10	400	80	12
3	200	40	4
1	30	8	2
0.5			

ボルダー・オパール

クオリティスケール上でみた品質の３ゾーン

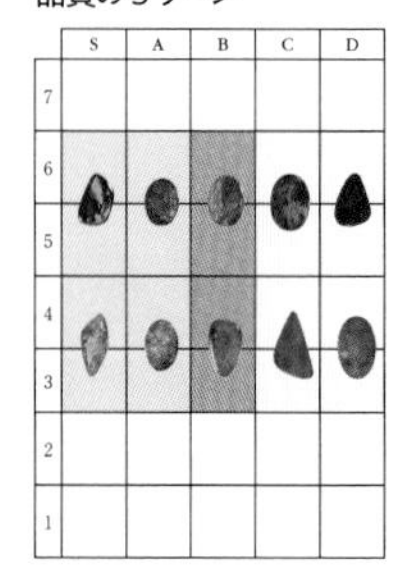

〈 価値比較表 〉

ct size	GQ	JQ	AQ
10	120	25	4
3	60	12	2
1	15	6	1
0.5			

類似宝石

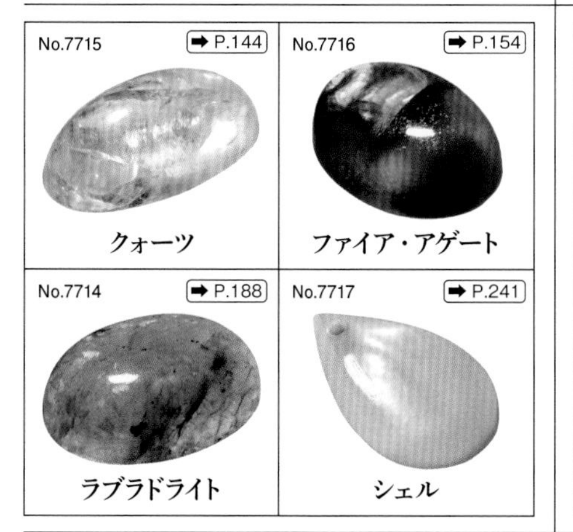

人工石

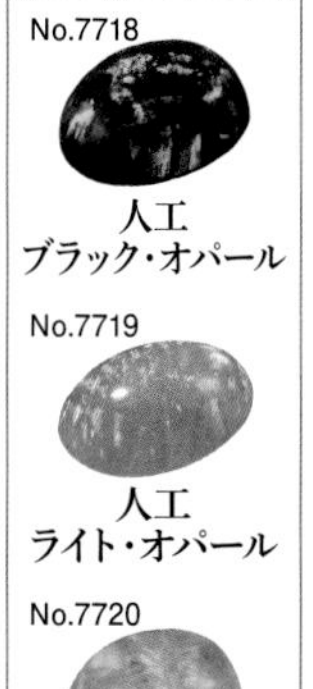

模造

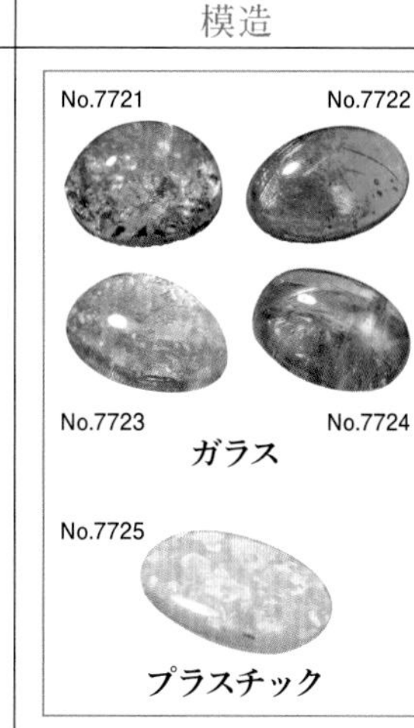

〈 品質の見分け方 〉オパールは3ctサイズGQで、価値が高いかは地色によってブラック200、メキシコ100、ボルダー60、ライト40の順。地色の違いは別にしてプレイオブカラー（遊色効果）の強さと斑のバランスが品質の要だ。クラックが入っていないかチェックが必要。オパールは水分を多く含むので、乾燥し、ヒビ割れて美しさを損なうことがある。モース硬度5で脆く欠けやすいので、ジュエリーとして丁寧に扱うことが求められる。また張り合わせのダブレット、トリプレットが多く、伏せ込んでセットして接点が隠されてあるものに注意が必要。

トルコ石　Turquoise

鉱物名(和名)	turquoise(トルコ石)		
主要化学成分	水和水酸化リン酸アルミニウム銅		
化学式	$CuAl_6(PO_4)_4(OH)_8 \cdot 4H_2O$		
光沢	ガラス光沢		
晶系	三斜晶系	へき開	完全(1方向)、良好(1方向)
比重	2.6–2.9	硬度	5–6
屈折率	1.61–1.65	分散	なし

古くから装身具として珍重

銅による鮮やかな空色が特徴のリン酸塩鉱物。紀元前5000年ごろのメソポタミア遺跡のビーズまで歴史を遡る。比較的やわらかいが、加工しやすく彫刻に適し、カメオやカボションに仕立てられる。鉄と銅の割合でスカイブルーから緑に。黒色から暗褐色の付随鉱物による網目状の模様(メイトリックス)も評価される。銅鉱床の酸化帯、熱水交代作用を受けた火山岩、堆積岩中に、皮殻状(ひかくじょう)や団塊状または脈状の微晶質(びしょうしつ)の集合体として産する。汚れが染みこみやすい。13世紀頃までは美しい石を意味する"カライス"と呼ばれたが、トルコ経由でヨーロッパに持ちこまれたため、「トルコの」を意味するフランス語に変わった。

イラン ネイシャプル産 No.8549

ペア カボション(2種)
イラン ネイシャプル産
左:16.79ct 右:6.66ct
No.7550

ペルシャ産トルコ石
Persian turquoise

トルコ石の伝統的な産地

イラン産のスカイブルーのトルコ石は現在でも最上質のものとみなされ、何世紀にもわたり採掘されている。特にホラーサーン地方のネイシャプルが主要な産地である。「ペルシャン」と呼ばれるこのトルコ石は、米国産のトルコ石と比べて硬度が高く、色も均一のスカイブルー。緑のものは産出しない。

ペルシャ産トルコ石はジュエリーはもちろん、玉座や剣の柄、馬具や短剣や器やカップなどその他のオーナメントを飾ってきた歴史がある。

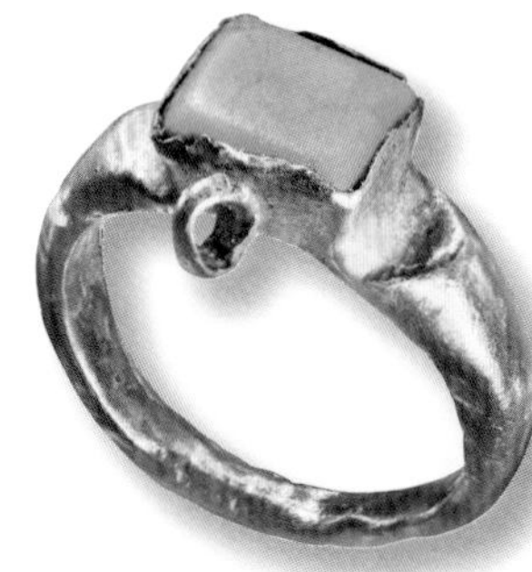
31
「金製指輪」 仕立てられて1000年以上経過しているが、ペルシャ産トルコ石の色を残している。8-10世紀
国立西洋美術館
橋本コレクション
(OA.2012-0764)

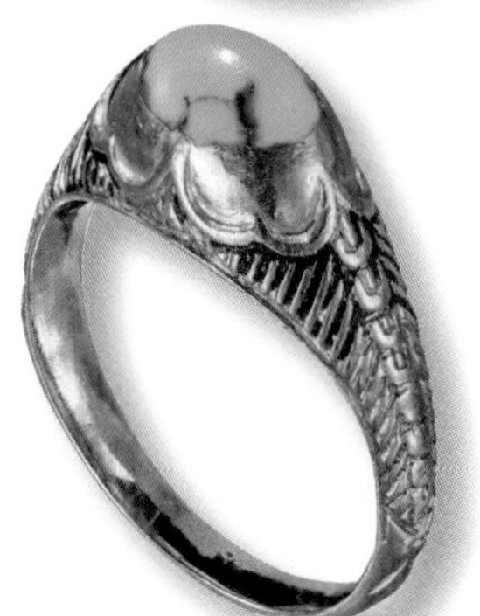
98
「金製指輪」 クモの巣模様が入ったトルコ石のリング。質のよさが際立つ。
18-19世紀
国立西洋美術館
橋本コレクション
(OA.2012-0771)

クオリティスケール
ペルシャ産トルコ石（無処理）

濃淡＼美しさ	S	A	B	C	D
7					
6					
5					
4					
3					
2					
1					

類似宝石

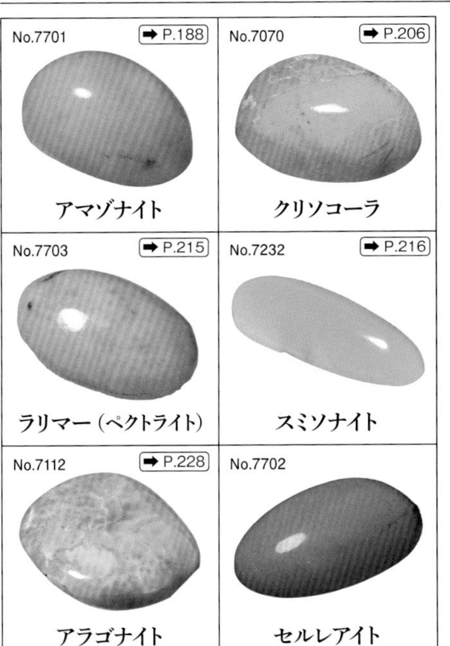
No.7701 ➡P.188 アマゾナイト
No.7070 ➡P.206 クリソコーラ
No.7703 ➡P.215 ラリマー（ペクトライト）
No.7232 ➡P.216 スミソナイト
No.7112 ➡P.228 アラゴナイト
No.7702 セルレアイト

クオリティスケール上でみた品質の３ゾーン

	S	A	B	C	D
7					
6					
5					
4					
3					
2					
1					

〈 価値比較表 〉

ct size	GQ	JQ	AQ
30	15	8	3
10	4	2	1
5	2	1	0.5

〈 ペルシャ産トルコ石 品質の見方 〉

トルコ石ブルーと呼ばれるS4（GQ）が好まれ最も価値が高い。ペルシャのネイシャプル産のトルコ石は、研磨以外に人の手が加えられていないものが多い。

メイトリックスの有無は、品質の上下ではなく好みの問題。入っている場合はその入り方のバランスがとれていることが大切になる。

カボションカットのものに共通していることだが、その高さや、縦横の比率などのバランスの善し悪しが品質を左右することは言うまでもない。

ペルシャ（イラン）ネイシャプル産は基本的に処理しない。経年変化でブルーからグリーンに変色するものが見られる。何らかの環境の変化に起因すると考えられる。他の産地のものの中には、石質が脆いものがあるので、エポキシ樹脂等で固めて研磨するものもあり、そのようなものが現在の市場には多く流通している。

硬度 5

人工石

No.7704 人工トルコ石（ロシア）
No.7705 人工トルコ石（フランス）

模造

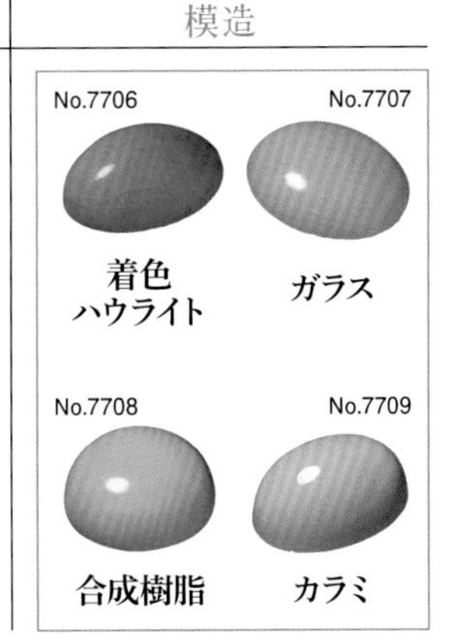
No.7706 着色ハウライト
No.7707 ガラス
No.7708 合成樹脂
No.7709 カラミ

アリゾナ（米国）産トルコ石
Arizona turquoise

米国 アリゾナ州 スリーピングビューティ産 No.8551

ネイティブアメリカンの宝石

古代メキシコ人たちはトルコ石を貴い石として賞賛し、黄金よりも重んじていたという。メキシコ王国（1428年頃～1521年）崩壊後もネイティブアメリカンであるプエブロ族やナバホ族はこの石を大切にしていた。本書では写真の掲載はしていないが、アリゾナ州産トルコ石は、合成樹脂注入処理がされているものが多い。

●スリーピング・ビューティー

アリゾナ州はネバダ州よりも多くのトルコ石を産出していることで知られる。この州には大きな銅鉱石を露天掘りしている鉱山があり、トルコ石はその場所から副産物として採取されている。他州や他国のトルコ石鉱山の多くが地下に延びているのが普通だが、この州のトルコ石鉱山のほとんどが露天掘りである。その鉱山が集中している山脈は遠くから眺めると女性が寝ているように見えるところから「眠れる美女（スリーピング・ビューティー）」と呼ばれている。ヒーラー郡のグローブ、マイアミ地区にあり、ネイティブアメリカンのズーニーやプエブロの人々が採掘していた。ここの石は白っぽいブルーから透明感のあるスカイブルーまで幅広く、今や世界中で有名な鉱山群となっているが、その多くの鉱山が活動を休止している。

オーバル カボション
米国 アリゾナ州 スリーピングビューティ産 6.79ct No.7552a

174 「ハリー・ウィンストン製リング」 アメジストとトルコ石のリング。米国のハリー・ウィンストン社製。1960年代
国立西洋美術館 橋本コレクション（OA.2012-0524）

161 「銀製指輪」 米国南西部に先住しているナバホ族ゆかりのシルバーリング。1925年頃
国立西洋美術館 橋本コレクション（OA.2012-0812）

●キングマンマインズ

1880年代に発見された鉱山で、スリーピング・ビューティー鉱山と共に米国産のトルコ石として今日最もよく知られている。一般的にスリーピング・ビューティー鉱山の石よりも濃色で、この宝石に馴染んでいない日本では皮肉にも最高級のスリーピング・ビューティー・トルコ石として販売される事がある。母石はチョーク状の泥岩で、母石とトルコ石の色のコントラストが強く、原石は米国のトルコ石の中で最も魅力的である。

米国 アリゾナ州 キングマン産 No.8553

オーバル カボション
米国 アリゾナ州 キングマン産
7.56ct No.7554

●モレンシー

紀元前から稼行されていた鉱山。銅の採掘中に鮮やかなブルーの石が発見された。パイライトが入っているものは特に人気が高い。

オーバル カボション
米国 アリゾナ州 モレンシー産 5.75ct No.7556

米国 アリゾナ州 モレンシー産 No.8555

米国アリゾナ砂漠にある
1800年代のトルコ石鉱山。

その他の産地のトルコ石

現在トルコ石の産地として最も知られているのはイランと米国、そして伝統的に知られるエジプト、シナイ半島である。しかしこの石に特化してコレクションしてみると、かなり多くの場所から産出していることがわかる。近年市場に多く流通するのが中国やチベットのトルコ石であるが、トルコ石は産出されないと思われていた日本からも産出が確認されている。

①栃木県産

日本で唯一の産地のもの。褐鉄鉱で染まった風化岩の割目に被膜状に、また母石に染み込む様な状態（土食み状態）で形成されている。

栃木県 日光（旧今市）市産 No.8574

イレギュラー カボション 23.22ct No.7575

②中国チベット自治区産

褐鉄鉱で染まったノジュールの割れ目に形成。トルコ石の縁部は鉄分の影響で緑色になっている。

中国 チベット自治区産 No.8572

③中国産

地層中にできた空洞に充填されている。空洞を通った地下水から沈殿した珍しいパイプ状のトルコ石。

中国 江蘇省産 No.8571

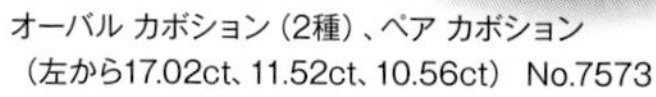

オーバル カボション（2種）、ペア カボション（左から17.02ct、11.52ct、10.56ct） No.7573

④オーストラリア産

褐鉄鉱で褐色に染まった泥岩中に形成。この様な原石では母岩を付けたままカットされる。

オーストラリア産 No.8561

ペア カボション クイーンズランド州産 18.44ct No.7562

こちらはトルコ石の団塊が拡張し、基質（母岩）を押しのけて粒界にネット（網目）状組織の模様を作っている。

オーストラリア産 No.8563

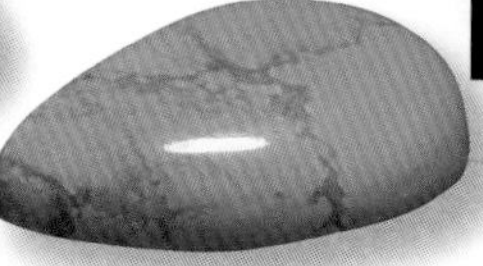

ペア カボション 19.27ct No.7564

⑤ウズベキスタン産

風化岩の中に鉱染状態に形成されている。写真のカット石はチャート（角岩）を伴っている。

ウズベキスタン アルマリク産
No.8567

オーバル カボション
ウズベキスタン アルマリク産 18.18ct No.7568

⑥英国産

非常に稀な成因のトルコ石。泥質岩の空洞中にトルコ石が鍾乳石状に形成されたもの。

英国 コーンウォール産
No.8557

オーバル カボション
英国 コーンウォール産 8.30ct
No.7558

⑦ロシア産

質的にはブラジルのものに似る。硬質で加工の効果が期待できないが、この標本はハイグレード。

ロシア サハ共和国 シガンスク産
No.8565

オーバル カボション
0.82ct No.7566

⑧バージニア（米国）産

世界で初めてトルコ石の結晶が発見された鉱山。宝飾品として、使われることはない。

米国 バージニア州産 No.8576

⑨メキシコ産

火成岩の変質帯に他の鉱床に類を見ない鉱物を伴って産する。標本は輝水鉛鉱を伴う。

メキシコ ナコザリ産 No.8577

オーバル カボション 7.69ct
No.7578

⑩チリ産

粒状体の集合でメイトリックス状態に形成されている。均一状態の原石はほとんど見られない。

チリ産 No.8559

オーバル カボション 9.86ct
No.7560

⑪ブラジル産

オーリティック状のトルコ石粒の集合で形成されている。硬質だが隙間の多い石質でファウスタイトに近いタイプ。幾分グレーがかっている。

オーバル カボション 13.01ct
No.7570

ブラジル バイーア州産
No.8569

バリサイト Variscite

鉱物名(和名)	variscite(バリシア石)		
主要化学成分	水和リン酸アルミニウム		
化学式	$Al(PO_4)\cdot 2H_2O$		
光沢	ガラス光沢～蝋光沢		
晶系	直方晶系	へき開	良好(1方向)
比重	2.5–2.6	硬度	4½
屈折率	1.55–1.59	分散	–（中程度）

トルコ石に似た緑色の半貴石

トルコ石より緑色味が強く、カボションや彫刻、オーナメントに仕立てられる。黒い網目模様が入る米国ネバダ州産のものは緑のトルコ石（ターコイズ）のようであることから「バリコイズ」というあだ名もある。地表付近で、リンに富んだ水がアルミニウムに富んだ岩石に作用することで生成し、脈状、皮殻状や塊状の細粒結晶の集合体として見つかる。微結晶の塊なので劈開(へきかい)で割れる心配はないが傷がつきやすく、肌に直接つけると、汚れが染み込み変色することがある。発見地、ドイツのフォクトラントの旧名バリシアに由来。

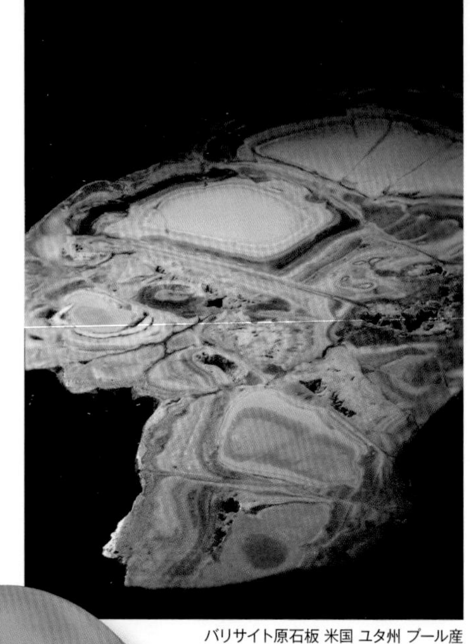

バリサイト原石板 米国 ユタ州 プール産 No.8059

イレギュラー カボション
米国 ユタ州 プール産 20.08ct No.7060

クリソコーラ Chrysocolla

鉱物名(和名)	chrysocolla(珪孔雀石/クリソコーラ)		
主要化学成分	水和水酸化ケイ酸銅アルミニウム		
化学式	$(Cu_{2-x}Al_x)H_{2-x}Si_2O_5(OH)_4\cdot nH_2O$		
光沢	ガラス光沢～土状		
晶系	直方晶系	へき開	なし
比重	1.9–2.4	硬度	2-4
屈折率	1.58–1.64	分散	なし

トルコ石によく似た水色の宝石

淡青から淡青緑色の不透明な石で、カボションに仕立てられる。純粋な塊は非常に軟らかく加工に向かないが、シリカ（ケイ酸成分）が染み込んだものは硬度と耐久性が増す。シリカ成分が非常に多いものは半透明で、彫刻に用いられるなどして珍重される。名前はギリシャ語の黄金と膠(にかわ)を意味する「クリソス」と「コーラ」に由来し、紀元前315年にプラトンの弟子、テオプラストスにより、当時、金をはんだづけ（つなぎ合わせ）するために用いられた素材の名前に因んで名付けられた。主に乾燥した地域の地表付近で、銅鉱物の分解により生成する。

米国アリゾナ州 グローブ産（玉髄で鉱染） No.8069

カボション
台湾産
2.29ct
No.7070

チャロアイト Charoite

鉱物名(和名)	charoite(チャロ石)		
主要化学成分	水和水酸化ケイ酸カルシウムカリウム		
化学式	$(K,Sr,Ba,Mn)_{15-16}(Ca,Na)_{32}[Si_{70}(O,OH)_{180}](OH,F)_4 \cdot nH_2O$		
光沢	ガラス光沢，絹糸光沢		
晶系	単斜晶系	へき開	明瞭(3方向)
比重	2.5–2.8	硬度	5-6
屈折率	1.55–1.56	分散	なし

ビーズやネックレスにされる魅惑的な石

世界で唯一、ロシアのアルダン地区チャロ川流域からのみ産する、鮮やかな紫色とマーブル模様が美しい石。紫色はマンガンによる発色。鱗片状の結晶が他の鉱物の結晶と絡みあっているため、研磨すると絹糸のような紫の濃淡と他色が織りなす模様が現れる。石そのものは1940年代には見つかっていたが、とても複雑な成分と結晶構造であったため、新種鉱物として記載されたのはようやく1978年のことであった。閃長岩と石灰岩の接触帯のカリ長石交代変成岩中に産出する。

イレギュラー カボション
ロシア チャロ河産 31.36ct No.7233b

チャロアイト（花瓶）
ロシア チャロ河産 No.7096

スギライト Sugilite

鉱物名(和名)	sugilite(杉石)		
主要化学成分	リチオケイ酸鉄ナトリウムカリウム		
化学式	$KNa_2(Fe^{3+},Al,Mn^{3+})_2(Li_3Si_{12})O_{30}$		
光沢	ガラス光沢		
晶系	六方晶系	へき開	不明瞭(1方向)
比重	2.7–2.8	硬度	5½-6½
屈折率	1.59–1.61	分散	-

日本で発見され、岩石学者の名がついた

南アフリカ産の紫色塊状の石がカボションカットやオーナメントに用いられる。鉱物としてのスギライト、杉石は1944年に瀬戸内海の愛媛県岩城島の深成岩（閃長岩（せんちょうがん））中に黄緑色の小さな粒として見つかり、長年の研究の末1976年にようやく新種として記載された。その際、最初に発見した岩石学者、杉健一にちなんで杉石と命名された。1975年に南アフリカの変成マンガン鉱床からマンガンによってピンク～紫に発色した宝石質の杉石が見つかっている。

南アフリカ産 No.8040

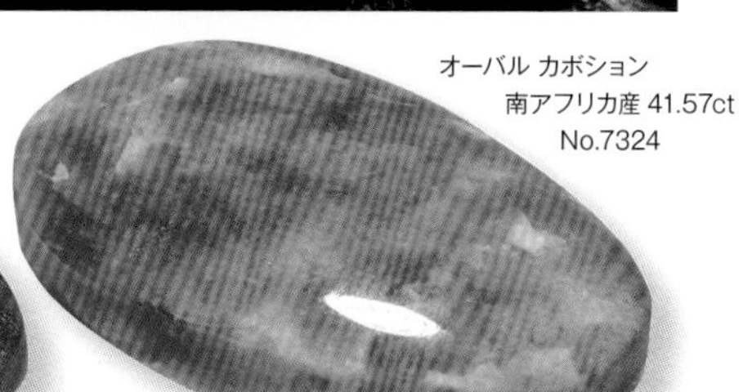

オーバル カボション
南アフリカ産 41.57ct
No.7324

オーバル カボション
南アフリカ産 4.42ct
No.7041

column

国ごとに異なる誕生石

誕生石の由来は、聖書の記述や宝石にちなんだ事柄などさまざま。国ごとにも違いがあり、特徴ある宝石が登場する。ここでは、日本、米国、英国、フランスで用いられている誕生石を見ていこう。

日＝日本
米＝米国
英＝英国
仏＝フランス

1月

ガーネット
日 米 英 仏

2月

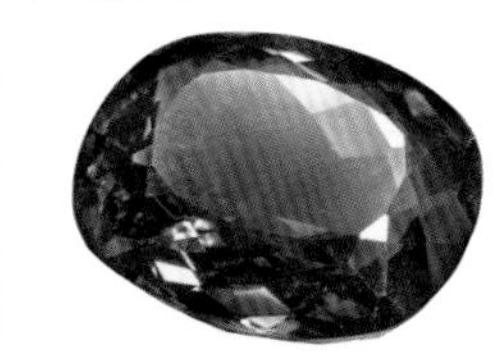

アメシスト
日 米 英 仏

日
クリソベリル・キャッツアイ※

3月

アクアマリン
日 米 英

ブラッドストーン
日 米 英

コーラル
日

ルビー 仏

日
アイオライト※

7月

ルビー
日 米 英

カーネリアン
英 仏

米
アレキサンドライト

日
スフェーン※

8月

ペリドット
日 米 英

サードニクス
日 米 英 仏

日
スピネル※

9月

サファイア
日 米 英

ラピスラズリ
英

ペリドット 仏

日
クンツァイト※

※印の付いたものが、2021年12月に日本の全国宝石卸商協同組合により追加されたもの。モルガナイトとクンツァイトには

ブラッドストーン：ミュージアムパーク茨城県自然博物館 所蔵

日本では、米国の宝石業界で定められていた誕生石を元に、1958年に日本の全国宝石卸商協同組合がコーラル、ひすいを加えたものを発表し、広く用いられるようになった。

その後、慣習的にいくつかの宝石が加えられていったが、2021年12月、同組合により63年ぶりに誕生石の改訂が行われ話題になった。

※色を良くするため、放射線照射処理がされているものもあるので注意が必要。

ラズーライト　Lazulite

鉱物名(和名)	lazulite(天藍石)		
主要化学成分	水酸化リン酸アルミニウムマグネシウム		
化学式	$MgAl_2(PO_4)_2(OH)_2$		
光沢	ガラス光沢		
晶系	単斜晶系	へき開	不明瞭
比重	3.1–3.2	硬度	5½–6
屈折率	1.61–1.66	分散	0.014

深い青紫から青緑の宝石

アラビア語の「天上」とドイツ語の「青い石」という意味を持つ青紫や青緑の石だが、結晶は見る角度・方向によって色が青や白に変化する(多色性が顕著)。大粒の結晶はめずらしいが、集合体は彫刻、タンブル研磨、ビーズ加工などの装飾品に仕立てられる。ラズライト(ラピスラズリ、P.192)やアズライト(P.223)と混同されがちだが、それらとは成分が全く異なる。アルミニウムとリンに富んだ変成岩やペグマタイトで生成し、尖った八面体結晶や塊状集合体で見つかる。

カナダ ユーコン準州 ドーソン産 No.2028

オーバル スター
ブラジル
ミナス・ジェライス州産
1.16ct No.7024

アンブリゴナイト/モンテブラサイト
Amblygonite / Montebrasite

鉱物名(和名)	amblygonite(アンブリゴン石)		
主要化学成分	フッ化リン酸リチウムアルミニウム		
化学式	$LiAl(PO_4)F$		
光沢	ガラス光沢〜脂肪光沢、へき開面で真珠光沢		
晶系	三斜晶系	へき開	完全
比重	3.0–3.1	硬度	5½–6
屈折率	1.57–1.61	分散	0.014~0.015

鉱物名(和名)	montebrasite(モンブラ石)		
主要化学成分	水酸化リン酸リチウムアルミニウム		
化学式	$LiAl(PO_4)(OH)$		
光沢	ガラス光沢、へき開面で真珠光沢		
晶系	三斜晶系	へき開	完全
比重	3.0–3.1	硬度	5½–6
屈折率	1.59–1.64	分散	-

長石に似た透明な宝石

無色、淡黄色、淡緑色、薄紫色などの透明な結晶が蒐集家向けにカットされる。アンブリゴナイトとモンテブラサイトは成分も諸性質もほとんど同じ兄弟のような石で、違うのはフッ化物イオンと水酸化物イオンの量比だけである。フッ素種の名前は、結晶外形の特徴からギリシャ語の「アンブルス(鈍い)」と「ゴニア(角度)」に、水酸化物種の名前は原産地のフランスのモンブラにそれぞれ因む。リチウムの資源鉱物として、ペグマタイト中に他のリチウム鉱物とともに白色半透明の塊として産出することが多く、耐久性にも乏しいことから、宝石として利用できる結晶は稀である。原石は曹長石などの長石と間違われやすい。

モンテブラサイト
ブラジル ミナス・ジェライス州産
No.2027

モンテブラサイト
オクタゴン ステップ
フランス産 1.25ct No.7361

スキャポライト Scapolite

鉱物名(和名)	scapolite(柱石・スキャポライト)		
主要化学成分	塩化アルミノケイ酸ナトリウム・炭酸硫酸アルミノケイ酸塩カルシウム		
化学式	$Na_4(Al_3Si_9O_{24})Cl—Ca_4(Al_6Si_6O_{24})(CO_3,SO_4)$		
光沢	ガラス光沢～真珠光沢または樹脂光沢		
晶系	正方晶系	へき開	明瞭(3方向)
比重	2.5–2.9	硬度	5–6
屈折率	1.53–1.60	分散	0.017

カラフルな色あいが魅力的

宝石としては硬度がやや低く知名度もあまりないが、無色、黄、紫、赤紫、ピンクなどさまざまな色合いがあり、カットすると美しい。しかも、見る方位によって色が異なる多色性が顕著である。内包物を含むものにはカボションカットを施すことでシャトヤンシー(キャッツアイ)効果が現れるものもある。紫外線で蛍光するものもある。スキャポライトは単一種の鉱物ではなく、成分の異なる3種類の鉱物のグループ名だが、宝石としてはいずれも「スキャポライト」と呼ばれている。その名称はギリシャ語のスカポス「柱」に由来。結晶質石灰岩(大理石)など変成岩中に柱状の結晶として産する。

タンザニア産
No.8179

オクタゴン ステップ
タンザニア産
49.00ct No.7001

プレーナイト Prehnite

鉱物名(和名)	prehnite(ぶどう石)		
主要化学成分	水酸化ケイ酸カルシウムアルミニウム		
化学式	$Ca_2Al(Si_3Al)O_{10}(OH)_2$		
光沢	ガラス光沢		
晶系	直方晶系	へき開	良好(1方向)
比重	2.8–2.9	硬度	6–6½
屈折率	1.61–1.67	分散	-

ぶどうのような形で産出

完全な透明結晶は非常に稀だが、淡緑色、淡青緑色、黄色などの半透明の塊がカットして宝石に用いられる。繊維状結晶の集合体をカボションカットにされることが多く、カットするとキャッツアイ効果を見せることもある。ファセットカットしてもファイア(反射光の七色の輝き)は出ないが、半透明の独特の質感が面白い。板状や単柱状の結晶が集まって球状をなし、それらがブドウの房のように集合することも多いことから「ぶどう石」の和名がある。宝石名はオランダのヘンドリク・フォン・プレーン大佐に因む。安山岩、玄武岩など火山岩の空隙に沸石類などと産する。また低温低圧の変成作用によっても生成する。

マリ カイ州産 No.8083

オーバル スター
オーストラリア産 0.81ct No.7084

ダイオプテーズ
Dioptase

鉱物名(和名)	dioptase(翠銅鉱)		
主要化学成分	水和ケイ酸銅		
化学式	$CuSiO_3 \cdot H_2O$		
光沢	ガラス光沢		
晶系	三方晶系	へき開	完全(3方向)
比重	3.3–3.4	硬度	5
屈折率	1.65–1.72	分散	0.036

エメラルドと間違われ、皇帝に献上

エメラルドに匹敵する美しく光沢の優れた緑の石。18世紀後半にカザフスタンで最初に発見された時にはその色合いからエメラルドと間違えられロシア皇帝にも献上されたが、エメラルドより遥かに傷つきやすくもろい。その名は、高い透明度からギリシャ語の「透ける」と「見える」ということばに由来。粒状や短柱状の結晶として、あるいは塊状として、白い方解石や石英とともに見つかる。主な産地はナミビアとカザフスタンで、銅鉱床の酸化帯、特に砂漠のような地表が乾燥している場所で生成する。

ナミビア ツメブ産 No.4038

オーバル スター
ナミビア産
2.76ct No.7234

カイアナイト Kyanite

鉱物名(和名)	kyanite(藍晶石)		
主要化学成分	酸化ケイ酸アルミニウム		
化学式	Al_2OSiO_4		
光沢	ガラス光沢		
晶系	三斜晶系	へき開	完全(1方向)、良好(1方向)
比重	3.5–3.7	硬度	4½–7
屈折率	1.71–1.73	分散	0.020

サファイアのような深い青色の宝石

青から灰青色の鉱物として古くから知られていたが、内部に傷や内包物があることが多く、宝石にふさわしい透明の素材が見つかったのはここ数十年のことである。発色因子はサファイア(P.78)と同様、微量成分の鉄とチタン。本質的には無色だが、緑や橙色であることもある。結晶の方位によって硬さが著しく異なる特性があり、十分な硬さがある方向と傷つきやすい方向があることから「二硬石(にこうせき)」と呼ばれることもある。劈開(へきかい)があるため割れやすい点にも注意が必要。泥岩などの堆積岩が変成作用を受けることで生成するほか、雲母片岩や片麻岩などを横切る熱水石英脈にも産出し、細長く平たい刃状の結晶や、放射状や柱状の微細結晶の集合体として見つかる。地質学的には、変成作用の温度・圧力の指標として重要な石である。

ブラジル ミナス・ジェライス州 サリナス産 No.8094

オーバル ミックス
ネパール産
2.09ct No.7095

スフェーン Sphene

鉱物名(和名)	titanite(チタン石・楔石)		
主要化学成分	ケイ酸カルシウムチタン		
化学式	$CaTi(SiO_4)O$		
光沢	ダイヤモンド光沢〜樹脂光沢		
晶系	単斜晶系	へき開	良好(2方向)
比重	3.5–3.6	硬度	5–5½
屈折率	1.84–2.11	分散	0.051

ダイヤモンド並に煌めくチタンを含む石

屈折率の高さとダイヤモンドを凌ぐ光の分散により、透明結晶の中に「燃え立つような」色が煌めく宝石。本来は無色だが、鉄などの微量成分により、黄、緑、茶などの色あいをしていることが多いが、黒、ピンク、赤、青を呈することもあるほど色のバリエーションが広い。「スフェーン」とは鉱物の旧名で、楔(くさび)の様な結晶の形から、ギリシャ語の「楔」より命名。シリカ(ケイ酸)に富む火成岩やそのペグマタイトの付随鉱物として、変成岩(片麻岩、大理石、片岩)に含まれる鉱物として広く分布する。チタンの資源でもある。

オーストリア チロル州産
No.2011

オーバル スター
ザンビア産 1.47ct No.7114

ブラジリアナイト Brazilianite

鉱物名(和名)	brazilianite(ブラジル石)		
主要化学成分	水酸化リン酸アルミニウムナトリウム		
化学式	$NaAl_3(PO_4)_2(OH)_4$		
光沢	ガラス光沢		
晶系	単斜晶系	へき開	良好(1方向)
比重	3.0	硬度	5½
屈折率	1.60–1.62	分散	0.014

ブラジルで発見された黄緑の石

1945年に発見された新しい宝石。シャトルーズイエロー(明るい薄黄緑色)から淡い黄色を呈する。リン酸塩鉱物としては硬い方だが砕けやすい。稀産な上に、ファセットを仕立てるのも難しく、専ら、蒐集家向けの品として流通している。ブラジルのほか、米国のメイン州やニューハンプシャー州でもリン酸に富んだペグマタイト中に少量産し、条線のある柱状結晶や、球状や放射状の繊維状結晶の集合体で見つかる。

ブラジル ミナス・ジェライス州産 No.8035

オーバル ミックス
ブラジル ミナス・ジェライス州産
0.91ct No.7282

アパタイト Apatite

鉱物名(和名)	fluorapatite(フッ素燐灰石)		
主要化学成分	フッ化リン酸カルシウム		
化学式	$Ca_5(PO_4)_3F$		
光沢	ガラス光沢、蝋光沢		
晶系	六方晶系, 単斜晶系	へき開	不明瞭(4方向)
比重	3.1–3.2	硬度	5
屈折率	1.63–1.65	分散	0.013~0.016

ベリルに似て紛らわしい石

歯や骨を構成する物質としても知られる「アパタイト」。この名前はギリシャ語で「裏切り」を意味する「アペーテ」に由来し、ほかの鉱物の結晶と似て紛らわしいことから命名された。実際、一部のアパタイトは、ベリル（アクアマリンやモルガナイト）にそっくりの色合いと形状で、同じような岩石の中に産出する。しかし硬度が低いうえに割れやすく、堅牢性ではベリルに遠く及ばないため、取り扱いには注意を要する。それでも、透明な結晶を注意深くファセットに仕立てると、アクアマリンやトルマリンなど他の宝石と見紛うような美しさを見せる。本質的には無色（白色）だが、微量成分などにより、緑、黄、水色、青、紫、ピンクなどさまざまな色あいに発色する。

アパタイトはさまざまな火成岩の付随鉱物であり、宝石質の結晶はペグマタイト中や高温の熱水脈に生成する。大理石などの変成岩鉱床にも産する。厳密にはアパタイト（燐灰石（りんかいせき））は複数種類の鉱物のグループ名で、フッ素を多く含むフッ素燐灰石、塩素を多く含む塩素燐灰石、水酸化物イオンを多く含む水酸燐灰石などの種類がある。鉱物（宝石）のほとんどはフッ素燐灰石に相当し、一方、骨など生体の硬組織を構成しているのは水酸燐灰石に相当する。

メキシコ産 No.2033

ロシア バイカル産 No.8099

ラウンド スター
メキシコ デュランゴ産
13.33ct No.7100

ラリマー Larimar

鉱物名(和名)	pectolite(ソーダ珪灰石・ペクトライト)		
主要化学成分	水酸化ケイ酸カルシウムナトリウム		
化学式	$NaCa_2Si_3O_8(OH)$		
光沢	亜ガラス光沢ときに絹糸光沢		
晶系	三斜晶系	へき開	完全(2方向)
比重	2.8–2.9	硬度	4½-5
屈折率	1.59–1.65	分散	-(小さい)

別名「カリブ海の宝石」で知られる

ラリマーは、1974年にドミニカ共和国で見つかった、空色のペクトライトに付けられた宝石名である。波の揺らめきのような青と白の網目模様が独特で美しく、ドミニカでは「青い石」と呼ばれ、海から生まれたと信じられていた。一般的なペクトライトは白色繊維状結晶が放射状に集まって産出することが多く、ラリマー以外が宝石として用いられることは稀であるが、縞模様の入ったペルー産の石がカボションカットされることもある。標本によっては摩擦で発光することがある。ラリマーという名前は、バオルコ川を遡り鉱脈を見つけたミゲル・メンデスが娘の名「ラリッサ」と「マール」(スペイン語で「海」)を組み合わせたもの。学名は「凝固」または「よくまとまる」という意味のギリシャ語からとられた。

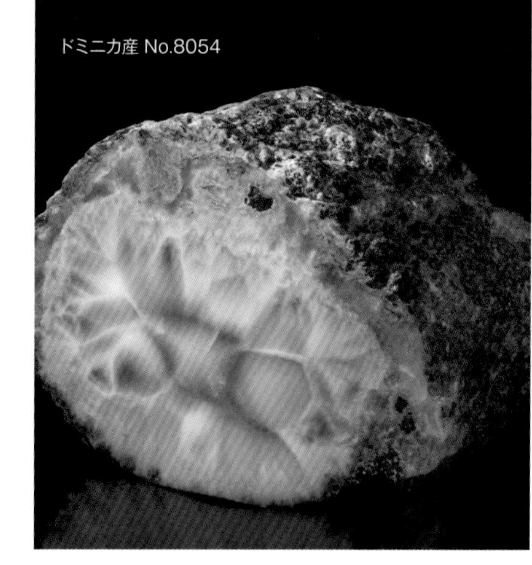
ドミニカ産 No.8054

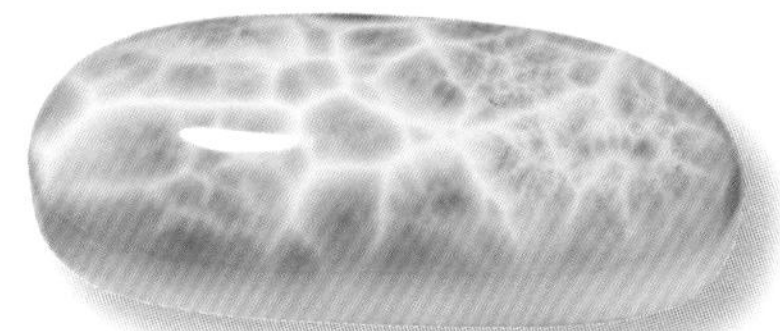
オーバル カボション ドミニカ産 95.89ct No.7140

ダトーライト Datolite

鉱物名(和名)	datolite(ダトー石)		
主要化学成分	水酸化ホウ酸ケイ酸カルシウム		
化学式	$CaB(SiO_4)(OH)$		
光沢	ガラス光沢, 樹脂光沢		
晶系	単斜晶系	へき開	なし
比重	2.9–3.0	硬度	5-5½
屈折率	1.62–1.67	分散	0.016

ノルウェーで見つかったホウ素を含む石

1806年にノルウェー、オスロ大学のイェンス・エスマルク教授によって命名されたホウ素やカルシウムを含む鉱物。その名称は「分割」を意味するギリシャ語に因んでおり、粒状結晶が集合体では、結晶ごとにバラバラになりやすいためだと思われる。無色から淡い黄、緑、ピンクで美しいものが宝石として利用され、透明な大粒結晶はファセットに、半透明の微細粒集合体はカボションにカットされる。火山岩、ペグマタイト、スカルンなどに生じた空隙や脈に産する。

ロシア産 No.2024

トリリアント スター
ロシア産 2.07ct No.7283

スミソナイト Smithsonite

鉱物名(和名)	smithsonite(菱亜鉛鉱)		
主要化学成分	炭酸亜鉛		
化学式	$Zn(CO_3)$		
光沢	ガラス光沢～真珠光沢		
晶系	三方晶系	へき開	完全(3方向)
比重	4.3–4.5	硬度	4-4½
屈折率	1.62–1.85	分散	0.014～0.031

スミソニアン博物館創設の貢献者に因む

半透明で、青緑、黄、ピンク、紫、無色などさまざまな色合いのものが、微細な結晶の緻密な集合体として産出し、カボションカットやオーナメントに用いられる。研磨できるサイズの結晶は稀で、堅牢性に欠けるが、ナミビア・ツメブ産の美しい結晶は、蒐集家向けにファセットがつけられることもある。亜鉛鉱床の酸化帯で見られる鉱物で、亜鉛の主要な鉱石。学名は、痒み止め「カラミン」の成分としてこの鉱物を見いだし、スミソニアン博物館創設への遺贈の篤志家となった英国人の化学者で鉱物学者のジェームズ・スミソンに因む。

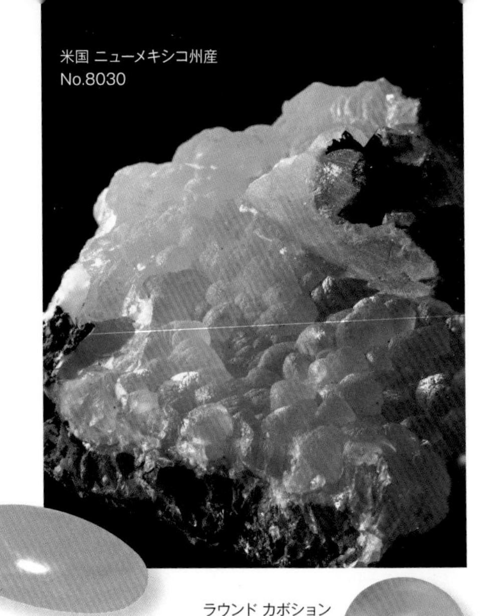

米国 ニューメキシコ州産
No.8030

オーバル カボション
メキシコ ソノーラ産
15.89ct
No.7089

ラウンド カボション
11.63ct No.7231

ロングペア カボション
メキシコ産 60.27ct No.7232

ヘミモルファイト Hemimorphite

鉱物名(和名)	hemimorphite(異極鉱)		
主要化学成分	水和水酸化ケイ酸亜鉛		
化学式	$Zn_4(Si_2O_7)(OH)_2 \cdot H_2O$		
光沢	ガラス光沢		
晶系	直方晶系	へき開	完全(2方向)
比重	3.4–3.5	硬度	4½-5
屈折率	1.61–1.64	分散	0.020

亜鉛を含む淡緑～水色の緻密な石

亜鉛を含む鉱物で本来は無色だが、微量に含まれる銅によって薄緑色から水色に発色している。板柱状結晶の放射状集合体として、あるいは微細結晶の半球状、ブドウ状の集合体として産することが多く、後者はスミソナイトに似る。学名・和名はともに、板柱状結晶の両端の形が異なる（一方は尖り、一方は平ら）特徴に因むが、その結晶形態が分かるような大粒結晶は稀で、微細で緻密なものがカボションカットやビーズに研磨される。亜鉛鉱床で二次鉱物として産する。

中国 雲南省産 No.2032

オーバル カボション
中国 雲南省産 16.71ct
No.7098

サーペンティン Serpentine

鉱物名(和名)	serpentine(蛇紋石)				
主要化学成分	水酸化ケイ酸マグネシウム				
化学式	$Mg_3Si_2O_5(OH)_4$				
光沢	蝋光沢、脂肪光沢、絹糸光沢、樹脂光沢、土状、無艶				
晶系	単斜晶系、六方晶系、直方晶系、三斜晶系、正方晶系				
比重	2.5–2.6	へき開	完全		
屈折率	1.53–1.57	硬度	2½–3½	分散	なし

ヘビを思わせる独特の模様が特徴

ネフライト(P.168)に似た緑〜黄色の塊として産し、やわらかく、彫りやすいため、古くから緻密な微細結晶の集合体が宝飾品や石材として用いられてきた。半透明で光沢の良いものは、カボションカットにされる。また、装飾用石材としても広く利用される。サーペンティンは単一の鉱物ではなく、結晶構造の類似した16種類の鉱物からなる族(group)で、化学組成によって、白、黄、緑などさまざまな色に変化する。橄欖石(かんらんせき)、輝石(きせき)、角閃石(かくせんせき)などの変質により生成し、岩肌が蛇の紋様に見えることから「蛇紋石(じゃもんせき)」という和名がある。

スティヒタイトを含有
タスマニア ダンダス産
No.8126

オーバル カボション
タスマニア産 66.39ct
No.7127

スティヒタイト
タスマニア産 6.08ct No.7128

ハウライト Howlite

鉱物名(和名)	howlite(ハウ石)		
主要化学成分	水酸化ケイ酸ホウ酸カルシウム		
化学式	$Ca_2SiB_5O_9(OH)_5$		
光沢	亜ガラス光沢		
晶系	単斜晶系	へき開	なし
比重	2.6	硬度	3½
屈折率	1.58–1.61	分散	なし

染色しやすく彫刻や宝飾品にも活用

微細粒の白色集合体として産し、研磨して装飾品に用いられる。白色の塊の中に他の鉱物の細脈が網目状模様を作っていることが多い。染料が浸透しやすいため、トルコ石(P.200)に似せて青く染められることもある。結晶は先端の尖った鋒状(偏平柱状)の形が特徴的だが稀産で、磨けるほど大きなサイズの結晶は知られていない。他のホウ酸塩鉱物とともにホウ酸塩鉱物鉱床に産する。名称は、発見、記載したカナダの化学者、地質学者、鉱物学者ヘンリー・ハウにちなむ。

米国 カリフォルニア州産 No.2006

オーバル カボション
米国 カリフォルニア州産
33.54ct No.7047

シーライト Scheelite

鉱物名	scheelite（灰重石）		
主要化学成分	タングステン酸カルシウム		
化学式	$Ca(WO_4)$		
光沢	ガラス光沢〜ダイヤモンド光沢		
晶系	正方晶系	へき開	明瞭（4方向）
比重	6.1	硬度	4½-5
屈折率	1.92–1.94	分散	0.038

透明度が高く美しいが耐久性が低い

無色透明結晶の輝きはダイヤモンドに匹敵するが、黄〜オレンジの色合いが多く、堅牢性では全く敵わない。短波長紫外線の照射により青白い特徴的な蛍光を発するので、見た目が似た鉱物との区別に役立つ。熱変成を受けた岩石（接触変成鉱床）や高温の熱水鉱脈のほか、花崗岩ペグマタイトでも生成する。タングステンの主要な資源であるとともに、金鉱床の指標となる場合もある。鉱物名は、この鉱物からタングステンの酸化物をはじめて単離したスウェーデンの化学者、カール・ヴィルヘルム・シェーレにちなむ。

中国 四川省産 No.2034

ラウンド ステップ
山梨県 乙女鉱山産
9.04ct
No.7043

ウィレマイト Willemite

鉱物名（和名）	willemite（珪亜鉛鉱）		
主要化学成分	ケイ酸亜鉛		
化学式	Zn_2SiO_4		
光沢	ガラス光沢〜樹脂光沢		
晶系	三方晶系	へき開	明瞭〜不明瞭
比重	3.9 - 4.2	硬度	5½
屈折率	1.69–1.73	分散	-（小さい）

オーバル スター
ナミビア産 1.89ct No.3007

蛍光鉱物として人気

宝石としてカットされることは稀で、むしろ紫外線照射で鮮やかな緑色の蛍光を発することで鉱物蒐集家に知られる。本来は無色だが、ごくわずかな銅を含むことで淡い水色を呈するなど、微量成分によりさまざまに発色する。閃亜鉛鉱の二次鉱物として亜鉛鉱床の酸化帯や、変成作用を受けた石灰岩中に塊状や繊維状の集合体として産する。透明な柱状結晶として産することもある。19世紀半ば、オランダ国王のウィレム1世に献名。

オーバル スター
ナミビア産 0.74ct No.3005

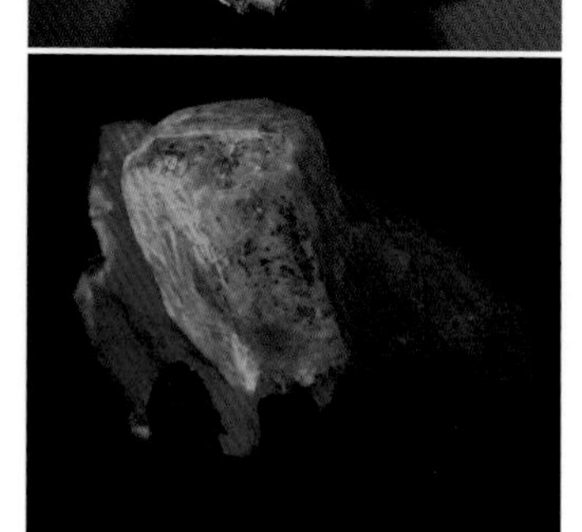
下は蛍光を発する様子。米国 ニュージャージー州産
No.2010

トリリアント スター
米国 ニュージャージー州産 1.12ct No.3006

フローライト Fluorite

鉱物名(和名)	fluorite(蛍石)		
主要化学成分	フッ化カルシウム		
化学式	CaF_2		
光沢	ガラス光沢		
晶系	立方晶系	へき開	完全(4方向)
比重	3.0–3.3	硬度	4
屈折率	1.43–1.45	分散	0.007

光を分散させにくいカラフルな石

「世界で最もカラフルな石」と言われ、微量元素により紫、緑、黄色など、さまざまな鮮やかな色の結晶が見られる。しかし、硬度が低くて傷つきやすいうえに、特定方向だけに割れやすい性質（劈開(へきかい)）があるため、ファセットをつける際は、劈開の影響を避けるようにし、熱や振動を与えないようゆっくり研磨しなければならない。この特性を利用して正八面体に整形したもの（劈開片）がよく売られている。1粒の結晶の中で色が異なることもあり、カットを工夫すれば、カラフルな縞模様を楽しむこともできる。光の分散が極めて少なく、光がほぼそのまま透過するという特性を利用して、高純度無色透明の人工結晶が合成されており、カメラの高級レンズに使われる。

フローライトという名前はラテン語の「流れる・融ける」という意味のfluereに由来。製鉄のスラグを融けやすくするための融剤として古くから利用されている。紫外線照射によって発光する現象をこの鉱物で発見したことから、この発光現象を鉱物名に因みフローレッセンス（日本語では「蛍光」）とした。しかし、ホタルの光は発光物質の化学反応によるもので蛍光ではない。また、「蛍石(ほたるいし)」という和名は、加熱や摩擦による発光を古人がホタルの光になぞらえたという説が有力である。ペグマタイト、熱水脈、接触交代鉱床に大きな塊が産し、時に立方体や正八面体の自形結晶も見られる。

英国産 No.8121

クリベージ 米国 イリノイ州産 No.8352

左は自然光、右は長波長の紫外線（ブラックライト）を当てて発光させている。北パキスタン フンザ産 No.8658

クッション スター
英国 ロジャリー鉱山産
9.43ct No.7248

イレギュラー
ブラジル ミナス・ジェライス州産
42.04ct No.7244

パーティカラー
オクタゴン ステップ
アルゼンチン産 59.51ct No.7192

オーバル ミックス
米国 イリノイ州産
4.55ct No.7243

ロードナイト Rhodonite

鉱物名(和名)	rhodonite(薔薇輝石)		
主要化学成分	ケイ酸マンガン		
化学式	$CaMn_3Mn(Si_5O_{15})$		
光沢	ガラス光沢		
晶系	三斜晶系	へき開	完全(2方向)
比重	3.4–3.7	硬度	5½–6½
屈折率	1.71–1.75	分散	

バラのような赤く華やかな石

ギリシャ語の「薔薇」を意味する「rhodon(ロードン)」に因む名前の通り、ローズピンク～濃い紅色の石である。ロードクロサイト(P.221)と同様、赤い発色は主成分のマンガンによるものであるが、ロードクロサイトは硬度が低く傷つきやすいのに対し、ロードナイトはもう少し硬度が高い。透明結晶はルビーやガーネットに匹敵する美しさであるが、産出が稀で、硬さも劣る。また、完全な劈開(へきかい)があるために割れやすくカットが難しい。しかし、細かな結晶の塊状集合体はかなり堅牢であるうえに、美しいピンク色のため、彫刻の素材にされるほか、カボションカットやビーズにも加工される。マンガン資源としても利用され、オーストラリア、ペルー、ブラジル、日本などで産出した。

直射日光や風雨に長時間晒されると表面から酸化されて黒い酸化マンガンで覆われるため要注意。化学組成と結晶構造が似た鉱物にパイロクスマンジャイトがあり、肉眼的にはロードナイトと区別がつかない。パイロクスマンジャイトの美しい結晶はロードナイトよりさらに珍しいが、かつて愛知県の田口鉱山から産出し、蒐集家により宝石としてカットされたこともある。

ペルー産 No.4026

栃木県産 No.8013

オーバル カボション オーストラリア産 5.36ct No.7014

イレギュラー ブラジル産 0.49ct No.7209

ロードクロサイト
Rhodochrosite

鉱物名(和名)	rhodochrosite(菱マンガン鉱)		
主要化学成分	炭酸マンガン		
化学式	$Mn(CO_3)$		
光沢	ガラス光沢〜真珠光沢		
晶系	三方晶系	へき開	完全(3方向)
比重	3.7	硬度	3½–4
屈折率	1.58–1.82	分散	0.015

「インカのバラ」の名で知られる

ローズピンクと呼ばれる美しいピンク色が特徴。1800年、「ローズ色」を意味するギリシャ語から「ロードクロサイト」という学名が付けられた。そのピンクは主成分のマンガンに起因するもので、透明で厚みのある結晶は深いピンクとなり、菱形六面体の外形となることが多いが、たいていの場合、細かい結晶の集合体として産し、粒が細かくなるほどピンクが淡くなる。

鮮やかなチェリーレッドで透明度が高い大粒結晶の産出は米国コロラド州や南アフリカのホットアゼールに限られるうえに、硬度が低く傷がつきやすいため、ファセットをつけた宝石はめったにない。

ピンク色の濃淡による縞模様があるタイプはアルゼンチンなどで多く産出し、「インカローズ」として知られる。このタイプは、縞模様を活かしてカボションカットされるほか、ビーズ、彫刻など、広く利用されている。近年は、アルゼンチン以外の産地のものや縞模様のないものも、「インカローズ」として流通するようになっており、「ロードクロサイト」という名称よりもポピュラーになっているようである。

マンガンを含む熱水脈や変成鉱床で見つかるほか、堆積性マンガン鉱床における変質物(二次鉱物)としても産する。表面から緩やかにくすんだ色に変質するので、長期保存には注意を要する。

青森県 尾太鉱山産 No.8200

アルゼンチン サンルイス産 No.8017

ロードクロサイト(板)
北海道 稲倉石鉱山産
No.8203

オクタゴン ステップ
南アフリカ産 10.02ct No.7206

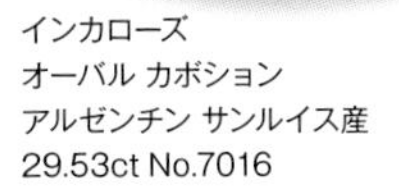
インカローズ
オーバル カボション
アルゼンチン サンルイス産
29.53ct No.7016

硬度
3

マラカイト　Malachite

鉱物名(和名)	malachite(孔雀石)		
主要化学成分	水酸化炭酸銅		
化学式	$Cu_2(CO_3)(OH)_2$		
光沢	ダイヤモンド光沢～ガラス光沢、繊維状晶では絹糸光沢		
晶系	単斜晶系	へき開	完全(1方向)
比重	3.9–4.1	硬度	3½–4
屈折率	1.65–1.91	分散	–

岩絵具としても使われる緑色の石

緑色の岩絵具「緑青（ろくしょう）」や宝飾品として古くより用いられている銅の炭酸塩鉱物。和名は「孔雀石」。濃淡の緑色の縞模様が美しく、縞模様を生かして宝飾品や彫刻などに用いられる。古代エジプトでは4000年以上前から、特に女性のアイシャドーとして粉末が多用されたほか、古代ギリシャやローマでも顔料や飾り石として用いられた。19世紀にはロシアのウラル山脈で大量に産出し、テーブルや壺などさまざまな調度品に加工されて人気を博した。サンクトペテルブルクの宮殿（現エルミタージュ美術館）には部屋の柱や調度品をマラカイト（孔雀石）で装飾した「孔雀石の間」がある。ウラル山脈の鉱床は既に掘り尽くされ、現在は、コンゴ民主共和国が装飾用マラカイトの一大供給国となっている。ほかの産地として、南オーストラリア州、モロッコ、米国のアリゾナ州、フランスのリヨンなどがある。

銅の資源のひとつでもあり、銅鉱床の変質帯に、しばしばアズライトを伴って産出する。繊維状晶が放射状に集合体を成し、ブドウ状、皮殻状や鍾乳状などを呈する。緑色の濃淡は成分の違いによるものではなく結晶粒の大小に由来し、細粒の部分ほど色が明るい。大粒の結晶は非常に色が濃いが稀産である。

コンゴ（旧ザイール）産 No.8081

オーバル カボション
コンゴ（旧ザイール）産 No.7082

欧州で人気のあるマラカイトのジュエリーボックス

アズライト Azurite

鉱物名(和名)	azurite(藍銅鉱)
主要化学成分	水酸化炭酸銅
化学式	$Cu_3(CO_3)_2(OH)_2$
光沢	ガラス光沢〜亜ダイヤモンド光沢、無艶、土状
晶系	単斜晶系
へき開	完全(2方向)
比重	3.7–3.9
硬度	3½–4
屈折率	1.72–1.84
分散	-

岩絵具としても使われる群青色の石

青い釉薬や岩絵具として使われてきた銅の炭酸塩鉱物。「アズライト」という名称は、ラピスラズリ(P.192)と同じく、ペルシャ語で「青」を意味する「ラジュワルド」に由来する。柱状や厚板状などの複雑な形の結晶も知られ、濃紺色でガラス光沢の結晶面で光を反射させてキラキラと輝く。しかし、多くの場合、塊状、鍾乳状、ブドウ状の細粒結晶の集合体で産出し、光沢はあまりないが、研磨すると青色がひき立つ。

宝石としては、カボションカットや、薄くスライスしたものが流通している。アズライトは、二酸化炭素を含んだ水が銅鉱物と反応してできたものだが、水との反応が継続すると、より安定した緑色のマラカイト(P.222)に変わっていく。このため、掘り出された時点でアズライトとマラカイトが混ざっていることも多く、「アズルマラカイト」と呼ばれる。アズライトとマラカイトが縞模様をつくっているものは、研磨されオーナメントとして使われることがあり、発見地のフランス、シェシーにちなんで「シェシライト」と呼ばれる。また、マラカイトで描かれた歴史的な絵画作品には、もともとアズライトで青く描かれていたのに、マラカイトに変化したために緑っぽくなっているものも少なくない。

米国 アリゾナ州産 No.2005

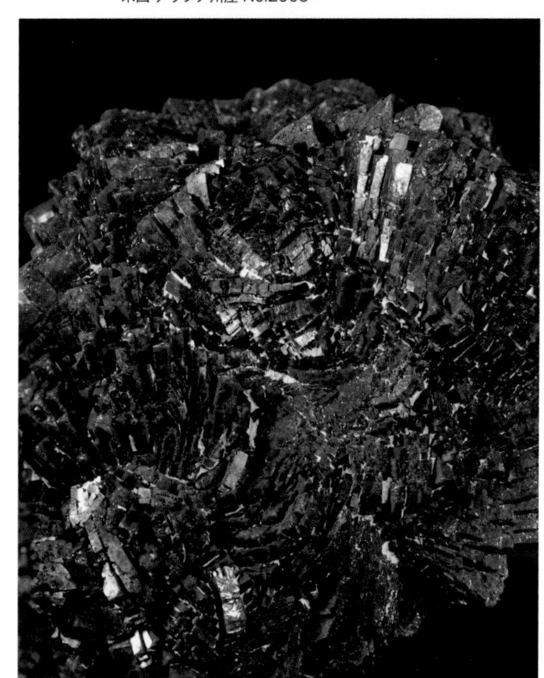
中国 広東省産 No.2029

オーバル カボション
米国 アリゾナ州産 16.69ct No.7132

硬度 3

スファレライト Sphalerite

鉱物名(和名)	sphalerite(閃亜鉛鉱)		
主要化学成分	硫化亜鉛		
化学式	(Zn,Fe)S		
光沢	樹脂光沢からダイヤモンド光沢, 金属光沢		
晶系	立方晶系	へき開	完全(6方向)
比重	3.9–4.1	硬度	3½-4
屈折率	2.36–2.37	分散	0.156

虹色に輝くがカットが困難

高い屈折率と、ダイヤモンドをも凌ぐ分散により、カットすると非常に強い虹色の輝きを放つ。しかし、カットの名人でも手を焼くほどもろいため、完璧なカット石は稀少。純粋な硫化亜鉛は無色だが、黄、橙、赤、褐色(鼈甲(べっこう)色)、緑、黒など多様な色があり、亜鉛を置き換える鉄の量が多いほど濃色となる。亜鉛の主要な鉱石で、熱水脈、スカルン鉱床などの他、ペグマタイト、石炭層などに産し、隕石や月の岩石にも少量見つかっている。学名は「あてにならない」を意味するギリシャ語sphalerosに由来する。

秋田県 北秋田市産 No.2001

ラウンド ミックス／
(イエロー) スペイン産 9.16ct No.7018、
(レッド) スペイン産 23.12ct および
(グリーン) ブルガリア エルマレカ鉱山産 24.63ct No.7222

キュープライト Cuprite

鉱物名(和名)	cuprite(赤銅鉱)		
主要化学成分	酸化銅		
化学式	Cu_2O		
光沢	ダイヤモンド光沢、亜金属光沢		
晶系	立方晶系	へき開	なし
比重	6.1-6.2	硬度	3½-4
屈折率	2.85	分散	-

真っ赤に輝くが取り扱いが困難

輝きを備えた深い赤色が蒐集家の人気を集めるが、傷や割れに弱くてカットが難しい上に、光にさらされると、表面が暗い灰色に変色するので、取り扱いが難しい。内部反射による独特のカーマインレッドの色から「ルビーコッパー」とも呼ばれる。大粒の美晶の唯一の産地、ナミビアの鉱山では既に枯渇しており、小粒の原石がオーストラリア、ボリビア、チリで少量採掘されている。代表的な銅鉱石。学名は「銅」を意味するラテン語のキュプルムから。銅鉱物の鉱床に付随する酸化帯に生成する。

コンゴ (旧ザイール) 産 No.2020

ラウンド スター
ナミビア ツメブ産
3.34ct No.7053

フォスフォフィライト
Phosphophyllite

鉱物名(和名)	phosphophyllite(燐葉石)		
主要化学成分	水和リン酸亜鉛鉄		
化学式	$Zn_2Fe^{2+}(PO_4)_2 \cdot 4H_2O$		
光沢	ガラス光沢、劈開面で真珠光沢		
晶系	単斜晶系	へき開	完全(1方向),明瞭(1方向)
比重	3.1	硬度	3-3½
屈折率	1.59-1.62	分散	-(小さい)

宝石を題材にした漫画で大注目

繊細な青みがかった緑という色が特徴的な鉄と亜鉛のリン酸塩鉱物。希産である上、宝石質の結晶はさらに稀で、最高級品のほとんどは、すでに閉山したボリビアの都市ポトシ近郊の鉱山で採掘されたものである。硬度が低く、完全な劈開(へきかい)によって葉片状(ようへんじょう)に割れやすいため、カットが難しいが、その希少性と美しい色合いにより、博物館や蒐集家のコレクションとして珍重されている。宝石質の結晶は熱水脈中に産するが、花崗岩(かこうがん)ペグマタイト中に閃亜鉛鉱(せんあえんこう)と鉄−マンガンのリン酸塩の変質物(二次鉱物)としても産する。

ボリビア ポトシ産 No.2008

トリリアント スター
ボリビア ポトシ産
1.39ct
No.3010

硬度
3

シナバー
Cinnabar

鉱物名(和名)	cinnabar(辰砂)		
主要化学成分	硫化水銀		
化学式	HgS		
光沢	ダイヤモンド光沢〜無艶		
晶系	三方晶系	へき開	完全(3方向)
比重	8.0-8.2	硬度	2-2½
屈折率	2.91-3.26	分散	-

高い屈折率で真っ赤に輝く石

鮮やかな深紅色〜暗赤色の石で、古くから顔料として利用されてきた。ダイヤモンドをはるかに上回る屈折率のおかげで金属光沢に近いダイヤモンド光沢で輝く。ファセットカットのほか、塊状のものはカボションにされることもあるが、いずれも堅牢性に乏しく取り扱いに細心の注意を要する。水銀の硫化鉱物で、火山岩の鉱脈や熱水泉周囲の鉱床から、塊状か皮膜状の微粒子集合体として産することが多く、大粒の結晶は稀産。学名は「竜の血」を意味するアラビア語とペルシャ語に由来する。

中国 湖南省産 No.2091

ラウンド ステップ スター
中国 貴州省産 7.65ct
No.3021

バライト Baryte

鉱物名(和名)	baryte(重晶石)
主要化学成分	硫酸バリウム
化学式	$Ba(SO_4)$
光沢	ガラス光沢～樹脂光沢、ときに真珠光沢

晶系	直方晶系	へき開	完全(1方向)、明瞭(2方向)
比重	4.5	硬度	3-3½
屈折率	1.63-1.65	分散	－(小さい)

金や青の透明な石が人気を集める

透明で大型の結晶が多産するが、硬度が低く、劈開があって割れやすい。米国コロラド州の金色の透明結晶が高く評価され、アクアマリンに似る青色がこれに次ぐ。不透明のバライト鍾乳石を研磨し縞模様に仕立てられることもある。鉛・亜鉛の鉱床に付随して産するほか、石灰岩などの堆積岩中、火成岩の空隙に産する。バリウムのもっとも重要な資源で、名称は「バリス」（ギリシャ語の「重い」）に由来する。胃のレントゲン撮影の際に飲む"バリウム"と同じ物質。

ドイツ産 No.2035

米国 コロラド州産 No.8188

レクタングル ステップ
米国 コロラド州 ステアリングウエールド産
3.93ct No.7029

セレスティン Celestine

鉱物名(和名)	celestine(天青石)
主要化学成分	硫酸ストロンチウム
化学式	$Sr(SO_4)$
光沢	ガラス光沢、劈開面で真珠光沢

晶系	直方晶系	へき開	完全(1方向)、明瞭(2方向)
比重	4.0	硬度	3-3½
屈折率	1.62-1.63	分散	－

石の中に空が見える

透明で美しい空色の結晶として産出することが多く、ラテン語で「天空の」を意味する語「セレスティス」にちなんで命名された。セレスタイトとも呼ばれる。空色のほか、無色や、稀にピンク色や薄緑色を呈することもある。硬さと耐久性が欠ける点は惜しいが、独特の色で蒐集家を魅了している。大粒の結晶や、繊維状、塊状、団塊状の集合体として石灰岩、苦灰岩、砂岩などの堆積岩中や、ときに熱水鉱床に産する。マダガスカルの堆積岩中にジオード（晶洞。中心部に空隙があり結晶の見られる球顆）として産出する標本が特に有名である。

晶洞 マダガスカル産 No.8019

レクタングル ステップ
マダガスカル産 5.51ct
No.7020

アングレサイト Anglesite

鉱物名(和名)	anglesite(硫酸鉛鉱)		
主要化学成分	硫酸鉛		
化学式	$Pb(SO_4)$		
光沢	ダイヤモンド光沢〜樹脂光沢、ガラス光沢		
晶系	直方晶系	へき開	完全(1方向)、明瞭(2方向)
比重	6.4	硬度	2½-3
屈折率	1.88-1.89	分散	0.044

コレクター向けのレアストーン

高い屈折率と分散をもつため輝きに優れるが、劈開があり、硬度も低いため、堅牢性に難がある。無色のほか、微量成分により黄、緑、青などの色を呈し、透明結晶が、蒐集家向けにカットされることがある。紫外線照射により黄色の蛍光を発する。鉛鉱床の地表付近で鉛を含む鉱物が地下水と反応して生成する(二次鉱物)。鉱物種の模式産地、英国のウェールズ地方のアングレジー島に因み命名。

オーストラリア ニューサウスウェールズ州 ブロークンヒル産
No.2074

イレギュラー トリリアント
モロッコ産
2.19ct No.3011

イレギュラー ステップ
モロッコ産 9.43ct No.3012

硬度
3

セルサイト Cerussite

鉱物名(和名)	cerussite(白鉛鉱・セルサイト)		
主要化学成分	炭酸鉛		
化学式	$Pb(CO_3)$		
光沢	ダイヤモンド光沢〜ガラス光沢		
晶系	直方晶系	へき開	良好
比重	6.6	硬度	3-3½
屈折率	1.80-2.08	分散	-(大きい)

透明度が高く輝きは素晴らしいが割れやすい

ダイヤモンドに匹敵する屈折率で、輝きも抜群だが、残念なことに、硬度が低く、劈開があって割れやすいため堅牢性に乏しく、カットが難しい。そのため、専ら、蒐集家向けの宝石となっている。本質的には無色(白色)だが、わずかに含まれる銅により青から緑に発色する。白い鉛の顔料を意味するラテン語のセルッサから名づけられ、古代から知られている鉛鉱石である。鉛鉱床の地表付近に生成する。

ナミビア ツメブ産 No.2004

アラゴナイト Aragonite

鉱物名(和名)	aragonite(霰石)		
主要化学成分	炭酸カルシウム		
化学式	$Ca(CO_3)$		
光沢	ガラス光沢		
晶系	直方晶系	へき開	明瞭(1方向)
比重	2.9-3.0	硬度	3½-4
屈折率	1.53-1.69	分散	-(小さい)

真珠の主体成分と同質の鉱物

カルサイトと同じく炭酸カルシウムを成分とする鉱物で、本質的には無色（白色）だが、微量成分や介在物などにより水色、紫色、茶色などに着色することもある。やわらかく、壊れやすいため、ファセットカットがむずかしいが、チェコ産の透明な結晶は蒐集家(しゅうしゅうか)のためにファセットがつけられることもある。また、淡青色塊状(かいじょう)のアラゴナイトはラリマー（P.215）と同じようにカボションカットされる。

シェル（P.241）、真珠（P.234）やコーラル（珊瑚、P.238）といった生物起源の宝石はアラゴナイトと同質物で構成される。鉱床の酸化帯、熱水泉、鍾乳洞でよく見られる。珊瑚そっくりの集合体になることもあり、それらは「山珊瑚(やまさんご)」と呼ばれる。結晶は六角の厚板状、柱状、針状で、端部が錐状(すいじょう)あるいは「のみ」の刃状に尖っていることが多い。筒状や放射状の集合体でも現われる。学名の由来は、模式産地（新種発見となる標本を採取した場所）のスペインのモリーナ・デ・アラゴンである。

イタリア シチリア島産 No.2031

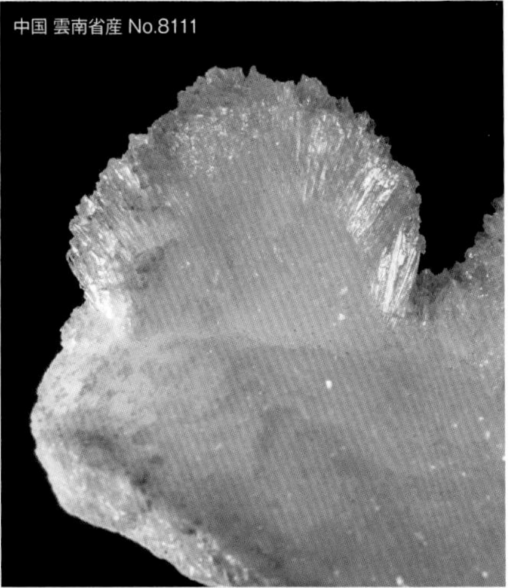
中国 雲南省産 No.8111

タンブル 岐阜県 神岡鉱山産 23.02ct No.7112

双晶 スペイン産 No.8195

カルサイト Calcite

鉱物名(和名) calcite(方解石)
主要化学成分 炭酸カルシウム
化学式 $Ca(CO_3)$
光沢 ガラス光沢

晶系	三方晶系	へき開	完全(3方向)
比重	2.7	硬度	3
屈折率	1.48-1.66	分散	0.008~0.017

美しい結晶が見られるが宝石には向かない

炭酸カルシウムから成るありふれた鉱物で、ライムストーン（P.182）やトラバーチン（化学沈殿岩）、マーブル（P.182）も主にカルサイトでできている。透明で大型の美しい結晶も多産し、蒐集家向けにカットされることはあるが、硬度が低いことに加え、3方向に完全な劈開（へきかい）があって角度が一定の平行四辺形ができるように割れやすい性質があるため、宝飾品に仕立てられることはほとんどない。微量成分によりさまざまな色を呈することがあり、鉄でオレンジ色を、マンガンでピンク色を、コバルトで紅色を呈する。さまざまな色のカルサイトが縞模様（しまもよう）（層状構造）をつくっているトラバーチンの美しいものは、オニキス（オニックス）マーブルとも呼ばれ、縞模様を生かした装飾品や彫刻に用いられる。カルサイトは屈折率も分散も大きくないが、複屈折（結晶内に入った光が屈折率の異なる2種類の光に分かれる性質）が極めて顕著なため、結晶を通して物を見ると像が二重に見える。

変成鉱床、熱水脈、火成岩中に大粒の単結晶や双晶としても産する。結晶の形態は多様で、尖った「犬牙状（けんがじょう）」、平たい「釘頭状（ていとうじょう）」などの名がついている。

顕著な複屈折を応用し、薄い劈開片を組み合わせると偏光フィルター（ニコルプリズム）となる。

米国 ミズーリ州産 No.2018

クリベージ メキシコ産
グリーン No.8252、カラーレス No.8255、
ゴールデン No.8254、ピンクNo.8253

(グリーン) クリベージ ステップ メキシコ産 43.21ct No.7256
(ゴールデン) レクタングル ステップ メキシコ産 11.82ct No.7258
(ピンク) オクタゴン イレギュラー メキシコ産 19.84ct No.7257

ミーアシャム Meerschaum

鉱物名(和名)	sepiolite(海泡石)		
主要化学成分	水和水酸化ケイ酸マグネシウム		
化学式	$Mg_4Si_6O_{15}(OH)_2 \cdot 6H_2O$		
光沢	亜ガラス光沢、絹糸光沢、無艶～土状		
晶系	直方晶系	へき開	なし
比重	2.1–2.3(乾燥体かさ密度1未満)	硬度	2-2½
屈折率	1.50-1.58	分散	なし

多孔質で軽く喫煙具に使われてきた

白色土状の緻密な塊に彫刻を施したものが煙草用のパイプなどに用いられる。鉱物としてのセピオ石は繊維状の塊が普通だが、トルコのアナトリア高原のエスキシェヒル近郊からは彫刻に適した緻密な土状の塊が産出する。採掘直後は容易に切削(せっさく)や彫刻ができるが、乾燥すると硬くなり堅牢となる。見た目は緻密でも微細な繊維の隙間に空気を含むため、水に浮くほど軽い。鉱物名は、その性質を多孔質で軽いセピア(コウイカの異称)の骨に例えたもので、メアシャム(ドイツ語で「海の泡」)の別名も同様。

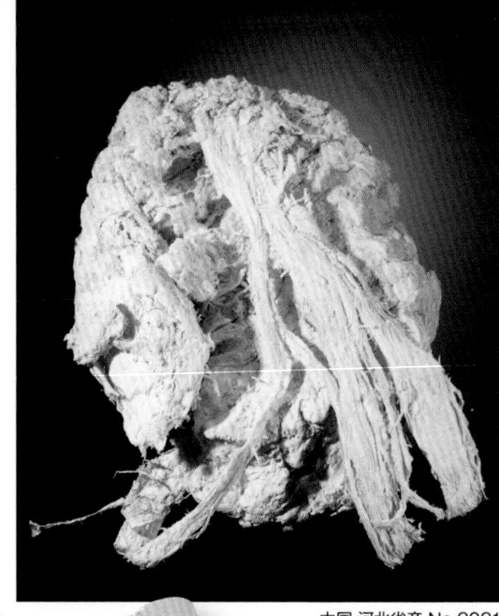

中国 河北省産 No.2021

ミーアシャム(彫刻)
トルコ エスキシェヒル産
148.22ct No.7015

ウレキサイト Ulexite

鉱物名(和名)	ulexite(曹灰硼石)変種名: TV stone(テレビ石)		
主要化学成分	水和水酸化ホウ酸ナトリウムカルシウム		
化学式	$NaCaB_5O_6(OH)_6 \cdot 5H_2O$		
光沢	ガラス光沢、絹糸光沢		
晶系	三斜晶系	へき開	完全(1方向)、明瞭(1方向)
比重	2.0	硬度	2½
屈折率	1.49–1.52	分散	–

キャッツアイ効果を示す白い石

ウレキサイトは繊維状結晶が平行に揃った塊として産出するため、カボションカットにするとキャッツアイ効果が現れる。しかし、宝石としては硬度が低すぎるので、繊維状結晶に垂直に切断研磨し、光ファイバー効果を観察できるようにしたものが「テレビ石」の名称で広く知られている。産地は、かつての湖や内海が干上がった場所などに限られるが、産出量は多く、ホウ素の主要な資源鉱物のひとつとなっている。鉱物名は、ドイツの化学者ゲオルゲ・ルートヴィヒ・ウレックスに因む。

米国 カリフォルニア州産 No.8045

ウレキサイト・キャッツアイ
ラウンド カボション
米国 カリフォルニア州産
9.70ct No.7044

セレナイト Selenite
アラバスター Alabaster

鉱物名(和名)	gypsum(石膏)		
主要化学成分	水和硫酸カルシウム		
化学式	$Ca(SO_4)\cdot 2H_2O$		
光沢	亜ガラス光沢〜真珠光沢		
晶系	単斜晶系	へき開	完全(1方向)、明瞭(3方向)
比重	2.3	硬度	1½-2
屈折率	1.52-1.53	分散	-

ギプス(石膏(せっこう))の変わり種

セレナイトもアラバスターも「石膏」という同じ鉱物。石膏の学名gypsum(ジプサム)は「白亜(はくあ)」や「漆喰(しっくい)」、「セメント」を意味するギリシャ語に由来する。石膏の透明な結晶は月とともに満ち欠けをすると古代に信じられ、月の女神セレーネー(ギリシャ神話)にちなんで、セレナイト(透明石膏)と呼ばれる。一方、石膏の細粒結晶の塊状集合体は、ギリシャ語の花瓶「アラバストス」にちなんでアラバスター(雪花石膏(せっか))と呼ばれ、宝石としてはやわらかすぎるが、その美しさから古くより彫刻が施され、花瓶などの容器やオーナメント、道具などに利用されてきた。さらに、細い結晶の繊維状集合体は絹糸光沢となり、サテンスパー(繊維石膏)と呼ばれ、カボションカットを施すと、キャッツアイ効果を得られる。

海水や塩湖の水が蒸発することで生成し、カルシウムと硫酸塩イオンに富んだ地下水や湿潤粘土中で大きな結晶となることもある。バラの花弁状をした結晶は「砂漠のバラ」として知られる。

セレナイト メキシコ チワワ州 ナイカ産 No.8002

サテンスパー・キャッツアイ
ラウンド カボション 9.09ct No.7287

セレナイト
ラウンド ミックス メキシコ ナイカ産 1.69ct No.7240

アラバスター
オーバル カボション 米国 ユタ州 ワシントン産
15.27ct No.7288

ステアタイト Steatite

鉱物名(和名)	talc(滑石・タルク)		
主要化学成分	水酸化ケイ酸マグネシウム		
化学式	$Mg_3Si_4O_{10}(OH)_2$		
光沢	真珠光沢、脂肪光沢、無艶		
晶系	三斜晶系・単斜晶系	へき開	完全(1方向)
比重	2.6-2.8	硬度	1
屈折率	1.54-1.60	分散	–

古くから利用された
加工しやすい滑らかな石

　ステアタイトとは、純度が高く緻密なタルク(滑石〔かっせき〕)のことである。タルクという鉱物自体は珍しいものではなく、変成岩が分布するほとんどの地域で見つかる。とくに超塩基性岩の変質物として、蛇紋石、透閃石、苦土橄欖石を伴って、極微細な葉片状の結晶の塊状集合体として産出する。滑らかな触感から、パイロフィライト(葉蝋石)やサポナイトなどとともにソープストーン(石鹸石)と呼ばれることもある。モース硬度が1で、軟らかすぎることから、堅牢性を持たせるため、成形後に焼成、場合によっては施釉して焼成されることもある。

　加工性の良さからはるか有史以前から彫刻や装飾品や道具に利用されてきており、最も古い宝石細工の素材のひとつと言える。古代の中東では、彫像、印章、聖骨箱のみならず、器、壺、金属鋳造の型、料理道具や煙草用のパイプなどに使われた。現在も工芸品に使われており、カナダやアラスカのイヌイットの人々による彫刻の他、薄い緑色の半透明の彫刻が中国などで人気がある。

タルク 米国産 No.8220

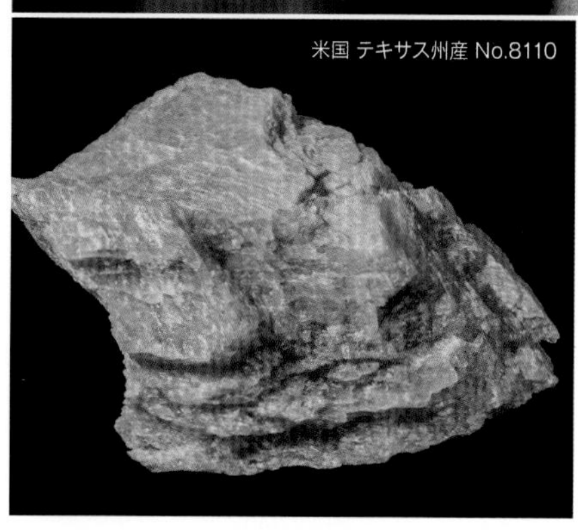

米国 テキサス州産 No.8110

タルク
オーバル カボション
米国 ジョージア州産
21.07ct No.7318

2

「スカラベ」 古代エジプトのスカラベが回転するシール(印章)リング。
紀元前1539-1069年頃、
新王国時代
国立西洋美術館
橋本コレクション
(OA.2012-0004)

第3章

生物起源の宝石

ルネサンス 空翔るキューピッドのペンダント
1590-1620年頃　ドイツまたはオランダ　ダイヤモンド、ルビー、パール、エナメル、金
個人蔵、協力：アルビオン アート・ジュエリー・インスティテュート

真珠 Pearl

化学名	炭酸カルシウム
光沢	真珠光沢
比重	2.6–2.9
屈折率	1.52–1.69
硬度	2½ –4½

貝の中に完成して見つかる宝石

紀元前2200年以前に中国では報償として、古代ペルシャでは衣装の装飾品として、古今東西の王族や豪商などに愛でられ、神の涙や朝日の化身の伝説など、謎めかした歴史のある宝石のひとつ。

動物が体内につくる「石」には、美しい光沢と色合いを持つものがあり、滑らかな曲面の表面に真珠光沢を持ち宝飾品などに用いられる典型が真珠（パール）である。海に棲むウグイスガイ類や、淡水に棲むイシガイ類といった貝の体内でつくられる。貝の体内に異物が入ると、それを体外に排出するか、体内で無毒化（無害化）する生体機能が働く。無毒化する生体機能のひとつに、本来持ち合わせている硬組織（貝殻など）と同じ物質で異物を覆うことがある。霰石（あられいし）に相当する炭酸カルシウムと外套膜（がいとうまく）から分泌される複合タンパク質のコンキオリンからできている真珠層を硬組織に持つ生物は、異物を同様の真珠層で覆うため、この真珠層が光の干渉により独特のイリデッセンス、真珠光沢を生み出し、異物から変身した「美しい石」を体内に抱く。真珠光沢は「テリ」と呼ばれ、色と共に真珠の美しさの要素である。もっとも一般的な真珠の色は白だが、母貝の種類や棲息環境などによって、黄、緑、青、紫、赤、黒など各色を帯び幅広い多様性を持つ。真珠層は表面にあり、貝の中から出現したときから真珠光沢を備えるため、研磨は無用で基本的に整形加工を施すことはない。真球など、整った形状の真珠は、ジュエリーに仕立てるには都合がよいが、自然の造作は、「異物」の形状に左右され、さまざまに固有の形となり、「バロックパール」と呼ばれる。建築や音楽で使われる「バロック」の語源でもある。

天然真珠が二枚貝に見つかることが多いのは、濾過食性のため大量の水や餌と一緒に異物を体内に取り込む確率が高く、貝殻の内壁と軟組織の間に真珠が育つことができる空間があるためである。真珠光沢の真珠は、貝殻、特に内側に真珠層を持つ貝に見つかり、外套膜からの分泌物が、真珠層の形成につながっていることがわかる。このため天然真珠は、外套膜で覆われた軟組織の中だけではなく、外套膜に接する貝殻の内壁に形成されることもある。半球状に盛り上がったブリスターパールは貝殻内壁でできた天然真珠の典型である。

天然の真珠は稀少で、真珠漁で生計を立てることはままならない。バーレーンやオーストラリアなどでダイバーによる天然真珠の採取は今も行われているが、形の整った大粒の天然の真珠に巡り会う偶然の重なりは極めて限られる。

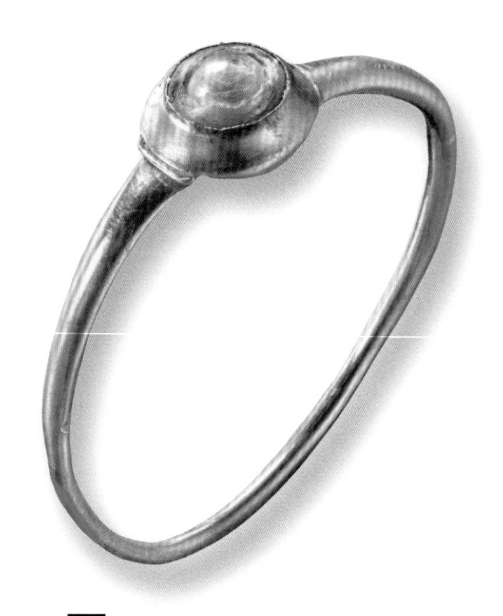

42

「パイ皿形の指輪」 真珠が丸いパイ皿形のベゼルにセットされたゴールドリング。真珠は損傷している。13世紀
国立西洋美術館 橋本コレクション（OA.2012-0117）

GIAの真珠鑑別レポート。たとえば下段右から2個目については、「天然真珠、海水、ピンクタダ種、処理はされていない」と記されている。10個の真珠は、すべて天然で、色、形、サイズ、テリはさまざま。

2016年9月の香港ショーで天然真珠の業者から集めたアラビア海の真珠（天然）。漁師がたくさんの真珠貝の中から偶然見つけてドバイに集荷されたもの。気の遠くなるような確率で見つかったときの感動は想像以上のものであろう。貝を開いて見たら「真珠がそこに見つかった」。まさに地球が生んだキセキ。真珠はカットせずに必要に応じてドリル（穴あけ）して、ネックレスにすることもある。真珠の善し悪しは光沢、色、形、大きさで判定する。

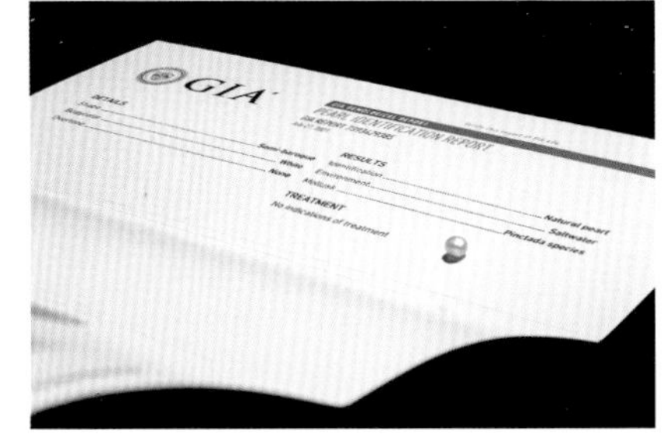

●真珠の取扱い

汗、皮脂、化粧品、香水などによる変質や、過度の乾燥や湿気は真珠の寿命を縮める。硬くはないので、硬い宝石などと擦り合うような扱いは厳禁。

模造

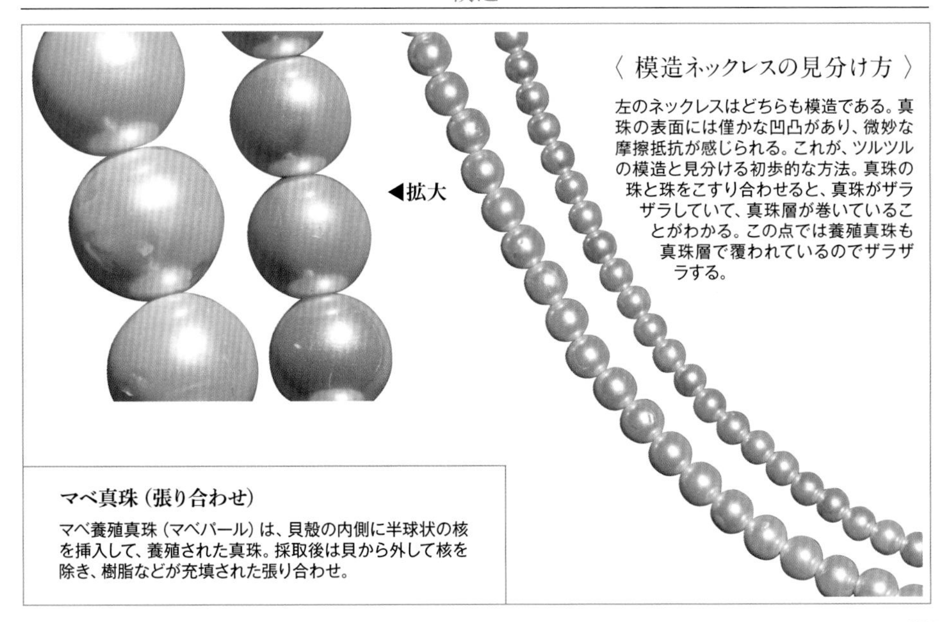

〈 模造ネックレスの見分け方 〉

左のネックレスはどちらも模造である。真珠の表面には僅かな凹凸があり、微妙な摩擦抵抗が感じられる。これが、ツルツルの模造と見分ける初歩的な方法。真珠の珠と珠をこすり合わせると、真珠がザラザラしていて、真珠層が巻いていることがわかる。この点では養殖真珠も真珠層で覆われているのでザラザラする。

マベ真珠（張り合わせ）

マベ養殖真珠（マベパール）は、貝殻の内側に半球状の核を挿入して、養殖された真珠。採取後は貝から外して核を除き、樹脂などが充填された張り合わせ。

column

養殖真珠

Cultured pearls

自然につくられる天然真珠は希少で限られた人々のものだった。真珠ができる仕組みを見極め、それを養殖技術に応用して養殖産業を確立したのは日本人だ。養殖に適した真珠をつくることを得意とする貝種を選び、稚貝から育成し、望ましい形状の「核」を異物に代えて活きている貝の外套膜近くの軟組織に挿入し、核の周囲が充分に真珠層で覆われるまで貝を養殖する技術は、粒選りの真珠の供給により、多くの需要を満たして、多くの人々を魅了している。

アコヤガイ　Akoya Oyster

No.7604、
アコヤガイ（ペア）No.8604

黄色を帯びた真珠層を持ち、同色の真珠をつくる。西太平洋沿岸部内湾域の静かな海中の5～60mほどの水深の岩礁に付着して棲息する。殻長は約10cm。日本の海棲養殖真珠の主力。セイロンシンジュガイやメキシコアコヤガイとは別種。

シロチョウガイ　South Sea Oyster

現生の真珠貝では最大で殻長は30cmに及ぶ。南太平洋で貝殻を目的に採取されてきた。全体に白いシルバーリップと呼ばれるものと、貝殻の末端部（蝶番から遠い側）が黄金色のゴールドリップと呼ばれるものがあり、前者はオーストラリアで、後者はフィリピン、ミャンマー、日本で、それぞれの色の真珠の養殖に使われる。

（ホワイト）

シルバーリップ
No.7605

オーストラリア産 No.8605

（ゴールド）

ゴールドリップ
No.7606

No.8606

クロチョウガイ　Tahitian Oyster

No.7608、
タヒチ産 No.8609

現生の真珠貝では最も広範囲に分布棲息する。殻長は15 cm程度。黒色を帯びた真珠層を持ち、真珠は緑、青、紅色のオーバートーンを持った灰色が多く、黒色はむしろ稀である。紅海で採れた大粒のブラックパールは「サダフ」と呼ばれ、インドやペルシャの王に献上された。タヒチをはじめ熱帯の太平洋海域で養殖されている。この養殖以前のブラックパールの大半はカリブ海でパナマチョウガイから採取された。

メキシコウグイスガイ（マベ）　*Mabé* Oyster

鹿児島県 奄美大島産 No.7610、ハーフ・パール（白・グレー）No.8611

殻長約15cmで、熱帯、亜熱帯の浅海に分布。半球パールはブリスターを模倣して、半球状の核を貝殻と軟組織表面の外套膜の間に挿入してつくる。メキシコウグイスガイは半球パールの養殖用の真珠貝として最も一般的だが、真球パールもつくられることがある。

イケチョウガイ　Freshwater Mussel

※

茨城県 霞ヶ浦産 No.8614

殻長23cmの翼卵円形から翼長卵形の淡水棲の、琵琶湖・淀川水系の固有種。外来種との交配が進み絶滅危惧種に指定。中国原産の近縁種、ヒレイケチョウガイとの交配種で一世を風靡した「ビワ・パール」の養殖が行われている。

〈 品質の見分け方 〉

養殖真珠（パール）が真円なのは丸く削った貝の珠（核）をアコヤガイに入れて貝の力でその周りに真珠層を造らせるから。テリのある質の良い状態にもちこむには約2〜4年くらいかかる。養殖の技術と海の状態など、環境の変化により善し悪しが決まる。また貝から取り出した後の処理も多様で、人工処理のほとんどないものから過激な処理を行うものまであるので信用できる店から選ぶことが大切。天然ではほとんど見られない、粒の揃った養殖真珠のネックレスは比較的安価で手に入る優れもの。

※イケチョウガイ パール 真鶴町立遠藤貝類博物館 所蔵

コーラル　Coral

化学名　炭酸カルシウム
光沢　ガラス光沢、蝋光沢
比重　2.6–2.7
屈折率　1.48–1.66
硬度　3½

深海のピンク～赤色のサンゴ骨格

宝飾品に使われる宝石珊瑚（コーラル）は、浅い海中に珊瑚礁を形成する「造礁珊瑚」（イシサンゴやヒドロサンゴなど）とは区別される。宝石珊瑚は、光の届かない深海で成長し、耐久性を備え魅力的なピンクから赤の色合いが特徴。ベニサンゴは地中海、アカサンゴやモモイロサンゴは日本の沖合を含む西太平洋で採取される。海底に棲む小さなポリプ（イソギンチャク様の小さな生物）が連なったサンゴ類は、炭酸カルシウムを分泌して、樹枝状の集合組織をなす。宝石珊瑚の硬い集合組織は鉱物のカルサイト（方解石）に相当する炭酸カルシウムの塊で、そこに含まれるカロテノイド色素によって赤色となる。宝石の素材に適した部位から切削研磨により整形して装飾に使われてきた。

血赤サンゴ 高知県 土佐沖産
No.8071

モモイロサンゴ 原木 小笠原産 No.8073

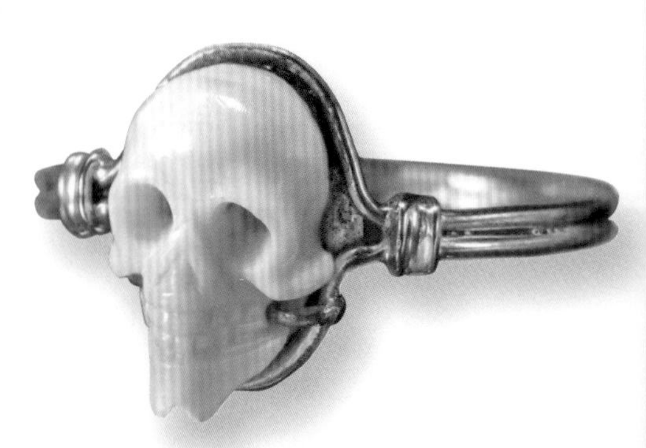

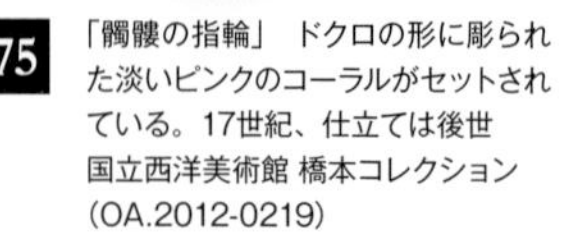

75 「髑髏の指輪」 ドクロの形に彫られた淡いピンクのコーラルがセットされている。17世紀、仕立ては後世
国立西洋美術館 橋本コレクション
（OA.2012-0219）

オーバル カボション
小笠原産
16.93ct No.7072

古くから世界中で珍重

色を最大限引き立てるカボションカットされることが多い。汗や果汁、酸性の化粧品、温泉水、入浴剤などで変質することがある。ドイツの旧石器時代の遺物や、古代ローマ人のお守り、ロザリオやネックレスなどの装身具、東洋での医薬品など、コーラルの歴史は長い。地中海のベニサンゴは代表的な産地に近いサルディニア島に因み「サルジ」と呼ばれ、奈良時代にシルクロードを経て日本にもたらされ「胡渡(こわたり)」と名を変え、正倉院の御物(ぎょもつ)として今に伝わる。「エンジェルスキン」と呼ばれる品質は、淡いピンクのサンゴのうち、一部の美しいものを指す。

モモイロサンゴの彫り板 小笠原産 51.73ct No.7074

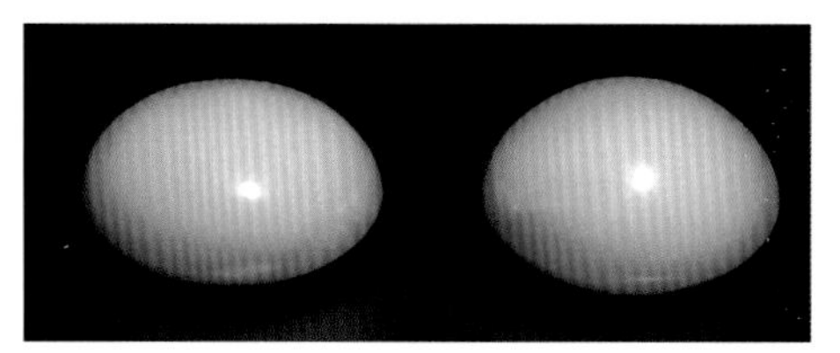
非常に色ツヤ、形がよく欧州で好まれていたエンジェルスキン。

column

コーラルが日常生活で受けるダメージ

コーラルは酸に弱く、レモン汁や酢に浸けておくと溶けてしまう。下の写真はコーラルの状態を実験したもの。

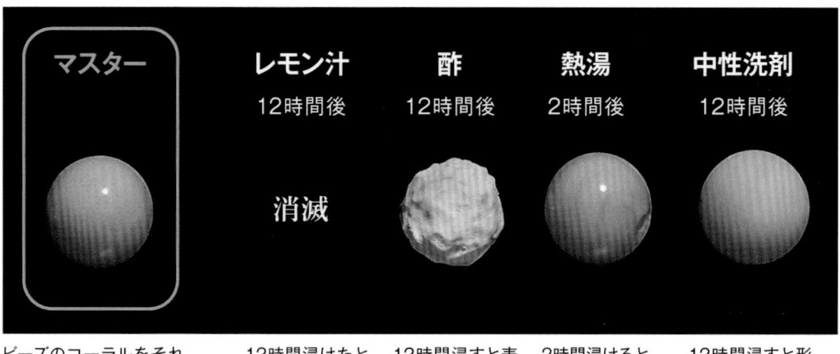

ビーズのコーラルをそれぞれの液体に浸けて実験したところ、右のような結果が得られた。

12時間浸けたところ、跡形もなく消滅した。

12時間浸すと表層が崩れ落ち、色も白くなった。表面もざらつき、でこぼこしている。

2時間浸けると、色ムラが顕著に見られた。ところどころヒビも見られる。

12時間浸すと形状はそのままであったが、艶を完全に失い、色もくすんだ。

クオリティスケール
コーラル（無処理）

濃淡＼美しさ	S	A	B	C	D
7					
6					
5					
4					
3					
2					
1					

品質の差を明瞭にするため、4個単位で表示

クオリティスケール上でみた品質の３ゾーン

	S	A	B	C	D
7					
6					
5					
4					
3					
2					
1					

〈 価値比較表 〉

mm size	GQ	JQ	AQ
15	30.0	5.0	0.4
10	6.0	1.0	0.1
5	1.0	0.2	0.02

10㎜サイズのJQを1として、大きさと品質の差による価値の程度を指数で示したもの

研磨・処理

コーラルは原木のまま彫刻が施されたり、ビーズやカボションに研磨される。赤系のコーラルの場合、表面の亀裂部分にワックスなどを埋めたり、美しく見せるために着色処理したものがある。ピンク系のコーラルの場合、オイルをつけてキズを隠しているものもあるため、注意が必要。これらは経年変化で美しさを失う。またコーラルは酸におかされやすいため、現在では特殊な加工によって、表面を保護しているものもある。

人工石	模造
※コーラルに合成はない。	No.7797 カルシウムセラミック　No.7798 ガラス

〈 品質の見分け方 〉

ビーズとカボションのコーラルの品質のポイントは「形」、「虫喰い」と呼ばれる穴や亀裂の有無、「色ムラ」の程度。形については、ビーズの場合、真円であるかで品質の判断をする。一方カボションであれば、輪郭と山の高さのバランスが大切。「虫喰い」は致命的欠陥ではあるが、「色ムラ」や「斑点」が皆無のものは存在しない。それが肉眼で見て美しさを損なわない限り、全体のバランスで、善し悪しを判断する。

クオリティスケールのSは、実に希少なもので、１％しか存在しないGQのうちの１割に存在するかしないか。特に直径が10㎜を超えるものは、極端に数が少ない。自然が造ったコーラルは厳密には一粒一粒すべてが異なり、ひとつひとつに個性がある。むしろヒビと色ムラは大きな欠点とならなければ、この世にひとつしか存在しない証しとなる。ネックレスは全体に色と粒が揃い、糸を通す穴が珠の中心を貫いていることが大切だ。

色が均等でない。ムラが見てとれる

虫食いの穴が顕著。品質を損ねている

シェル Shell

化学名	炭酸カルシウム		
光沢	真珠光沢	屈折率	1.52–1.66
比重	2.6–2.9	硬度	3–4

層構造がうみだす美しさ

貝殻の主な成分は炭酸カルシウムで、霰石(あられいし)や方解石の微細な鉱物結晶と有機化合物が層状構造をつくっており、その構造や物性は種によって異なる。古来より、色の異なる層構造を活かし、カメオの材料として使われてきた。

海棲のウグイスガイ類や淡水棲のイシガイ類などの二枚貝の貝殻の内側には、真珠層と呼ばれる光の干渉を生じる層状の硬組織があり、イリデッセンスが美しいものは、螺鈿(らでん)をはじめ、ジュエリーやボタン、家具、用具、容器、建築などさまざまな装飾に使われる。マザーオブパールとも呼ばれ、真珠（パール）とほぼ同質である。

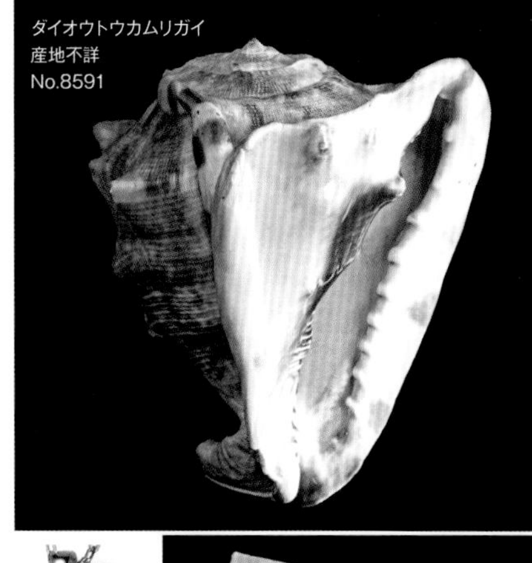
ダイオウトウカムリガイ
産地不詳
No.8591

貝のペンダントトップ
個人蔵

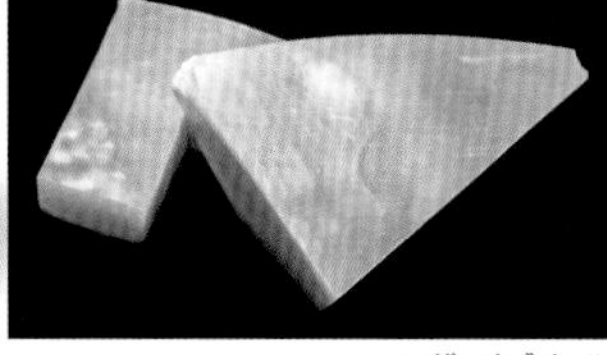
マザーオブパール

シェルカメオ 35.72ct
No.7593c

コンクパール Conch Pearl

化学名	炭酸カルシウム		
光沢	ガラス光沢	屈折率	1.52–1.66
比重	2.2–2.8	硬度	2½–4

巻貝がつくる層構造がない真珠

バハマ諸島や西インド諸島のカリブ海など南洋に生息する大型巻貝の一種「ピンク貝（コンク貝）」から稀に採れる真珠で、ピンクをはじめ、赤、橙、黄、茶、白など、色のバリエーションが広い。真珠でありながら真珠光沢ではなく、陶器のような独特な艶があって、炎が燃えさかっているような「火焔(かえん)模様」が現れることがある。巻貝であるため、外套膜内に核を入れて養殖することは難しく、研磨整形を施さず自然のままの形状を活かしたジュエリーに仕立てられる。主にアラゴナイト（アラレ石）の結晶でできており、熱や光、酸による変質、退色に気をつけ、丁寧に扱うことが肝要。

カリブ海産 No.8615

イレギュラー カボション
カリブ海産 2.46ct
No.7615

アイボリー Ivory

産地不詳 No.2800

化学名	ハイドロキシアパタイト		
光沢	樹脂光沢	屈折率	1.54-1.57
比重	1.7-2.0	硬度	2-3

古くからの彫刻素材

ゾウの上顎にある長く伸びた二本の牙（門歯）で、淡いベージュで細かな木目模様が美しく、手触りが良く、細かい加工がしやすいことなどから、古くから彫刻素材として利用され、宝石としてはカメオなどに使われてきた。しかし、1970年代半ばに、アイボリーの取引を禁止する条約が制定され、1990年にワシントン条約により国際取引は原則禁止となっている。ハイドロキシアパタイトと有機物でできており、真珠やサンゴなど、他の生物起源宝石に比べて固くて丈夫である。

85 「象牙で細工された庭先の風景」 ガラスでカバーされているのでアイボリーの彫刻が立体的に見える。1770年頃 国立西洋美術館 橋本コレクション（OA.2012-0256）

タートイス シェル Tortoiseshell

化学名	ケラチン		
光沢	樹脂光沢	屈折率	1.54-1.56
比重	1.3-1.4	硬度	2-3

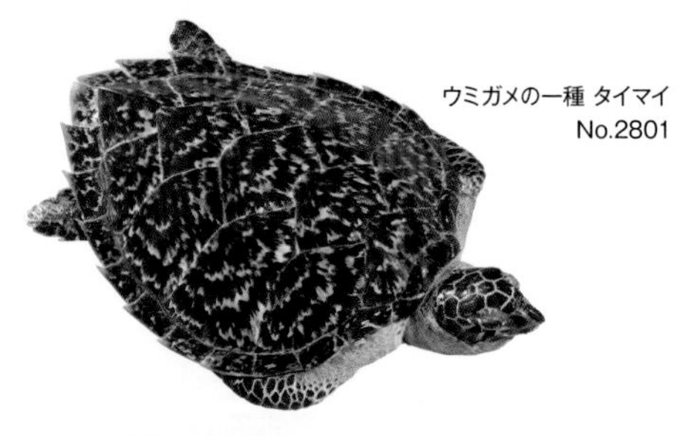

ウミガメの一種 タイマイ No.2801

鼈甲のかんざし

日本伝統工芸の素材「べっこう」

ウミガメの一種タイマイの甲羅から加工される「鼈甲（べっこう）」のことである。人間の爪や髪と同じく、タンパク質のケラチンを主成分とする天然のプラスチック（樹脂）であり、加熱すると軟化し、可塑成形（かそせいけい）ができる。古代エジプト、ギリシャ、ローマ、そして15世紀のスペインなどで珍重され、日本では、古くは正倉院にも収められているほか、17世紀に長崎へ伝わり、広まった。江戸時代末期の奢侈禁止令（しゃしきんしれい）を免れるため、亀（タイマイ）をスッポン（鼈）と偽ったことから「鼈甲」の呼称となった。ちなみにタイマイはウミガメ（sea turtles）でありリクガメ（tortoise）ではない。現在、ワシントン条約により、タイマイの貿易は禁止されている。

124 「べっ甲製指輪」 鼈甲を加工したリング。経年変化で色が変色したと思われる。19世紀中期-後期 国立西洋美術館 橋本コレクション（OA.2012-0345）

アンモライト Ammolite

化学名	炭酸カルシウム
光沢	ガラス光沢
比重	2.7–2.9
屈折率	1.52–1.68
硬度	3½ –4

虹色に輝くアンモナイト化石

アンモナイトの化石のうち、カナダ・アルバータ州産の虹色に輝きを放つものが「アンモライト」と呼ばれる。カナダの先住民ブラックフット族は、狩りの際にこの石が水牛をおびき寄せてくれると信じ、「イニスキン（水牛の石）」と呼ぶ。多くは、緑や赤に輝き、青や紫に輝くものは珍しい。

アンモライトは、約7500万～7000万年前（中生代白亜紀後期）の地層から見つかるアンモナイトのなかま「プラセンチセラス」の殻の化石である。もともと殻にあった極く微細な層構造を持つ真珠層が、地層中に埋もれて圧縮されながらも壊れることなく保存されたため、光の干渉によるイリデッセンスを引き起こす構造までもが残されたのである。

アンモナイトの殻は分厚いものではないので、原石自体も薄いものばかりである。また、主体成分はアラゴナイトと同質物で、宝石としては十分な硬さとは言えない（モース硬度=3½－4）。こうしたことから、２つの石を張り合わせたり、透明なクォーツやスピネルなどを上面に張って保護（キャップ）などしたうえで、使うことが多い。

カナダ アルバータ州産
カナダビジネスサービス 所蔵

カナダビジネスサービス 所蔵

マーキス カナダ産 7.53ct No.7022

カナダビジネスサービス 所蔵

ペトリファイド・ウッド
Petrified wood

化学名	酸化ケイ素
光沢	ガラス光沢
比重	2.5–2.9
屈折率	1.54
硬度	6½ –7

地下に埋もれて宝石になった樹木の化石

石化した樹木の化石で、日本では一般に「珪化木」と呼ばれる。地中に埋没した樹木に、地下水が浸透し、溶け込んでいたシリカ（ケイ酸）成分が細胞壁や細胞内で沈殿してできたと考えられ、樹木の組織構造がそのまま保存されていることも多い。鉱物としては、主にカルセドニー（P.152）やオパール（P.195）から成るが、細かい石英の結晶（水晶）が生じていることもある。わずかに含まれる元素によって、白、灰、赤、黄、緑、褐色など、さまざまな色のバリエーションがあり、木目のせいでカラフルなめのうのように見えることもある。化学的にも物理的にも耐久性を備えた石であるため、美しいものを研磨して宝石とされる。また、丸太状の珪化木を輪切りにしてテーブルなどに利用することもある。

米国アリゾナ州のペトリファイドフォレスト（化石の森）国立公園では、侵食によって約2億2500万年前の地層から露出した大量の珪化木を見ながら散策できるほか、近隣の街では私有地から採取された珪化木が磨かれて宝飾品にされている。オーストラリアから見つかるピーナッツウッド（あるいはテレードウッド）と呼ばれる珪化木は、ピーナッツのような白っぽい卵形の模様があるのが特徴で、針葉樹の流木にフナクイムシ類（テレード）が穿った穴の痕だと考えられている。

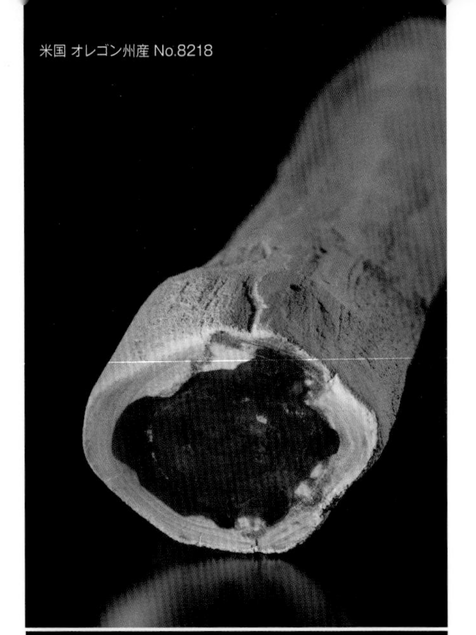

米国 オレゴン州産 No.8218

米国 アリゾナ州産 No.8215

米国 アリゾナ州 ホールブルック産 No.8216

米国 オレゴン州産
44.96ct No.7219

米国 アリゾナ州 ホールブルック産 No.8217

ジェット　Jet

化学名	炭素、炭化水素
光沢	樹脂光沢、亜金属光沢
比重	1.3
屈折率	1.66
硬度	2½ –4

漆黒の樹木化石

樹木（ナンヨウスギ科）の化石である褐炭（かったん）（炭化度が低い石炭）で、磨くとやわらかな光沢を持った漆黒となり「ジェットブラック」と呼ばれる。琥珀（P.246）と同様に、摩擦により静電気を帯びるため、「黒い琥珀」とも呼ばれる。青銅器時代から使われていたが、英国のビクトリア女王が夫のアルバート公の喪に服している間にジェットの装身具を身につけていたことから広く普及した。英国のウィットビーでは、石炭層ではなく、流木の化石として産出する。年月とともに表面にひびが現れやすく、取り扱いに注意を要する。

英国 ウィットビー産
No.8066

彫刻 英国 ウィットビー産
89.96ct No.7065

アンスラサイト　Anthracite

化学名	炭素、炭化水素
光沢	金属光沢～亜金属光沢
比重	1.4
屈折率	1.64–1.68
硬度	2½ -3

光沢のある美しい石炭

石炭の一種で、炭化が進んだ無煙炭に分類され、着火しにくいものの、一度火がつくと煙を出さず青い炎を上げてゆっくりと燃え大量の熱を出すので、室内用の燃料に用いられる。とても緻密で研磨すると光沢が出るうえに、摩耗しにくいため、ビーズや彫刻の素材としても利用される。研磨によってシーン（光沢）が現れるものは、ジェットの代用品として使われることもある。鉱物としては、ほぼ炭素だけからなる石墨に相当する。

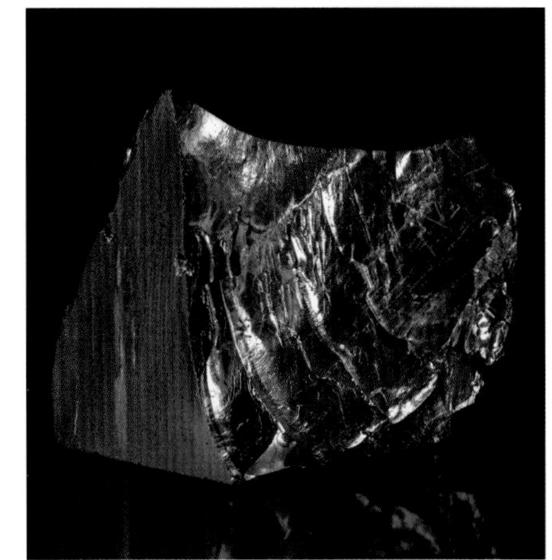
モンゴル産 No.8057

ビーズカット モンゴル産
40cm No.7058

アンバー　Amber

化学名	含酸素炭化水素
光沢	樹脂光沢
比重	1.0–1.1
屈折率	1.54
硬度	2 –2½

木の樹脂の化石である琥珀

最古の起源が石炭紀（3億2000万年前）までさかのぼる約2500万年前までの木の樹脂の化石。和名では琥珀（こはく）。密度が低く、海水に浮くので、海辺で見つかることが多く、ポーランドのグダニスクからデンマーク、スウェーデンにかけてのバルト海沿岸が有名な産地。琥珀色とも呼ばれる茶色を中心に、淡いレモンイエロー、茶、ほぼ黒まで幅広い色があり、赤、緑、青も稀に見られる。ヨーロッパと北米産の琥珀は少なくとも３種の針葉樹を起源とする。成分の有機化合物にもとづいて５つに分類される。植物の化石である褐炭とともに見つかることがほとんど。地中から採掘されるほか、嵐のあとに海岸で回収されている。時に植物や昆虫の化石を含み、極めて保存が良いため、古生物学的に重要。ギリシャ人は毛皮や毛織物でこすると静電気を帯びることに気がつき、ギリシャ語では琥珀をエレクトロンと呼び、さらに「エレクトリシティ（＝電気）」の語源となった。きわめてもろいため、ファセットをつけられることはめったにない。

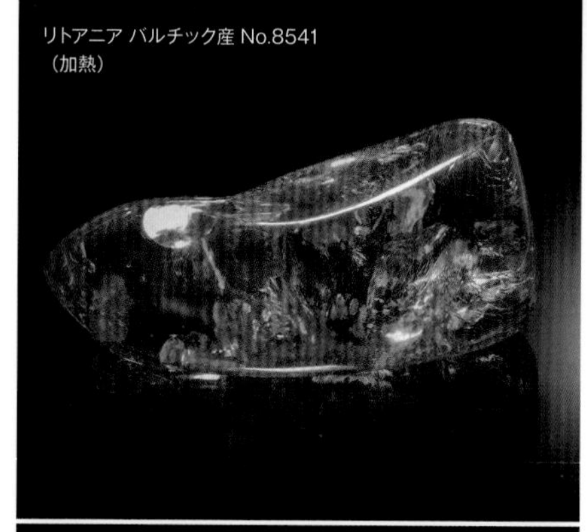
リトアニア バルチック産 No.8541
（加熱）

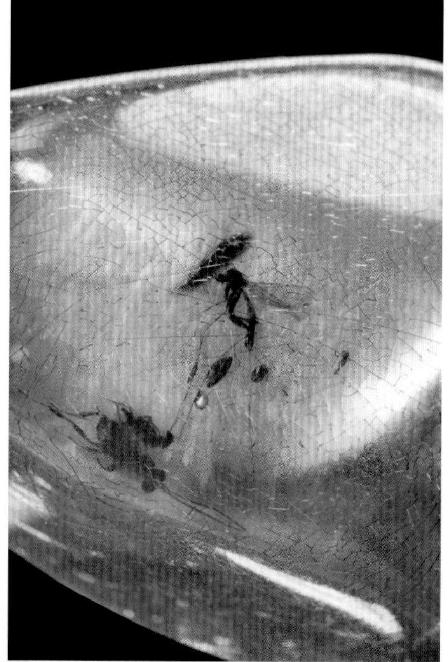
リトアニア バルチック産 18.75ct No.7543

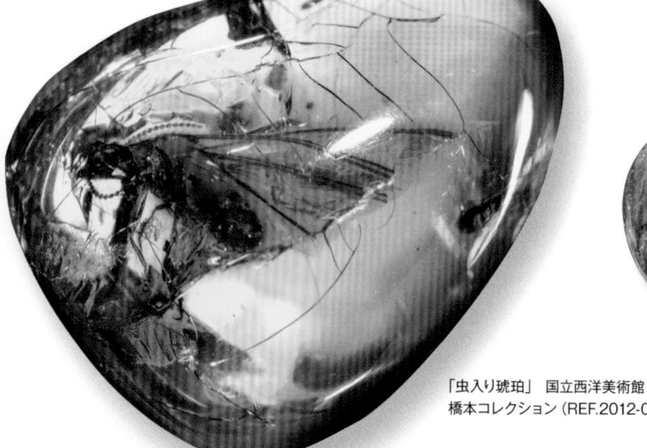
「虫入り琥珀」 国立西洋美術館
橋本コレクション（REF.2012-0006）

良質部分のみ加工したもの
リトアニア バルチック産
165.18ct No.7542

コーパル　Copal

化学名	含酸素炭化水素
光沢	樹脂光沢
比重	1.0-1.1
屈折率	1.54
硬度	2–2½

琥珀に似た熱帯生まれの樹脂化石

アンバー（琥珀）が針葉樹の樹脂から何百万年もかけて生成したのに対し、コーパルは10万年前より新しい熱帯樹の樹脂から生成したものである。深くから採掘されたコーパルには、アンバーとほとんど区別がつかないものもあり、アンバーの代替品として普及している。一般に蜂蜜色だが、濃淡の幅は広い。マヤ文明において神への供物、メキシコなどでは香としてたかれ、ヨーロッパでは、19世紀から20世紀にかけて、天然のニスの原料として重宝された。有機溶剤に溶けやすい。タンザニアのザンジバル島が主要な産地。

虫入りのコロンビア産 No.8547

研磨後に表面が変質したイレギュラー カボション
コロンビア産
77.52ct No.7548

column

透明なハチミツ色とは限らない――乳白琥珀

「琥珀色」というと、透明なハチミツ色といったイメージだと思うが、乳白色や茶色の不透明なアンバー（琥珀）もある。バルト海で浜に打ち上げられたアンバーは表面が汚れていて、削って内部を出しても濁っていることが多い。ところが、加熱すると透明度が増して色も濃くなるうえに、閉じ込められていた化石が見えてくることもある。ただし、特徴的なひび割れが生じてしまうので、加熱処理されたことは一目でわかってしまう。

アンバー（琥珀）は数珠の素材として古来より人気がある。

アンバーのビーズは丸型、バレル（樽）型、オリーブ型。
加熱処理を施すと透明度が上がる。

Index（50音順）

注：用語については、P.40～42「本書の見方」、P.252～253「用語解説」もご覧ください。

【た】

【な】

【は】

【ま】

【や】

【ら】

Index
（アルファベット順）

参考文献

・Max Bauer (1896), *Precious Stones*, Trans. By L. J. Spencer, Charles E. Tuttle Company, Rutland, Vermont, USA

・Gemological Institute of America (1995), *GEM REFERENCE GUIDE*, GIA, California, USA

・Walter Schumann, *Gemstones of the world (Fourth Edition)*, Sterling

・Gemological Institute of America, Gem Property, Chart A & B (1992)

・Peter G. Read, *Gemmology Second Edition* Butterworth Heinemann (1999)

・Anna S. Sofianides, George E. Harlow, *GEMS & CRYSTALS: From the American Museum of Natural History (Rocks, Minerals and Gemstones)*, Simon & Schuster

・George E. Harlow and Anna S. Sofianides American Museum of Natural History (2015), *GEMS & CRYSTALS from one of the world's great collections* Sterling

・Kurt Nassau, *Gemstone Enhancement* (1984), Butterworths

『鉱物・宝石の科学事典』日本鉱物科学会 編集、宝石学会（日本）編集協力（朝倉書店・2019 年）

『天然石のエンサイクロペディア』飯田孝一著（亥辰舎）

『Historic Rings: Four Thousand Years of Craftsmanship』ダイアナ・スカリスブリック著（講談社インターナショナル・2004 年）

『ダイヤモンドー原石から装身具へ』諏訪恭一／アンドリュー・コクソン著（世界文化社）

『決定版 宝石 品質の見分け方と価値の判断のために』諏訪恭一著（世界文化社）

『岩石と宝石の大図鑑ー ROCK and GEM』ロナルド・ルイス ボネウィッツ著（誠文堂新光社）

『指輪 88 ー四千年を語る小さな文化遺産たち』宝官優夫／諏訪恭一共同監修（淡交社）

『価値がわかる宝石図鑑』諏訪恭一著（ナツメ社）

『品質がわかるジュエリーの見方』諏訪恭一著（ナツメ社）

『決定版 アンカットダイヤモンド』諏訪恭一著（世界文化社）

『宝石と鉱物の大図鑑』スミソニアン協会　諏訪恭一　宮脇律郎　監修（日東書院本社・2017 年）

『宝石品質ガイド～クオリティスケール』諏訪恭一著（アーク出版）

『アヒマディ博士の宝石学』阿依アヒマディ著（アーク出版）

用語解説

●アステリズム
スター効果。カボションカットした宝石に六条の光（3本の光の筋）が出ること。

●アデュラレッセンス
→ムーンストーン効果

●アベンチュレッセンス
宝石内部にある細かい小さな板状または葉状の内包物に光が反射することで生じるきらきらした輝き。アベンチュリンや一部の長石に見られる。

●一次鉱床
宝石の原石や有用鉱物が、採算に見合うに十分な量が濃集している場所。

●イリデッセンス
宝石の内部にある薄膜状の内包物からの反射光の干渉により生じる鮮やかな輝き。

●色中心
→カラーセンター

●インクルージョン
内包物または包有物。宝石の結晶が成長する際に結晶内部に取り込まれた別種物質の固体、液体、気体。

●インタリオ
沈み彫りを施した装飾品。⇆カメオ

●隠微晶質（いんびしょうしつ）
顕微鏡でもはっきり見えないほど微細な結晶の集合状態。潜晶質とも。

●AQ
宝石の品質を３つのグレードに分けた３番目。美しさは十分ではないが装身具として楽しめる品質。

●オイル含浸
→含浸処理（がんしんしょり）

●置き換え
→置換

●オリエント効果（真珠効果）
真珠（パール）に現れる虹色の光沢（イリデッセンス）。表面近くの真珠層の光の干渉によって生じる。

●カッター
宝石の原石をカットする人。研磨職人。

●カット
宝石の形を整え、磨くこと。形状、輪郭、面の取り方という３つの要素の組み合わせによって種類が決まる。カットによるプロポーション、アウトライン、仕上げの善し悪しが宝石の美しさを左右する。

●加熱処理
鉱物や宝石を加熱することで、発色の状態を変える処理のこと。

●カボションカット
ドーム形のカット。両面と片面がある。

●カメオ
アゲートや貝殻（シェル）などに浮き彫りを施した装飾品。⇆インタリオ

●カラーストーン
無色の宝石に対して、有色の宝石の総称。

●カラーセンター
色中心。鉱物を構成する原子配列（格子）の欠陥により、特定の波長の光が吸収され鉱物の色が変化する。

●カラーチェンジ（変色効果）
異なる光源下で色が違って見える現象。アレキサンドライトやガーネット等で見られる。

●カラット
宝石の重さの単位で、1カラット（ct）＝0.2g。または、金の純度を24分率で示す単位K（例：24金＝24K）。

●含浸処理（がんしん）
宝石表面に出ているフラクチャ（キズ）に、その宝石の屈折率に近いオイルや樹脂を染みこませてキズを目立たなくすること。

●還流
ユーザーの手に渡った宝石が経済的理由などで宝石市場に戻ること。

●擬色
微細な結晶粒間にある介在物による発色のこと（P.25）。

●クオリティスケール
宝石の美しさを横軸に、色の濃淡を縦軸に並べ、宝石の品質を示した表。

●屈折率
ある物質から別の物質へ入る境界で、光の進行方向が変わる程度。「真空中の光の伝播速度／物質中の光の伝播速度」で表される。宝石種ごとに、固有の屈折率を持っている。

●蛍光性
ある物質に紫外線やＸ線を当てたとき、その物質特有の波長で発光する性質。蛍光性の有無や強弱は、宝石の品質に大きな影響を与える。

●結晶系
→晶系

●結晶方位
3次元で表現した結晶面の向き。

●原石
地中から採掘されたままの、宝石として加工される前の状態の鉱物。

●格子欠陥
→カラーセンター

●光沢
宝石の表面の輝き・ツヤ。

●鉱物
地質作用により天然に生じた固体。構成成分（元素）と原子配列（結晶構造）により鉱物種が決定され、5700種以上の鉱物種が認定されている。

●固溶体
複数の成分が原子配列の規則性を保ったまま混和しているもの。

●彩度
色の鮮やかさ。彩度が高いほど鮮やかに、低いほど色味がなくなって見える。

●GIA ／米国宝石学会
正式名称は、Gemological Institute of America。

●GQ
宝石の品質を３つのグレードに分けた最上級。非常に美しく稀な品質。

●JQ
宝石の品質を３つのグレードに分けた２番目。ジュエリーとして広く使われる品質。

●シェイプ
→輪郭

●色相
色の種類。赤・橙・黄・緑・青・藍・紫など。色相を円環状に並べたものが色相環。

●自形
その鉱物に特有の原子配列が現れた結晶の外形。⇆多形

●自色
微量成分などで着色されていない、その鉱物の本質的な色。

●CIBJO（シブジョ）／国際貴金属宝飾品連盟
正式名称、Confédération Internationale de la Bijouterie, de la Joaillerie, de l'Orfèvrerie。国連の諮問機関で、宝飾品に関わる国際的なルールを定めている。

●シャトヤンシー
キャッツアイ効果。カボションカットにより猫の目のような一条の光の帯が生じること。

●ジュエリー
宝石や貴金属を生かした装身具。

●晶系
結晶の対称性による分類。結晶軸の数、長さ、角度などによって、立方晶系、六方晶系、三方晶系、直方晶系、正方晶系、単斜晶系、三斜晶系の７つに分類される。

●処理
市場が宝石としての価値を認める加工処理と、市場が宝石としての価値を認めない加工処理がある。

●シリカ
ケイ酸成分（SiO_2）。シリカを主成分とする鉱物としては石英やオパールなどがある。シリカの球状微粒子についてはP.29を参照。

●人工石
天然に存在する宝石（鉱物）と同質（同じ化学組成で同じ結晶構造）の結晶などを人工的に合成あるいは育成したもの。

●シンチレーション
特にブリリアントカットされたダイヤモンドを動かして見た時に見られるミラーボールのようなモザイク模様の輝き。

●造岩鉱物
岩石を構成する鉱物。広く見られる主要岩石を構成している主体鉱物（石英、長石、雲母、角閃石、輝石、カンラン石）だけを指している場合もある。

●双晶
２つもしくはそれ以上の方位の異なる結晶が化学結合の規則性を保持して接合したもの。

●他形
その鉱物の外形が自身の原子配列ではなく、外の要因に制限された結晶形態となっていること。すでに別の結晶が存在していた狭い空間で結晶成長することでできる。⇆自形

●多色性
見る方位によって色が異なる性質。

●他色
宝石（鉱物）に含まれる微量成分などに依存して発色した色

●ダブレット
複数の宝石材やガラスなどを接着した張り合わせ石。

●置換
鉱物を構成する原子の一部が別の元素の原子で置き換わること。

●ディスパージョン（分散）
波長によって屈折率が異なることにより、光がプリズムで見られるような7色に分かれる現象。宝石種により分散の強弱は異なる（P.27）。

●熱水作用
高温の熱水が鉱物を溶解し、運搬し、化学反応させ、析出したりする作用。熱水変質や熱水（鉱物）脈の形成などが起こる。

●濃集
濃度が高まること。

●濃淡
トーン（Tone）。明度と彩度を元にした色の濃さ。色が濃すぎたり薄すぎると品質のグレードに影響する。

●バイカラー
1粒の宝石に2色があること（P.26）。

●光の波長
光は電磁波の1種で、波の性質を持っており、波の谷から谷（山から山）までの長さを波長という。人間の目が感知できる（見える）波長の光を「可視光線」といい、それより長い波長の電磁波に、赤外線やマイクロ波などが、短い波長の電磁波に紫外線やX線などがある。

●光の分散
→ディスパージョン

●非晶質
規則的かつ周期的な原子配列を持たない物質の状態。アモルファスともいう。

●漂砂鉱床（二次鉱床）
風化により母岩から分離された原石が、川の流れ、海流、風などによって運ばれ、特定の場所に堆積してできた鉱床。

●微量成分
基本構造を変えず、微量（必須成分を超えない範囲）に必須成分に換わり含まれる成分。

●ファイア
分散（ディスパージョン・プリズム効果）が顕著な宝石を光が通過する際に発生する虹色の輝き。

●ファセット
宝石を研磨して作られた平滑な平面。効果的に面をつけることで、光の屈折や反射により輝きを増すことができる。

●ファンシーカラー
通常無色の天然宝石に見られる美しい色合い。

●フェイスアップ
研磨された宝石の正面（テーブル面）から見た状態（図参照）。

●不完全性
インパーフェクション、キズ。欠点である場合とそうでない場合がある。

●複屈折
宝石に入射した光線が2つの屈折光に分かれる現象。

●付随鉱物
随伴鉱物とも。「造岩鉱物」を参照。

●ブリリアンス
特にダイヤモンドのブリリアントカット、ステップカットに顕著な、屈折と反射によって目に入る強い輝き。

●劈開
クリベイジともいう。特定の方向に平滑平面で割れやすい性質。原子結合が弱い方向に生じる。宝石の耐久性（靱性）に大きな影響を与える。

●変成作用
圧力や温度などの作用によって、岩石中の鉱物が完全に融けることなく再結晶したり、別の岩石に変化すること。マグマと接触して高熱を被ることによる「接触変成作用」、プレートの沈み込みや衝突に伴う圧力によって広域にわたって生じる「広域変成作用」、地下深部での断層運動による「動力変成作用」などがある。

●母岩
原石を包含している岩石。基質（マトリックス）の場合もある。

●ムーンストーン効果（シーン、シラー）
ムーンストーンに現れる青みがかったミルキーな内部反射。結晶中のある薄膜状の内包物で反射された光の干渉によって起こるイリデッセンスの一種。

●無処理
加熱、オイル含浸、放射線照射など、処理を加えられていないこと（カットやポリッシュは処理には含まれない）。

●明度
色の明るさ。明度が高いと明るく、低いと暗い。

●モース硬度
10段階の指標鉱物に対する、ひっかき傷のつきにくさの相対評価。

●モザイク模様
ブリリアント／ステップカットの透明宝石に見られる色の濃淡の模様。宝石の美しさの根幹。動かすと、濃淡やモザイクのパフォーマンスが美しい。

●遊色効果（プレイオブカラー）
見る角度によって色が変化し、虹色にきらめいて見える現象。オパールで見られる。シリカの微粒子が規則正しく並んでいることで光の回折によって生じる。

●ラブラドレッセンス
イリデッセンスのうち、ラブラドライトに特有な濃い青～緑色のもの。

●輪郭（シェイプ）
上面から見た宝石の形。輪郭のアウトラインのバランスと対称性は、美しさと価値に影響する。

●ルース
研磨されたセットする前の宝石。裸石。カット石。

岩石の分類

［地殻を構成する岩石］

火成岩（P.17）	地殻を構成する岩石のうち、マグマが固まってできた岩石。生成した深さにより、火山岩と深成岩に分かれる	火山岩		マグマが地表付近や地表で比較的急激に冷却してできた岩石。流紋岩、安山岩、玄武岩など
		深成岩		マグマが地下深くでゆっくり冷えてできた岩石。花崗岩、閃緑岩、斑レイ岩など
			ペグマタイト（P.11、18）	揮発性成分を多く含むマグマが固まって、特に大きな結晶の集合体となった特殊な深成岩
堆積岩	水底などに砂や泥が堆積してできた岩石。礫岩、砂岩、泥岩、石灰岩、チャートなど。			
変成岩（P.18）	既存の岩石が変成作用を受けて融けることなく再結晶した鉱物からできた岩石。片岩、片麻岩、角閃岩など			

［マントルを構成する岩石］

橄欖岩（P.22）	マントルを構成する主な岩石。深成岩の一種とする場合もある

宝石各部の名称
（ラウンドブリリアント・ダイヤモンドの例）

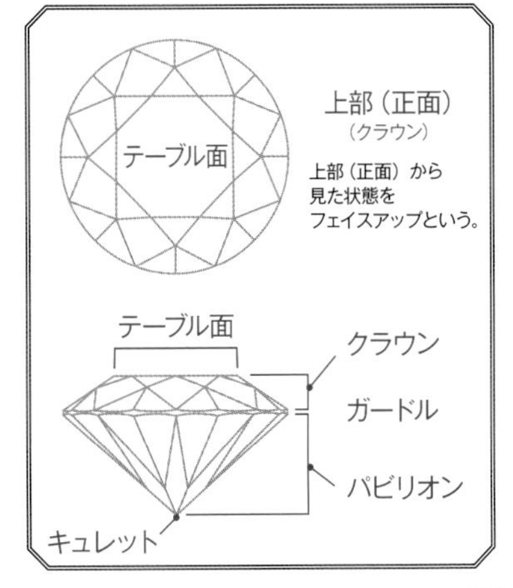

謝辞

本書は日本彩珠宝石研究所、飯田孝一所長が長年にわたって蒐集されたラフとカット、類似宝石、人工石、模造の貴重な標本について、中村淳氏のありのままを表したビジュアル無くして成立しません。改めて、飯田所長、中村淳氏に深く感謝し、お礼を申し上げます。

こころよく国立科学博物館 特別展「宝石 地球が生みだすキセキ」への橋本コレクションの出品と撮影を許可いただいた国立西洋美術館および同館主任研究員の飯塚隆様、瑞浪鉱物展示館の伊藤洋輔様、翡翠原石館の鑓見信行様に心より感謝申し上げます。

また、有川一三氏が世界中から集めた世界的な宝飾芸術コレクションであるアルビオンアート・コレクションの一部を本書で紹介できたことにも深く感謝いたします。

制作協力

【鉱物、宝石、装身具の資料提供】
Deutsches Edelsteinmuseum
German Gemmological Association
GIA: Gemological Institute Of America
GIA Tokyo
Museum Idar-Oberstein
W.Constantin Wild & Co.
アルビオン アート株式会社
石川町立歴史民俗資料館
神奈川県立生命の星・地球博物館
カナダビジネスサービス
国立科学博物館
国立西洋美術館
諏訪貿易株式会社
東京国立博物館
ダイヤモンド工業協会
名古屋市科学館
日本彩珠宝石研究所
ミュージアムパーク茨城県自然博物館
翡翠原石館
瑞浪鉱物展示館
モリス

トルコ石の産地原稿については、日本彩珠宝石研究所の
飯田孝一所長のご協力を得ました。

【その他の制作協力をいただいた方】（敬称略）
Andrew Coxon
Daniel De Belder
Dirk De Nys
Susan Jacques
Tom Moses
阿依アヒマディ　浅井明彦
雨宮珠実　石橋隆
井上整子　井上裕由
岩田政利　大山口巧
奥田香菜　金子英子
金田修宏　岸あかね
北脇裕士　久保大助
後藤貴子　坂本久恵
笹岡智子　柴田英子
下村精作　末永昌子
諏訪久子　諏訪和子
副島淳一郎　田倉幸子
高田力　田村英士
樽見昭次　土肥由美子
徳本明子　野中美智子
橋本悦雄　花岡ふさえ
原田信之　張替孝哉
宝官優夫　宮島宏
峯岡寿　森孝仁
山岸昇司　横川道男
吉田由子　吉田譲
若林亨

おわりに

本書は、宝石が地球にどのように育まれてきたか、80以上の鉱物種からなる約200種の宝石を、ラフ、カット、セットの写真で見て、その起源に迫れるようにまとめたものです。

人と宝石の出合いや技術の進歩については、橋本コレクションの指輪にセットされた宝石によって見ていくことができました。コレクションの指輪より更に古くから使われていた宝石もあるでしょうが、少なくとも各時代に人々がどのような状態の宝石を手にすることができたかを、実物で確かめることができたのは大きな収穫です。

主要な宝石については、個体ごとの個性を示すクオリティスケール、類似宝石、人工石、模造を写真一覧でまとめることができました。私の知る限り、今までに見ることのできなかった目で見て感じるビジュアルになったと思います。

著者である門馬、西本、宮脇と共に2022年に国立科学博物館で開催の特別展「宝石」に合わせて、本書の構想・執筆を進めました。このメンバーで宝石の処理、類似宝石、人工石、模造の議論を進めることができたのは、今回特筆しておきたいことのひとつです。本書が読者の皆さんが宝石を迷わずに、自信を持って手にすることに役立てば幸いです。

諏訪恭一

2022年2月　国立科学博物館
特別展「宝石」準備中の会場、
アメシストドーム前にて。
諏訪、門馬、西本、宮脇。

著者紹介

諏訪 恭一
（すわ・やすかず）

諏訪貿易株式会社社長。1942年生まれ。慶應義塾大学経済学部卒業。1965年米国宝石学会（GIA）宝石鑑別士（G.G.）資格を日本人第一号として取得。CIBJO（国際貴金属宝飾品連盟）色石委員会副委員長、ICA（国際色石協会）執行委員、NHK学園ジュエリー講座講師、（社）日本ジュエリー協会理事などを歴任。『価値がわかる宝石図鑑』（ナツメ社）など宝石に関する著書多数。

門馬 綱一
（もんま・こういち）

国立科学博物館地学研究部鉱物科学研究グループ研究主幹。1980年生まれ。東北大学大学院博士課程修了。博士（理学）。国際鉱物学連合 新鉱物・命名・分類委員会 日本代表委員。主な著書：『KOUBUTSU BOOK－飾って、眺めて、知って。鉱物のあるインテリア－』監修（ビー・エヌ・エヌ新社）、『小学館の図鑑NEO 岩石・鉱物・化石』監修（小学館）、『愛蔵版 楽しい鉱物図鑑』監修（草思社）など。

西本 昌司
（にしもと・しょうじ）

愛知大学教授。1966年生まれ。博士（理学、名古屋大学）。専門は、地質学、岩石学、博物館教育。筑波大学大学院地球科学研究科修士課程修了。名古屋市科学館学芸員などを経て現職。名古屋大学博物館研究協力者。NPO法人日本サイエンスサービス理事。主な著書：『観察を楽しむ特徴がわかる 岩石図鑑』（ナツメ社）、『東京「街角」地質学』（イーストプレス）、『街の中で見つかる「すごい石」』（日本実業出版社）、『地球のはじまりからダイジェスト』（合同出版）など。

宮脇 律郎
（みやわき・りつろう）

国立科学博物館地学研究部長。1959年生まれ。筑波大学大学院博士課程修了。理学博士。国際鉱物学連合新鉱物・命名・分類委員会名誉委員長。日本鉱物科学会前会長。主な著書：『カラー版徹底図解 鉱物・宝石のしくみ』監修（新星出版社）、『ときめく鉱物図鑑』監修（山と渓谷社）、『宝石のひみつ図鑑』監修（世界文化社）、『宝石と鉱物の大図鑑』日本語版監修（日東書院本社）など。

■編集制作　アーク・コミュニケーションズ（成田潔、平澤香織、坂本実優）
■撮影　中村淳　小澤晶子
■本文デザイン／DTP制作　小西幸子（始祖鳥スタジオ）
■カバーデザイン　杉本ひかり
■校正　山口智之
■編集担当　田丸智子（ナツメ出版企画）

起源（きげん）がわかる
宝石大全（ほうせきたいぜん）

2022年 4月21日　初版発行
2024年 6月 1日　第5刷発行

著　者　諏訪恭一、門馬綱一、西本昌司、宮脇律郎

発行者　田村正隆

発行所　株式会社ナツメ社
東京都千代田区神田神保町 1-52　ナツメ社ビル 1F（〒 101-0051）
電話　03（3291）1257（代表）　FAX 03（3291）5761
振替　00130-1-58661
制作　ナツメ出版企画株式会社
東京都千代田区神田神保町 1-52　ナツメ社ビル 3F（〒 101-0051）
電話　03（3295）3921（代表）
印刷所　図書印刷株式会社

ISBN978-4-8163-7143-1　Printed in Japan
〈定価はカバーに表示してあります〉
〈落丁・乱丁本はお取り替えいたします〉